Kurt Detzer
Wer verantwortet den industriellen Fortschritt?

Springer

*Berlin
Heidelberg
New York
Barcelona
Budapest
Hong Kong
London
Milan
Paris
Tokyo*

Kurt Detzer

Wer verantwortet den industriellen Fortschritt?

*Auf der Suche nach Orientierung
im Geflecht von Unternehmen, Gesellschaft und Umwelt*

92 Abbildungen

 Springer

Dr. Kurt Detzer
Schrofenstraße 37
86163 Augsburg

ISBN-13:978-3-642-79802-3

Die Deutsche Bibliothek – CIP-Einheitsaufnahme
Detzer, Kurt A.:
Wer verantwortet den industriellen Fortschritt? : auf der Suche nach Orientierung im Geflecht von Unternehmen, Gesellschaft und Umwelt / Kurt A. Detzer – Berlin ; Heidelberg ; New York ; London ; Paris ; Tokyo ; Hong Kong ; Barcelona ; Budapest : Springer, 1995
ISBN-13:978-3-642-79802-3   e-ISBN-13:978-3-642-79801-6
DOI: 10.1007/978-3-642-79801-6

Dieses Werk ist urheberrechtlich geschützt. Die dadurch begründeten Rechte, insbesondere die der Übersetzung, des Nachdrucks, des Vortrags, der Entnahme von Abbildungen und Tabellen, der Funksendung, der Mikroverfilmung oder der Vervielfältigung auf anderen Wegen und der Speicherung in Datenverarbeitungsanlagen, bleiben, auch bei nur auszugsweiser Verwertung, vorbehalten. Eine Vervielfältigung dieses Werkes oder von Teilen dieses Werkes ist auch im Einzelfall nur in den Grenzen der gesetzlichen Bestimmungen des Urheberrechtsgesetzes der Bundesrepublik Deutschland vom 9. September 1965 in der jeweils geltenden Fassung zulässig. Sie ist grundsätzlich vergütungspflichtig. Zuwiderhandlungen unterliegen den Strafbestimmungen des Urheberrechtsgesetzes.

© Springer-Verlag Berlin, Heidelberg 1995
Softcover reprint of the hardcover 1st edition 1995

Die Wiedergabe von Gebrauchsnamen, Handelsnamen, Warenbezeichnungen usw. in diesem Werk berechtigt auch ohne besondere Kennzeichnung nicht zu der Annahme, daß solche Namen im Sinne der Warenzeichen- und Markenschutz-Gesetzgebung als frei zu betrachten wären und daher von jedermann benutzt werden dürften.

Sollte in diesem Werk direkt oder indirekt auf Gesetze, Vorschriften oder Richtlinien (z.B. DIN, VDI, VDE) Bezug genommen oder aus ihnen zitiert worden sein, so kann der Verlag keine Gewähr für Richtigkeit, Vollständigkeit oder Aktualität übernehmen. Es empfiehlt sich, gegebenenfalls für die eigenen Arbeiten die vollständigen Vorschriften oder Richtlinien in der jeweils gültigen Fassung hinzuzuziehen.

Herstellung: PRODUserv Springer Produktions-Gesellschaft, Berlin
Einbandgestaltung: MetaDesign plus GmbH, Berlin
Layout, Satz und Grafikrealisierung: Lewis & Leins GmbH, Berlin

SPIN: 10478530   62/3020-5 4 3 2 1 0 – Gedruckt auf säurefreiem Papier.

Vorwort

Leser oder Leseinteressenten dieses Textes werden zuerst wissen wollen: Was bringt dieses Buch? Wer ist der Autor und was will er?

Ziel dieses Buches ist nicht, die Welt- bzw. Menschheitsprobleme erneut zu dramatisieren oder einen weiteren moralischen Zeigefinger auf Politiker, Ingenieure, Manager, Journalisten und andere Personengruppen zu richten, sondern brauchbare Argumente für oder gegen bestimmte Verantwortungskriterien und Leitsätze oder allgemeine Verhaltenskodizes und Leitbilder systematisch zu sammeln und vorsichtig zu kommentieren.

In den 70er Jahren begann der Autor vor Schülern, Lehrern, Studenten, Theologen, Journalisten, Juristen, Managern, Ingenieuren und Politikern über aktuelle wirtschafts- und technikethische Fragen
- zur humanen Arbeitswelt und humanen Gesellschaft
- zur Marktwirtschaft und den Bedürfnistheorien
- zum Machtgleichgewicht in Wirtschaft und Gesellschaft
- zur Rohstoff- und Energiesituation
- zur neuen Weltwirtschaftsordnung und
- zur Technik als Kulturgut oder Zivilisationsübel

zu referieren und mit ihnen darüber zu diskutieren; die Stoffauswahl ist damit zumindest indirekt das Ergebnis mehrerer hundert Veranstaltungen.

Eine Hauptquelle für die Argumente- und Beispielssammlungen des Autors war und ist auch seine (hauptberufliche) Tätigkeit in der Industrie, zunächst in Forschung und Entwicklung, dann im technischen Vertrieb, in Werbung und Öffentlichkeitsarbeit und derzeit als Leiter der Stabsabteilung Technik der MAN Aktiengesellschaft in München, zu deren Aufgaben die Koordination der Forschungs- und Entwicklungsplanung, der Investitionsplanung, des technischen Erfahrungsaustausches und des Umweltschutzes im MAN Konzern gehören.

Viele Anregungen und zahlreiche Hinweise auf Differenzierungen und Argumente verdankt der Autor seinen Kollegen aus der ehrenamtlichen Tätigkeit als Vorsitzender des Berufspolitischen Beirats im Verein Deutscher Ingenieure (VDI) und seinen Studenten aus der Lehrtätigkeit an der Universität Erlangen und an der Technischen Universität München.

An einem Buch, das Kriterien aller Art zusammentragen will, sind meist viele Personen direkt oder indirekt beteiligt, Personen, an die sich der Autor manchmal nicht mehr erinnert oder, die er nicht alle aufführen kann. Besonderer Dank gebührt Dr. Ing. Gerd R. Schmidt, Mitglied des Vorstandes der MAN AG, der nicht nur als Vorgesetzter dem Autor Spielraum für seine nebenberuflichen Tätigkeiten ließ, sondern die Entstehung des Buchmanuskriptes mit zahlreichen Beispielen, Ergänzungen und Argumenten bereicherte. Ebenso dankt der Autor Dipl.-Ing. Werner Uhl und Dipl.-Ing. Ulrich Wittmann für Anregungen und Ergänzungen zur Klimaproblematik, zur Haftung und zum Umweltmanagement, sowie dem Theologen Eberhard Schnebel für die kritische Durchsicht des Manuskripts.

Bei der Redaktionsarbeit erwies es sich als sinnvoll, „gegen Vereinfachungen, Vorurteile und Ideologien" anzuschreiben; das Buch enthält daher zahlreiche Argumente, Kritierien, Klassifikationen, Differenzierungen und Leitsätze. Damit über den vielen Aufzählungen nicht der Gesamtzusammenhang verloren geht und damit auch beim Diagonallesen der Anschluß wiedergefunden werden kann, sind den **Kapiteln** und Abschnitten in Kursivschrift Einleitungen vorangestellt. Die Zusammenfassung des Kapitels befindet sich am Ende des jeweiligen Kapitels und ist mit einem Raster unterlegt. Dort befinden sich auch die Anmerkungen zu den betreffenden Kapiteln.

München, März 1995 *Kurt A. Detzer*

Inhaltsverzeichnis

1 Die kritische Menschheitslage verlangt eine Suche nach Auswegen 1
   1.1   Einleitung 1
   1.2   Führt die moderne Technik zum Untergang der Menschheit? 2
   1.3   Wir denken in Symbolen und reden in Metaphern 4
   1.4   Von Mythen und Metaphern zu komplexen Modellen
          und zur Systemtheorie 5
   Anmerkungen zu Kapitel 1 9

2 Nehmen wir als Beispiel die Klimaproblematik 11
   2.1   Die Entwicklung der Erdatmosphäre 11
   2.2   Ohne Treibhauseffekt hätten wir eine Mega-Eiszeit 16
   2.3   Auf dem Weg zu immer komplexeren Klimamodellen 18
   2.4   Mögliche Auswirkungen des Temperaturanstiegs 22
   Anmerkungen zu Kapitel 2 24

3 Die Dimensionen des Verantwortungsbegriffs 25
   3.1   Verantwortungsträger sind wir alle 25
   3.2   Die vielen Dimensionen des Begriffs Verantwortung 32
   3.3   Schadens-, Produkt- und Umwelthaftung als Beispiel für die
          rechtliche Dimension des Verantwortungsbegriffs 35
   Anmerkungen zu Kapitel 3 40

4 Auf der Suche nach Verantwortungskriterien 41
   4.1   Ethische Normen als Orientierungshilfe 41
   4.2   Ethik und Kultur 45
   4.3   Allgemeine Prinzipien, Imperative, Maxime und Grundwerte 49
   4.4   Die Tugenden als Richtschnur - diskutiert am Beispiel Gerechtigkeit 53
   4.5   Kriterien und Leitsätze für den Umgang mit Umwelt und Natur 58
   Anmerkungen zu Kapitel 4 65

5 Was können Verhaltenskodizes leisten? ... 67
- 5.1 Verhaltenskodizes für (multinationale) Unternehmen und für Manager ... 67
- 5.2 Verhaltenskodizes für Ingenieure ... 71
- 5.3 Verhaltenskodizes können eher sensibilisieren, weniger orientieren und kaum disziplinieren ... 74
- 5.4 Nehmen wir als Beispiel den Wettbewerb „Straße – Schiene" ... 76
- *Anmerkungen zu Kapitel 5* ... 82

6 Mögliche Inhalte für verbesserte Kodizes ... 83
- 6.1 „Konstruktionsprinzipien" ethischer Normen ... 83
- 6.2 Tugenden ... 84
- 6.3 Verbote zur Vermeidung der großen Menschheitsprobleme ... 84
- 6.4 Gebote in Richtung auf anzustrebende Ziele ... 86
- 6.5 Verfahrensnormen, diskutiert am Beispiel Teamarbeit ... 87
- 6.6 Präferenzregeln ... 90
- *Anmerkungen zu Kapitel 6* ... 93

7 Die Technik als Verantwortungsobjekt ... 95
- 7.1 Der Begriff der Technik ... 95
- 7.2 Die Kritik an der Technik ... 99
  - 7.2.1 Mythen der Technikdiskussion ... 99
  - 7.2.2 Art und Inhalt der Technikkritik ... 101
  - 7.2.3 Die Mißbrauchs- und Nebenfolgenkritik ... 104
  - 7.2.4 Widersprüche der prinzipiellen Technikkritik ... 106
- 7.3 Die Bedingungen des Technischen Fortschritts ... 108
  - 7.3.1 Technik als Mittel zur Bedürfnisbefriedigung und zur Werteverwirklichung ... 108
  - 7.3.2 Technische Elemente und Systeme mit technischen Elementen ... 112
  - 7.3.3 Die Dynamik des Technischen Fortschritts ... 118
  - 7.3.4 Basistechnologien und ihre Wirkungen ... 126
  - 7.3.5 Risiko, Riskowahrnehmung, Risikozumutbarkeit ... 126
- *Anmerkungen zu Kapitel 7* ... 133

8 Unsere Verantwortung für eine umweltschonende Technikgestaltung und Technikanwendung ... 135
- 8.1 Die Hauptursachen der Umweltschädigung ... 135

8.2 Die Technikentwicklung (Technikgenese) als vielstufiger
    Selektionsprozeß 137
8.3 Der Pluralismus in der Umweltethik 138
Anmerkungen zu Kapitel 8 141

9 Die Wirtschaft als Ort der Wertschöpfung 143
  9.1 Was ist Wirtschaft? 143
  9.2 Warum Wirtschaftsethik für Führungskräfte? 145
  9.3 Die Ebenen der Wirtschaftsethik 146
  9.4 Die Gesellschaftsordnung ist der Wirtschaftsordnung vorgelagert ... 147
  9.5 Ethik der Wirtschaftsordnung 153
  9.6 Unternehmensethik 155
  9.7 Führungsethik 162
  9.8 Wie ethisch ist unsere Wirtschaft wirklich? 164
  9.9 Exkurs: Wirtschaftsethik und Entwicklungsländer 168
  Anmerkungen zu Kapitel 9 173

10 Leitbilder zur umweltverträglichen Gestaltung des
   industriellen Fortschritts 175
   10.1 Sustainability, Sustainable Development,
        Nachhaltige Entwicklung, Nachhaltiges Wirtschaften 178
   10.2 Technikfolgenabschätzung und Technikbewertung 181
        10.2.1 Möglichkeiten und Grenzen der Technikbewertung 181
        10.2.2 Probleminduzierte und technikinduzierte Technikbewertung 183
        10.2.3 Technikbewertung in der Industrie 188
        10.2.4 Beispiel: Vergleich Magnetschwebe-Bahn
               mit Rad/Schiene-Bahn 191
   10.3 Risikoanalysen 197
        10.3.1 Begriffe und Grundlagen 197
        10.3.2 Analysemethoden 198
        10.3.3 Risikobewertung 201
   10.4 Ökobilanzierung 203
        10.4.1 Sachbilanz, Wirkungsbilanz, Bilanzbewertung 204
        10.4.2 Beispiel: Pkw-Antriebssysteme 207
   10.5 Recyclinggerechtes Konstruieren und Stoffrecycling 210
   10.6 Integrierter Umweltschutz 215
   10.7 Rationelle Energienutzung 218
   10.8 Sicherheitstechnik, Fehlertolerante Technik 223

10.9 Angepaßte bzw. Mittlere Technologien, Bionik, Biokybernetik 228
10.10 Organisations- bzw. Unternehmenskultur 231
Anmerkungen zu Kapitel 10 234

11 Ausblick: Von abstrakten Umweltleitsätzen über Umweltleitbilder
zum Umweltmanagement 237
Anmerkungen zu Kapitel 11 246

12 Zusammenfassende Thesen 247

Literaturverzeichnis 253

Bildernachweis 264

Sachverzeichnis 269

1 Die kritische Menschheitslage verlangt eine Suche nach Auswegen

1.1 Einleitung

Viele Menschen empfinden die gegenwärtige Weltlage als krisenhaft; von Umbruchs- oder gar Untergangszeit ist die Rede; und häufig wird die bevorstehende Menschheitskatastrophe auch noch als „unumgänglich", „unausweichlich" oder „unvermeidlich" apostrophiert. Wäre letzteres der Fall, so erübrigte sich jede weitere Erörterung; die Mahner meinen es offenbar nicht wörtlich; sie dramatisieren, um aufzurütteln.

• Krisenhafte Weltlage

In der Tat stellen sich uns existenzielle Fragen:
- *Welche Risiken bedrohen die Menschheit?*
- *Welche Wege oder Methoden zur Analyse haben wir?*
- *Wer ist wem wofür verantwortlich?*
- *Wie organisieren wir Verantwortung?*
- *Welche Verantwortungskriterien helfen uns dabei?*
- *Was können Verhaltenskodizes leisten?*
- *Wie können wir die industrielle Verantwortung verbessern?*
- *Gibt es eine spezielle Teamverantwortung und worin besteht sie?*
- *Durch welche Verfahren läßt sich industrielle Verantwortung realisieren?*
- *Welches sind die Risiken und Chancen der Technik?*
- *Auf welchen Ebenen kann Verantwortung in der Wirtschaft organisiert werden?*
- *Welche Leitbilder helfen uns dabei?*

• Existenzielle Fragen

• Verantwortungsdialog muß eingeleitet werden

Dieses erste Kapitel soll in den Verantwortungsdialog einführen und zunächst folgende Fragen behandeln:

– *Welches sind die größten Menschheitsprobleme?*
– *Läßt sich eine Rangfolge der Probleme ermitteln?*
– *Was kann eine systematische Analyse leisten?*
– *Wie arbeitet das menschliche Bewußtsein?*

1.2 Führt die moderne Technik zum Untergang der Menschheit?

• Führt der technische Fortschritt zum Weltuntergang?

Einen Weltuntergang fürchtete die Menschheit im Laufe ihrer Geschichte immer wieder. Meist waren es Gefahren aus dem Kosmos oder aus der irdischen Natur, durch die sich Menschen bedroht fühlten. Oder ein letztes („jüngstes") Gericht, das Gott bzw. die Götter bereit hielten.

Moderne Untergangspropheten befürchten eher eine „Selbstzerstörung" der Menschheit und sehen als Nährboden dafür
– *die Technik*
– *den industriellen Fortschritt*
– *die mit den Mitteln der Technik ausgerüstete Menschheit oder*
– *die Zivilisation*

• Zahlreiche Zeitprobleme

Ausgangspunkt für die aktuelle wirtschafts- und technikethische Diskussion ist meistens die als krisenhaft empfundene Lage der Menschheit. Mühelos lassen sich wichtige Zeitprobleme von A bis Z aufführen (Bild 1), die alle auf die eine oder andere Weise mit Wirtschaft und Technik zusammenhängen.

Die Überlegungen zur Lösung, Milderung oder Kompensation der genannten Probleme münden häufig in die Forderung nach

• Forderung nach umwelt-, sozial- und humanverträglicher Technik

– umweltverträglicher
– sozialverträglicher und
– humanverträglicher Gestaltung

von Wirtschaft und Technik.

1.2 Führt die moderne Technik zum Untergang der Menschheit?

Zeitprobleme von A bis Z

- **A** Aids, Alkohol, Allergien, Altlasten, Alzheimersche Erkrankung, Arbeitslosigkeit, Artensterben
- **B** Bevölkerungsexplosion, Biospezies-Holocaust, Bopahl
- **C** Cäsium 137, Chlorchemie, Cholera
- **D** Dioxin, Drogen
- **E** Elektrosmog, Endlagerung, Entsorgungsnotstand, Existenzangst
- **F** FCKW, Formaldehyd, Furane
- **G** Gau, Gentechnologische Manipulation, Giftgas
- **H** Hauterkrankungen, Hungersnot
- **I** Immunschwäche, Informationsüberflutung, Invasive Medizin, Ionisierende Strahlung
- **J** Jahrhundertorkan, Jod 131
- **K** Kernenergetischer Holocaust, Klimaveränderung
- **L** Landschaftszerstörung/-verbrauch, Lebensangst, Lebensmittelvergiftung, Leukämie, Luftverschmutzung
- **M** Malaria, Medikamente
- **N** Nuklearer Holocaust
- **O** Ozonloch
- **P** Parkinsonsche Krankheit, Psychische Krankheiten
- **Q** Qualitätsverluste
- **R** Ressourcenverschwendung, Risikogesellschaft
- **S** Saurer Regen, Smog, Sucht
- **T** Treibhauseffekt
- **U** Umweltzerstörung, UV-Strahlung
- **V** Vereinsamung, Verstädterung
- **W** Waldsterben, Weltflucht
- **X** Xenofobie, X-Strahlen, Xylol
- **Z** Zersiedelung, Zivilisationskrankheiten, Zuwanderungsdruck

Bild 1

Bei allem Streit über die Rangfolge der Probleme dürfte in entwickelten Gesellschaften eine deutliche Mehrheit der Menschen die Umweltproblematik als die größte der genannten wahrnehmen, weil sie in durchaus überschaubarer Zeit die Gefährdung der ganzen Menschheit einschließt. Die anderen Probleme betreffen „nur" einzelne Gesellschaften oder Teile daraus oder gar nur einzelne Menschen (wenn auch immer mehr: man denke z.B. an die Zunahme der Allergien in der breiten Bevölkerung).

• Umweltprobleme stehen im Vordergrund

Unter den Umweltproblemen stehen nach dem gegenwärtigen Stand der Technikfolgen-Abschätzung und -Ein-

• Klima- und Artenschutz als Aufgaben

schätzung, und auch nach neueren Meinungsumfragen, zwei mit großem Abstand an der Spitze:
- Die Klima-Problematik mit ihren beiden Hauptkomponenten Treibhauseffekt und Ozonloch
- Das Artensterben

Weitere Kandidaten als „aussichtsreiche Perspektiven für den Untergang der Menschheit"[1] sind:
- Die *nukleare Bedrohung* in ihrer militärischen und zivilen Variante.
- Die *Selbst-Manipulations-Gefahr*: so könnte man die mögliche Selbstzerstörung der Menschheit durch Genmanipulation und andere Manipultionsarten – von der „künstlichen Befruchtung" bis zur „künstlichen Intelligenz" – nennen.

- Verantwortung muß organisiert werden

Fazit: Eine Zerstörung der biologischen und sozialen Umwelt und damit der Menschheit selbst – nicht zuletzt durch menschliches Tun – kann nicht ausgeschlossen werden. Ausgehend von den beiden größten Menschheitsbedrohungen, dem Klimaproblem und dem Artensterben, müssen wir einen Dialog zur Organisation von Verantwortung einleiten bzw. führen.

1.3 Wir denken in Symbolen und reden in Metaphern

- Was kann der Mensch erkennen?

Je mehr und je schneller die Menschheit im Laufe der Jahrhunderte und Jahrtausende dazulernte, desto stärker reifte auch die Einsicht, daß auf unserer Erde, in unserer Welt „alles mit allem irgendwie zusammenhängt".
Wie können wir diese Zusammenhänge enträtseln?
Wie funktioniert unser Denken?
Was kann der Mensch überhaupt erkennen?

- Erkenntnis gründet auf sinnlicher Erfahrung

Erkenntnis gründet zuallererst auf eigener An-„schauung" oder – allgemeiner ausgedrückt – auf sinnlicher Erfahrung.

Im Laufe der frühkindlichen Entwicklung und weiter durch Erziehung und Bildung entwickeln wir Vorstellun-

gen und Bilder der uns umgebenden Wirklichkeit, so z.B.
- ein Bild von der Natur,
- ein Menschenbild,
- ein Bild unserer Gesellschaft,
- ein Weltbild,
- Vorstellungen über die Risiken, die von der Technik ausgehen,
- Vorstellungen über die Wirtschaft,
- Vorstellungen über das Unternehmen, in dem wir tätig sind
- usw.

• Wir haben ein Weltbild und ein Menschenbild

Nicht nur im Laufe des Lebens eines Menschen (Ontogenese), sondern auch im Laufe der Menschheitsentwicklung (Phylogenese) gibt es eine Erweiterung des Denkvermögens bzw. des Bewußtseins: in der frühen Menschheitsgeschichte waren es häufig Mythen und Symbole, mit deren Hilfe sich Menschen die unendliche Komplexität der Wirklichkeit für ihr Fühlen, Denken und Handeln vereinfachten; auch heute sind unsere Weltanschauungen mit Denkmustern und Metaphern, wenn auch komplexeren, durchsetzt.

• Erweiterung des Denkvermögens

Ob wir etwas be-„greifen" oder ein-„sehen", bei all unseren Überlegungen sind Bilder im Spiel. Die moderne Kognitionslehre geht davon aus, daß abstraktes Denken immer über Sprache mit Hilfe von Symbolen und Metaphern vermittelt ist.

• Abstraktes Denken wird über Sprache vermittelt

1.4 Von Mythen und Metaphern zu komplexen Modellen und zur Systemtheorie

So zweckmäßig Mythen und Metaphern für die Entwicklung der Menschheit gewesen sein mögen, bei der gegenwärtigen Problemlage und für die heutigen Handlungsmöglichkeiten reichen sie nicht mehr aus. Wir müssen versuchen, die komplexe Umwelt in ihrer ganzen Vielschichtigkeit zu analysieren!

• Komplexe Umwelt verlangt aufwendige Analysen

• Wissenschaften für komplexe Gesamtheiten

Inzwischen haben sich viele Konzepte und Wissenschaftsgebiete etabliert, die alle komplexe Gesamtheiten erfassen sollen bzw. erforschen wollen, z.B.

- die Biokybernetik
- die Chaosforschung
- das ganzheitliche Denken (Holismus)
- das interdisziplinäre Denken
- die Koevolutionslehre
- die Kybernetik (erste Generation: Regelkreise im Gleichgewicht; zweite Generation: dynamische Regelkreise)
- die Synergetik
- die Systemanalyse oder Systemforschung (system dynamics)
- das vernetzte Denken
- die Künstliche Intelligenz

• Gesamtheiten erklären sich aus ihren Bestandteilen und deren Wechselbeziehungen

Ganz allgemein kann man komplexe Gesamtheiten über ihre Bestandteile[2] und die Sachverhalte bzw. Wirkungsbeziehungen[3] zwischen diesen Bestandteilen beschreiben.

Als Methode zur Beschreibung komplexer Gesamtheiten wollen wir die Systemanalyse bzw. die Systemtheorie herausgreifen.

• Systemanalyse als Methode

Als Vater der Systemdynamik gilt Forrester. Unterschiedliche Ausprägungen der Systemtheorie (siehe auch Bild 2) versuchen, die Sachverhalte bzw. Wirkungszusammenhänge
- zwischen den Teilen im Ganzen und
- dem Ganzen innerhalb seiner Umgebung

zu identifizieren, zu charakterisieren, zu messen und durch Modelle richtig und nachvollziehbar darzustellen.

• Beispiel: Weltmodell nach D. Meadows

Ein Gefühl für die Stärken und Schwächen der Systemanalyse bekommt man am ehesten, wenn man sich die berühmte Studie „Die Grenzen des Wachstums" in Erinnerung ruft: Bild 3 gibt das von *D. Meadows* und seinen Mitautoren seinerzeit entwickelte Weltmodell wieder. Die angenommenen Beziehungen zwischen den Elementen wurden von *Meadows* mit Algorithmen, d.h. mit mathematischen Formeln unterlegt. So konnten auch quantitative Analysen des Weltsystems durchgeführt werden, z.B. *Sensibilitätsanalysen* und *Prognosen*.

1.4 Von Mythen und Metaphern zu komplexen Modellen und zur Systemtheorie

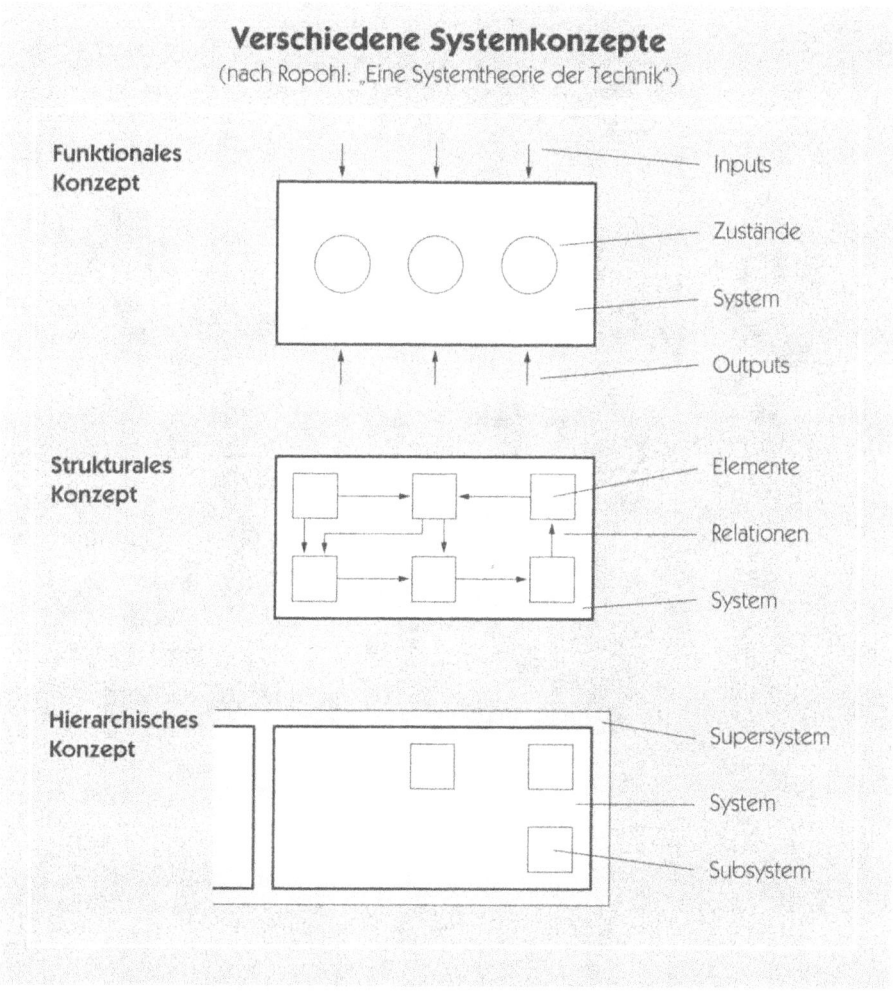

Bild 2

Aus dem *Meadows*-Modell ist schon rein optisch erkennbar, daß einzelne Verursacher oder eine einzelne Ursache in komplexen Systemen nicht auszumachen sind. Der Meinungspluralismus in der modernen Industriegesellschaft ist trotz oder gerade wegen des lawinenartig ansteigenden Wissens nicht nur eine Folge der unterschiedlichen Beurteilung von Wirkungen, sondern schon eine Folge unterschiedlicher Modellierungen der jeweiligen Teilrealität (z. B. unterschiedliche Rückkopplung der relevanten Systemelemente untereinander):

• Einzelne Verursacher oft nicht auszumachen

1 Die kritische Menschheitslage verlangt eine Suche nach Auswegen

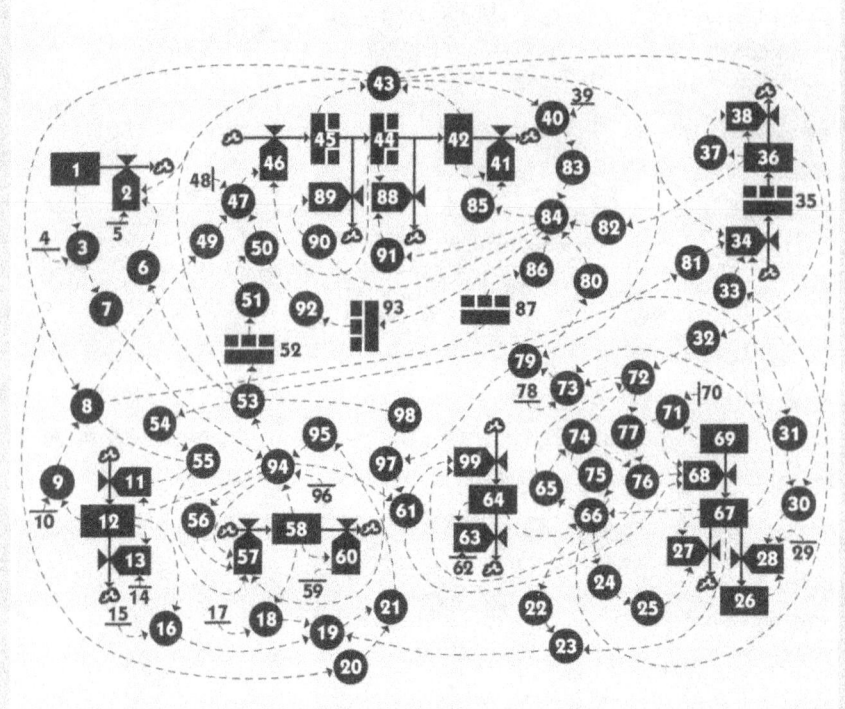

Weltmodell nach Meadows
(Die Grenzen des Wachstums)

Einflußgrößen:

- **1- 7** = Rohstoffe (z.B. regenerierbare, Verbrauch, Vorräte)
- **8-16** = Dienstleistungen (z.B. pro Kopf, Investitionsrate, Kapitalnutzungsdauer)
- **17-23** = Arbeitsplätze (z.B. in der Industrie, Landwirtschaft, Arbeitskräfte)
- **24-31** = Boden (z.B. Siedlungsflächen, Nutzungsdauer, Landverluste)
- **32-38** = Umweltverschmutzung (z.B. durch Landwirtschaft, Wirkungsverzögerungen)
- **39-52** = Bevölkerung (z.B. Dichte, Todesfälle, Geburtenrate, soziale Anpassung)
- **53-60** = Industrie (z.B. Output, Konsum, Kapital, Investitionsrate)
- **61-80** = Landwirtschaft (z.B. Investitionen, Erträge, Produktivität, Nahrung pro Kopf)
- **81-93** = Lebenserwartung (z.B. versus Umweltverschmutzung, Geburtenwünsche)
- **94-99** = Wechselwirkungen Industrie – Kapital – Landwirtschaft

Dennis Meadows: Die Grenzen des Wachstums, Bericht des Club of Rome zur Lage der Menschheit,
Deutsche Verlagsanstalt, Stuttgart 1972

Bild 3

kleinste Unterschiede bei den Algorithmen zwischen Systemelementen können bekanntlich zu riesigen Ausschlägen bei der Wirkung führen (Chaostheorie).

Zusammenfassung von Kapitel 1:
Das Schema, alle Wirkungen auf eine oder mehrere eindeutige Ursachen zurückführen zu wollen, ist vielfach überholt: In komplexen Systemen finden wir häufig keinen einzelnen Verursacher und keine einzelne Ursache mehr; in ihnen gibt es auch häufig keinen eindeutig sichtbaren Anfang und kein Ende mehr.

• Systemtheorie zur Analyse komplexer Sachverhalte

Auf die Darstellung komplexer Strukturzusammenhänge kann – gesellschaftspolitisch gesehen – dennoch nicht verzichtet werden; hier helfen die Systemanalyse und die Systemtheorie, auch wenn sie selten eindeutige und nie endgültige Ergebnisse liefern.

• Keine eindeutigen oder endgültigen Ergebnisse

Ein zur Zeit vieldiskutiertes Problemfeld im Zusammenhang mit Wirtschaftsethik und Technikverantwortung ist die Klimaproblematik. An ihr können die Verantwortungsprobleme im Zusammenhang mit komplexen Systemen dargestellt werden.

---

1 *Beck U.:* Die blaue Blume der Moderne, Der Spiegel 33/1991 (12. 8.), S. 50-51
2 Sinn- und sachverwandte Begriffe für *Bestandteile* komplexer Ganzheiten sind: Attribut, Ausprägung, Bereich, Dimension, Einflußgröße, Element, Faktor, Kategorie, Komponente, Merkmal, Modus, Schicht, Segment
3 Sinn- und sachverwandte Begriffe für *Sachverhalte* in Systemen sind: Beziehung, Interaktion, Interdependenz, Lage, Prozeß, Relation, Rückkoppelung, Struktur, Übertragung, Verhältnis, Verlauf, Verfassung, Verweisung, Wechselwirkung, Zugehörigkeit, Zusammenhang, Zusammenspiel, Zusammenwirken

Anmerkungen zu Kapitel 1

2 Nehmen wir als Beispiel die Klimaproblematik

Den längerfristig charakteristischen Ablauf der Witterung einer Region nennen wir Klima. Es unterscheidet sich deutlich vom normalen „Wetter", dessen Zeithorizont vergleichsweise kurzfristig ist, z.B.
- *im Bereich von Minuten und Stunden beim Sonnenschein oder*
- *von Tagen bis zu wenigen Wochen im Fall von Hoch- und Tiefdruckgebieten.*

Im wesentlichen sehen die Klimatologen zwei – nicht ganz voneinander unabhängige – Klimaprobleme:

   den Treibhauseffekt und
   das Ozonloch.

Dieses Kapitel beschäftigt sich vorwiegend mit dem Treibhauseffekt. Zu fragen ist:
- *Wie kommt der Treibhauseffekt zustande?*
- *Welche Klimamodelle zur Vorhersage der Wirkungen von Treibhausgasen stehen zur Verfügung?*

• „Klima" ist der längerfristig charakteristische Ablauf des Wetters

• Zwei Klimaprobleme: Treibhauseffekt und Ozonloch

2.1 Die Entwicklung der Erdatmosphäre

Die Analyse der geschichtlichen Entwicklung des Klimas liefert einen ersten Zugang zu den komplexen Prozessen in unserer Umwelt. Erst mit Hilfe der Klimageschichte lassen sich „normale" und „gemachte" Veränderungen des Klimas unterscheiden.

• Klimageschichte öffnet Zugang zur Analyse der Umweltprobleme

Eine grobe Vorstellung der klimageschichtlichen Entwicklung der Erde vermittelt Bild 4. Der unterste Linienzug zeigt den Sauerstoffgehalt der Erdatmosphäre wäh-

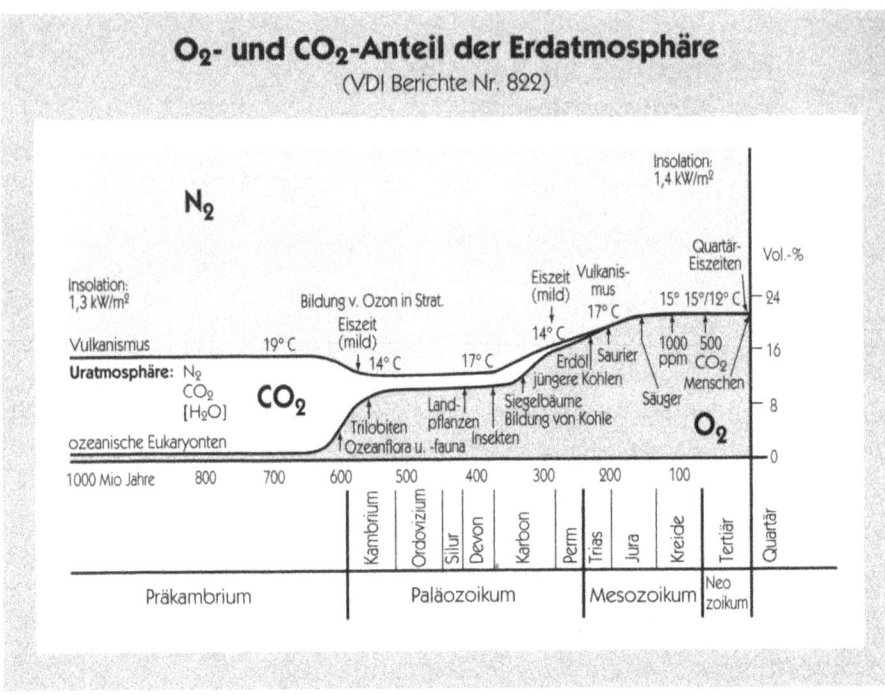

Bild 4

- Ursprünglich kein Sauerstoff in der Atmosphäre

- Zusammenhang zwischen Eiszeiten und CO_2-Gehalt der Atmosphäre

rend der letzten Milliarde Jahre. Das Intervall zwischen der „Sauerstoff"-Linie und der nächstoberen Linie gibt den CO_2-Gehalt der Atmosphäre an.

In der frühen Erdgeschichte (Präkambrium) setzte sich die Atmosphäre hauptsächlich aus Stickstoff (N_2) und Kohlendioxid (CO_2) zusammen. Erst durch die biologischen Aktivitäten von Lebewesen wie Bakterien und Pflanzen stieg der Sauerstoffgehalt (O_2) der Atmosphäre – besonders stark im Kambrium und im Karbon, aber auch noch im Trias und im Jura. Mit dem Anstieg des Sauerstoffanteils der Atmosphäre sinkt logischerweise der CO_2-Anteil. Jeweils am Ende der kambrialen und der Karbon/Perm-CO_2-Minderung treten milde Eiszeiten auf.

Die Vorgänge im jüngsten Erdzeitalter, dem Quartär, sind in Bild 5 in gespreiztem Zeitmaßstab dargestellt: Durch immer stärkere Kohlenstoffbindung in Pflanzen und im Mutterboden der Erdoberfläche fällt der CO_2-Gehalt im Neozoikum in den „ppm (parts per million)-Bereich" ab; der O_2-Gehalt der Atmosphäre erreicht sein

2.1 Die Entwicklung der Erdatmosphäre

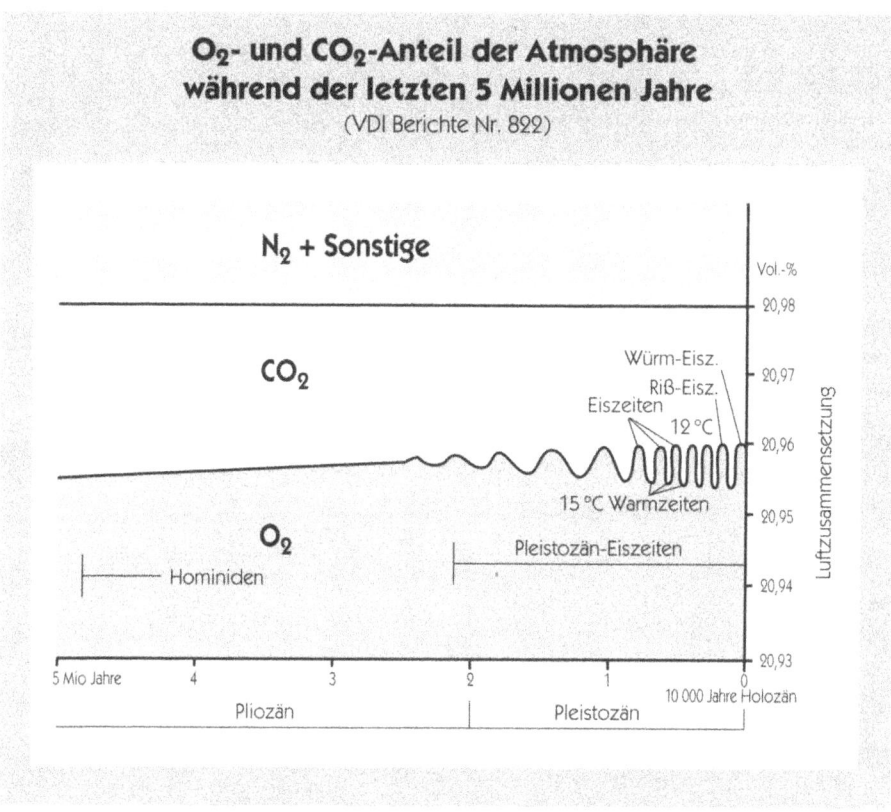

Bild 5

höchstes Niveau. Bei 200 ppmv CO_2 im Pleistozän (Bild 5) kam es zur ersten Eiszeit. Nun beginnt der CO_2-Gehalt der Atmosphäre zwischen 200 (Beginn einer Eiszeit) und 270 ppmv (Beginn einer Warmzeit) zu schwanken.

Die Entwicklung der allerjüngsten Zeit – die letzte Halbschwingung von der Würmeiszeit bis zur neuzeitlichen Warmzeit – ist in Bild 6 erkennbar. Der leicht wellenförmige Linienverlauf soll den Einfluß kurzzeitiger Klimaänderungen, die Doppellinie den üblichen Sommer-Winter-Unterschied andeuten.

Man beachte, daß ein CO_2-Anstieg – wegen der kumulativen Auftragung des CO_2-Anteils über dem O_2-Anteil – an der Trennungslinie zwischen beiden Gasen als Ausschlag nach unten sichtbar wird. Der deutliche *Ausschlag nach unten* am Ende des Holozäns zeigt den vom Menschen verursachten Anstieg des CO_2-Gehaltes: Die CO_2-

• Menschen verursachen Anstieg des CO_2-Gehaltes

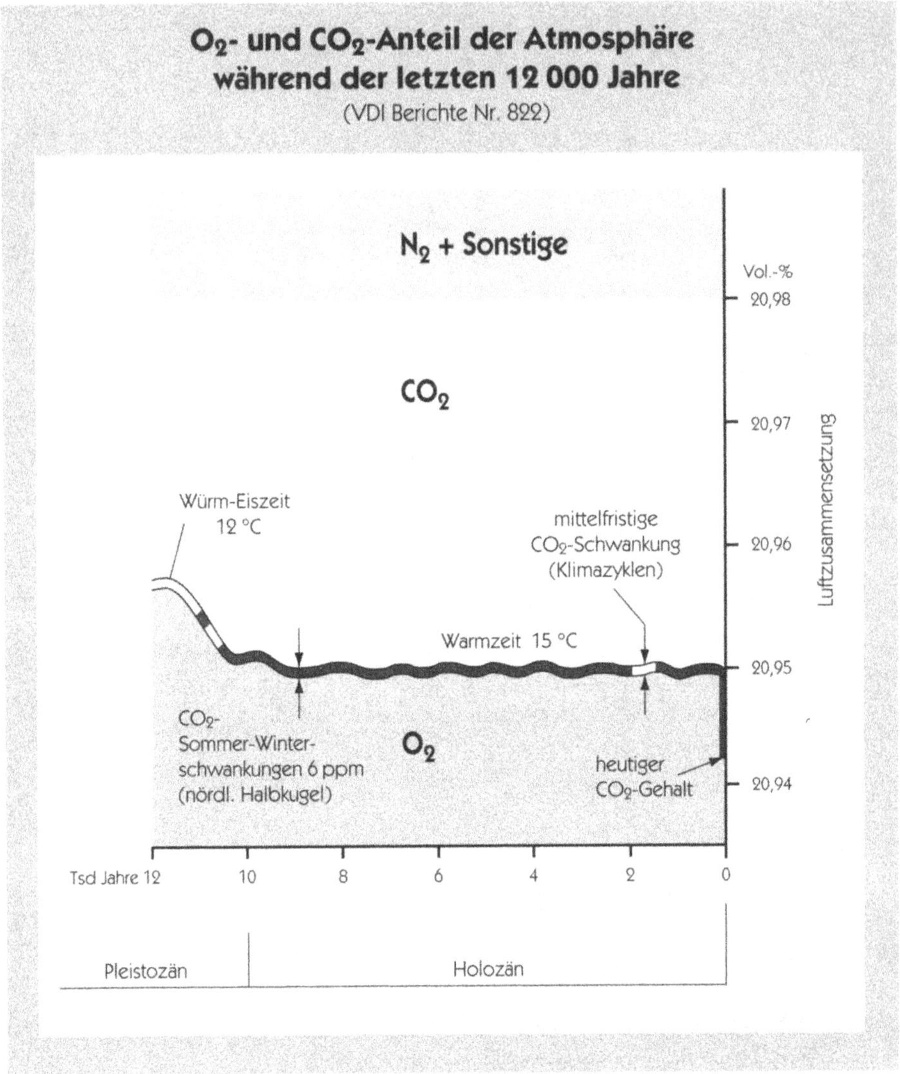

Bild 6

Kurve verläßt die Bandbreite der eiszeitlichen Regelschwankungen. Der bis heute erreichte CO_2-Gehalt von 350 ppmv war vor etwa 35 Mio Jahren schon einmal vorhanden. Ein CO_2-Gehalt von 500 ppmv würde, wie aus unseren Darstellungen ablesbar, in eine Atmosphäre zurückführen, die vor etwa 60 Mio Jahren geherrscht hat. Bei 1.000 ppmv wäre der Rückschritt 120 Mio Jahre, d.h. wir würden in eine „Saurier-Atmosphäre" zurückversetzt.

2.1 Die Entwicklung der Erdatmosphäre

In Bild 7 ist die Entwicklung der CO_2-Konzentration in der Atmosphäre für die letzten 200 Jahre aufgetragen. Die Konzentrationen lassen sich anhand von Bohrungen im antarktischen Eis rekonstruieren (untere Kurve, wobei die Kreise die Messungen und die Kreuze die Unsicherheitsbereiche angeben). Auf dem Mauna Loa, Hawaii, wird der CO_2-Gehalt seit einigen Jahrzehnten direkt gemessen (Punkte oben rechts); die Monatswerte sind im linken oberen Bereich der Abbildung dargestellt: die jahreszeitlichen Schwankungen hängen mit der Photosynthese (Frühjahr, Sommer) und dem Abbau organischen Kohlenstoffs (Herbst, Winter) zusammen.

• Der CO_2-Gehalt der letzten 200 Jahre wurde rekonstruiert bzw. gemessen

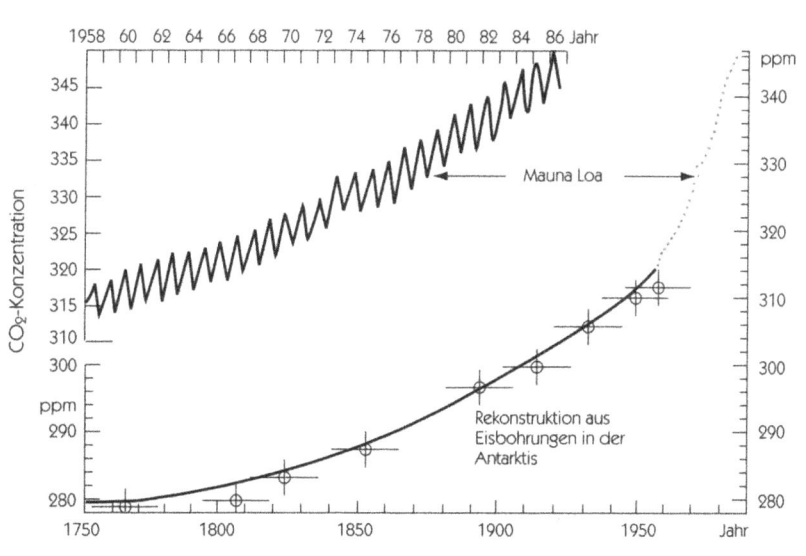

Atmosphärische CO_2-Konzentration, rekonstruiert aus Bohrungen im antarktischen Eis (untere Kurve), wobei die Kreise die Messungen und die Kreuze die Unsicherheitsbereiche angeben und direkt gemessen auf dem Mauna Loa, Hawaii (Punkte rechts oben), zugehörige Monatswerte im oberen Bereich der Abbildung

Bild 7

2.2 Ohne Treibhauseffekt hätten wir eine Mega-Eiszeit

- Wechselwirkungen zwischen Atmosphäre und Evolution

Ohne die Atmosphäre wäre das Leben, das wir auf unserer Erde kennen, nicht möglich. Das gilt in erster Linie für die Atmung der Tiere (Sauerstoffaufnahme und Kohlendioxidausscheidung) und die Assimilation der Pflanzen (Kohlendioxidaufnahme und Sauerstoffausscheidung).

Viele Arten, insbesondere auch die Säugetiere und der Mensch, benötigen zum Überleben nicht nur Sauerstoff und Nahrungsmittel, sondern auch noch günstige klimatische Verhältnisse; diese sind wiederum entscheidend von der Zusammensetzung der Atmosphäre beeinflußt.

So sorgen z.B. der Wasserdampf und das Kohlendioxid in der Atmosphäre dafür, daß nur ein Teil der eingestrahlten Sonnenenergie direkt wieder abgestrahlt wird; sie absorbieren nämlich die von der Erdoberfläche ausgehende Infrarotstrahlung. Wir nennen diesen Effekt Treibhauseffekt – in Analogie zum Gewächshaus der Gartenbautechnik.

- Natürlicher Treibhauseffekt

Ohne diesen natürlichen Treibhauseffekt wäre es auf der Erdoberfläche rund 33 °C kälter als derzeit, d.h. auf der nördlichen Halbkugel hätten wir anstelle der tatsächlichen Durchschnittstemperatur von +15 °C eine von −18 °C: wahrlich eine Mega-Eiszeit, wenn man bedenkt, daß während der letzten drei Eiszeiten (Würm-, Riß- und Mindel-Kaltzeiten) die Durchschnittstemperaturen nur etwa 5 bis 7 °C niedriger lagen als während der jeweils dazwischenliegenden bzw. gegenwärtigen Warmzeit.

Es besteht kein Zweifel, daß der Mensch durch vielfältige Aktivitäten die Zusammensetzung der Atmosphäre zunehmend verändert, z.B. durch vermehrte Nutzung fossiler Energien im Verkehr, in der landwirtschaftlichen und industriellen Produktion sowie im Haushalt und in der Freizeit.

- Die wichtigsten Treibhausgase

Zum Treibhauseffekt tragen nicht nur Wasserdampf und Kohlendioxid, sondern auch Methan (CH_4), Distickstoffoxid (Lachgas: N_2O), troposphärisches Ozon (O_3) und nicht zuletzt die Fluorchlorkohlenwasserstoffe (FCKW) bei.

In Bild 8 sind die wichtigsten Daten zu den einzelnen Treibhausgasen dargestellt, u. a.

Charakteristika einiger Treibhausgase
(Schönwiese, Diekmann)

Spurengas	CO_2	CH_4	FCKW 11	FCKW 12	N_2O	O_3
Konzentration 1990	353 ppm	1,7 ppm	0,3 ppb	0,5 ppb	0,31 ppm	30 ppb
vorindustrielle Konzentration	280 ppm	0,8 ppm	0	0	0,29 ppm	?
anthropogene Emission pro Jahr*	26 Mrd t	270-680 Mio t	1,1 Mio t FCKW		3-10 Mio t	1 (?) Mrd t
Konzentrationsanstieg pro Jahr	0,5 %	0,9 %	5 %	3 %	0,25 %	1 %
atmosphärische Verweilzeit	5-10 Jahre	10 Jahre	65 Jahre	130 Jahre	100 Jahre	1-3 Monate
molekulares Treibhauspotential**	1	21	3500	7300	290	2000
Anteil am zusätzlichen Treibhauseffekt***	50 %	19 %	5 %	12 %	5 %	7 %

*   davon 20,5 Mrd t aus fossiler Energie
**   100 Jahre Zeithorizont
*** stratosphärischer Wasserdampf 2 %

ppm = parts per million (10^{-6})
ppb = parts per billion (10^{-9})

Bild 8

- die vorindustriellen Konzentrationen
- die von Menschen verursachten Emissionen
- das Treibhauspotential bezogen auf ein Molekül und die daraus errechneten zusätzlichen Treibhauseffekte.

Aus Bild 9 gehen die Anteile der einzelnen Verursacherbereiche am zusätzlichen Treibhauseffekt hervor. Wir müssen bedenken, daß seit 1900 die Weltbevölkerung etwa um den Faktor 2,5 auf heute ca. 5,3 Milliarden Menschen zugenommen hat, die Weltprimärenergienutzung aber um mehr als den Faktor 10 auf rund 12 Mrd. t Steinkohleneinheiten (SKE) im Jahre 1990.

• Daten zu den Treibhausgasen

• Die Menschen verursachen einen zusätzlichen Treibhauseffekt

Anteile der Verursacherbereiche am zusätzlichen Treibhauseffekt

(Enquete-Kommission „Vorsorge zum Schutz der Erdatmosphäre" des Deutschen Bundestages, 1990)

Verursachergruppen	Anteile (gerundet)	Aufteilung auf die Spurengase (gerundet)	Ursachen
Energie einschließlich Verkehr	50 %	40 % CO_2 10 % CH_4 u. O_3	Nutzung der fossilen Energieträger Kohle, Erdöl und Erdgas bei der Strom- und Fernwärmeerzeugung sowie Raffinerien, als auch in den Endenergiesektoren Haushalte, Kleinverbrauch
Chemische Produktion (FCKW, Halone, u.a.)	20 %	20 % FCKW, Halone	Emissionen der FCKW, Halone, etc.
Vernichtung der Tropenwälder	15 %	10 % CO_2 5 % weitere Spurengase (N_2O, CH_4, CO)	Verbrennung und Verrottung tropischer Wälder; verstärkte Emission aus dem Boden
Landwirtschaft und andere Bereiche (Mülldeponien etc.)	15 %	15 % in erster Linie CH_4, N_2O, CO_2	– anaerobe Umsetzungsprozesse (CH_4 durch Rinderhaltung, Reisfelder etc.) – Düngung (N_2O) – Mülldeponien (CH_4) – Zementherstellung (CO_2) – etc.

Bild 9

2.3 Auf dem Weg zu immer komplexeren Klimamodellen

• Klimamodelle unterscheiden Atmosphäre, Biosphäre, Ozeane und Kryosphäre

Das Klima der Erde wird durch eine Vielzahl komplexer Wirkungszusammenhänge bestimmt; als Teilsysteme lassen sich die Atmosphäre, die Biosphäre (lebende Organismen), der Ozean und die Kryosphäre (Eisflächen) zwar unterscheiden aber eigentlich nicht trennen (s. Bild 10).

2.3 Auf dem Weg zu immer komplexeren Klimamodellen

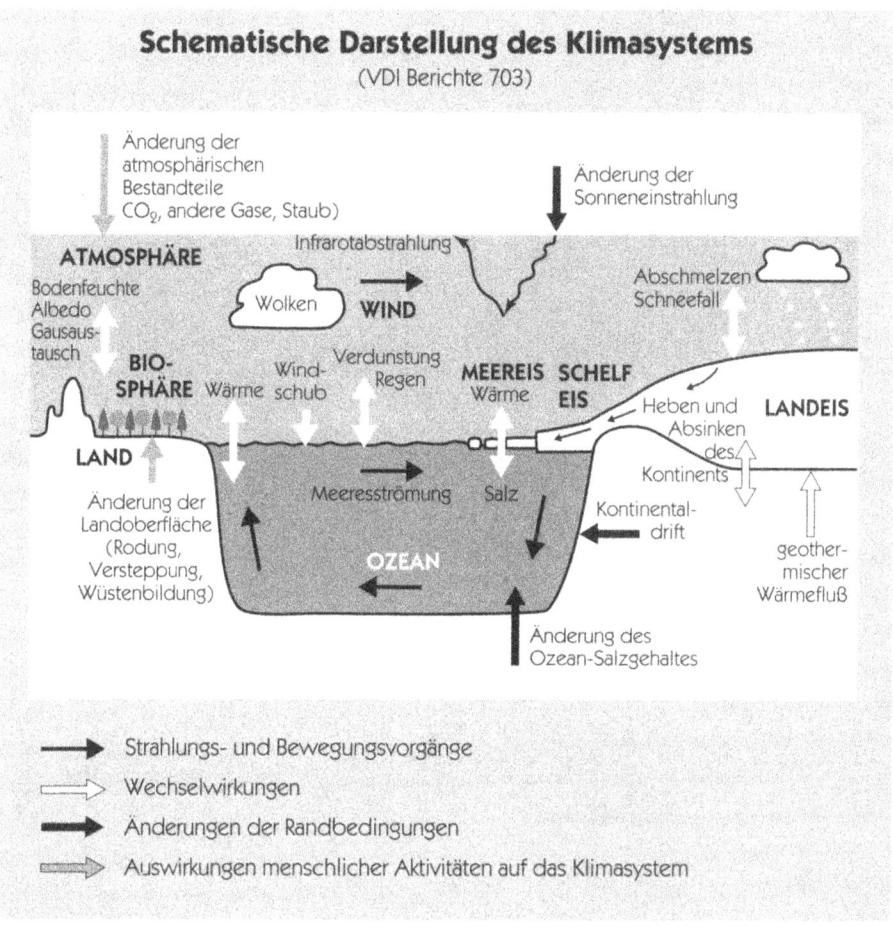

Bild 10

Die einzelnen Rückkoppelungen sowie die für die Koppelung verantwortlichen Mechanismen sind trotz aller Klimaforschung vielfach noch unbekannt.

Die Klimawirksamkeit der „Treibhausgase" kann am einfachsten mit sogenannten Energiebilanzmodellen (EBM) quantitativ abgeschätzt werden. Sie setzen die Vorgänge der solaren Einstrahlung zu den Vorgängen der terrestrischen Ausstrahlung in Beziehung.

In der nächst höheren Stufe der Modellsimulation wird zusätzlich die Konvektion[1] berücksichtigt (siehe Bild 11): in das Modell findet neben dem Energietransport durch Strahlung auch der Energietransport durch vertikale

• Energiebilanzmodelle

• Konvektionsmodelle

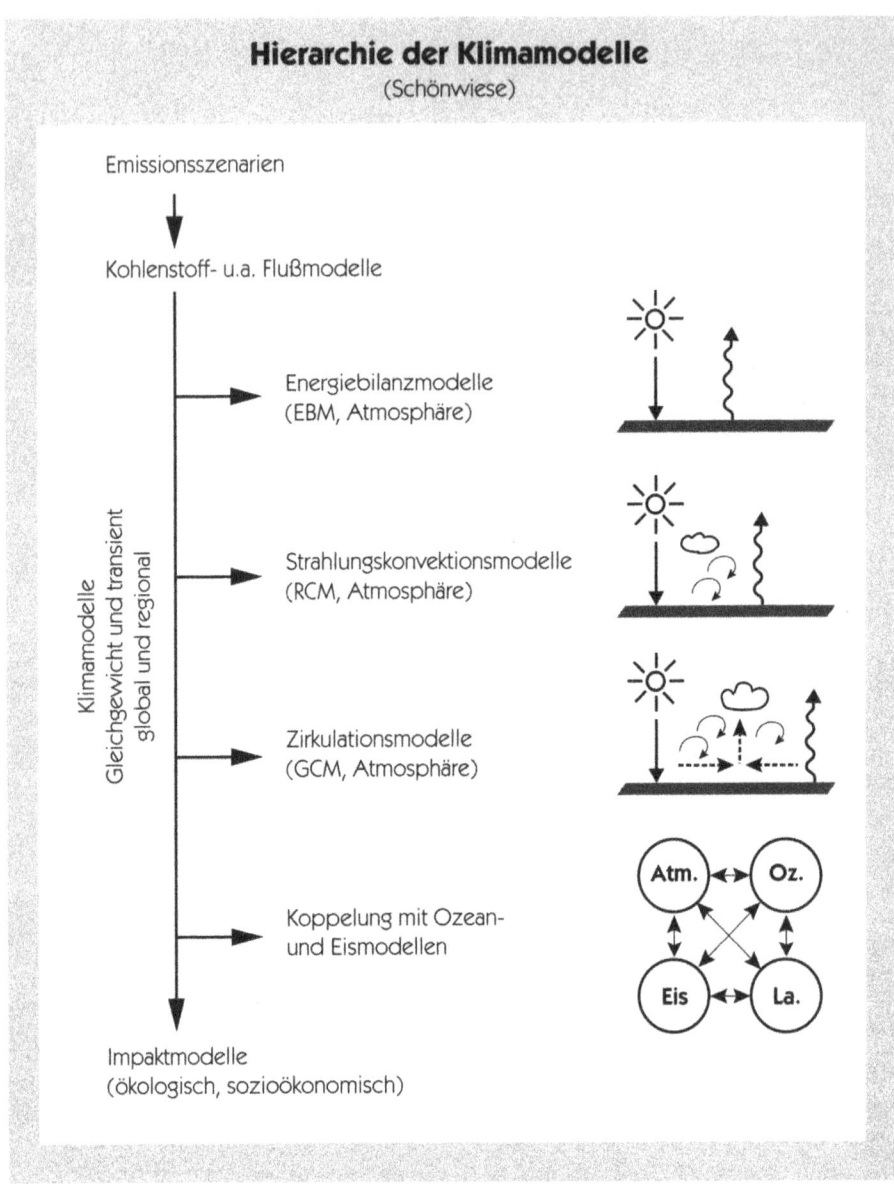

Bild 11

atmosphärische Bewegungen Eingang. Diese Modelle können jedoch auch nicht befriedigen, weil atmosphärische Bewegungen nicht nur in der Senkrechten, sondern auch quer dazu auftreten („Zirkulationen"). Damit sind stets Änderungen der Bewölkung, der Niederschläge, der Luftfeuchtigkeit und der Windverhältnisse verknüpft, zwi-

2.3 Auf dem Weg zu immer komplexeren Klimamodellen

schen denen wiederum eine ganze Reihe von Rückkopplungen auftreten können.

Die derzeit gängigsten Klimamodelle können dreidimensionale Bewegungsvorgänge der Atmosphäre

- in einem Gitternetz (Gitterlinienabstand ca. 500 km) und
- in mehreren Schichten (bis in die Stratosphäre hinein)

simulieren[2]. Sie enthalten eine vereinfachte Ozeankomponente, die eine obere, relativ warme „Mischungsschicht" erfaßt, und berücksichtigen die – für die Meeresspiegelhöhe entscheidenden – Eismassen.

Die Klimamodelle der neuesten Generation erlauben sowohl Gleichgewichtssimulationen als auch zeitabhängige Simulationen. Sie arbeiten mit einem „voll zirkulierenden Ozean" (Berücksichtigung auch der „tiefen Teile"), der mit der Atmosphäre gekoppelt ist. Solche Modelle benötigen auch mit den größten Rechnern derzeit noch Rechenzeiten von mehreren Monaten.

Übrigens liefern alle beschriebenen Modelle für sich alleine genommen keine Klimaszenarien oder gar -prognosen. Sie benötigen als Eingangsdaten Emissionsszenarien (Trendfortschreibungen oder Reduktionsannahmen) und Stoff-Flußmodelle (z.B. für Kohlendioxid), die zeitliche und räumliche Verteilungen atmosphärischer Spurengase wiedergeben.

Es darf nicht unerwähnt bleiben, daß die Klimamodelle trotz des teilweise gigantischen Forschungs- und Rechneraufwandes noch erhebliche Schwachstellen aufweisen: Man geht derzeit davon aus, daß die in den Klimamodellen noch nicht berücksichtigten Wechselwirkungen vor allem zwischen den verschiedenen Erscheinungsformen des Wassers

- Wasserdampfanstieg durch erhöhte Verdunstung
- Wolkenreaktion
- Niederschlag
- Strahlungseffekte von Schnee und Eis

insgesamt positiv rückgekoppelt sind; d.h. beim zusätzlichen Treibhauseffekt sind die Temperaturerhöhungen in Wirklichkeit noch höher als die errechneten; ähnliche Verstärkungseffekte dürften auch von den – bisher nicht

• Zirkulationsmodelle

• Klimaprognosen benötigen Klimamodelle
+ Emissionsszenarien
+ Stoff-Flußmodelle

• Klimamodelle geben Realität vereinfacht wieder

• Treibhauseffekt wahrscheinlich höher als errechnet

in die Modelle integrierten – biologischen Rückkoppelungen ausgehen.

2.4 Mögliche Auswirkungen des Temperaturanstiegs

• Verdoppelung des CO_2-Gehaltes entspricht 2,5 °C Temperaturerhöhung

Steigt der Gehalt der Spurengase so an, daß dies einer Verdoppelung des CO_2-Gehaltes in der Atmosphäre vom vorindustriellen Wert 280 ppmv auf 560 ppmv gleichkommt, dann erhöht sich die Lufttemperatur in Oberflächennähe bei voller Anpassung des Klimasystems wahrscheinlich um 2,5 °C, maximal um 4,5 °C und minimal um 1,5 °C.

• Emissionsbedingte Treibhauswirkung tritt zeitverzögert auf

Die Wirkungen von Treibhausgas-Emissionen treten um bis zu drei Jahrzehnte verzögert auf: das erklärt, warum der beobachtete Temperaturanstieg von 0,5 °C in den vergangenen hundert Jahren nicht der vollen Reaktion auf die Störung entsprach.

• Meeresspiegel steigt 3 bis 10 cm pro Jahrzehnt

Der Meeresspiegel wird im nächsten Jahrhundert durch Wärmedehnung des Meerwassers und durch schmelzende Gebirgsgletscher 3 bis 10 cm pro Jahrzehnt ansteigen. Ein Anstieg um 1 Meter bis zum Jahre 2100 würde einige Inselstaaten unbewohnbar machen, Küstenstädte und fruchtbares Land überfluten, Süßwasserspeicher versalzen, Küstenlinien verschieben und damit Millionen von Menschen aus ihrer Heimat vertreiben.

• Klimaänderung beeinflußt Nahrungsproduktion

In vielen Regionen wird die Versorgung mit Nahrung gefährdet, das gilt speziell für die schon jetzt leicht verletzbaren Regionen. Ob und wie stark ein erhöhter Kohlendioxidgehalt der Luft das Wachstum vieler Pflanzen wesentlich und nicht nur vorübergehend stimuliert, ist noch unklar. In höheren Breiten der nördlichen Erdhälfte kann es durch eine verlängerte Vegetationsperiode zu erhöhter Produktivität kommen.

• Vegetationszonen werden verschoben

Die Wälder können sich bei raschen Klimaänderungen nicht schnell genug an das Regionalklima anpassen. Die Vegetationszonen werden sich um Hunderte von Kilometern polwärts – bzw. im Gebirge um Hunderte von Metern nach oben – verschieben. Auch andere Tier- und Pflan-

2.4 Mögliche Auswirkungen des Temperaturanstiegs

zenarten werden bei den bevorstehenden raschen Klimaänderungen nicht mitkommen, d.h. die Artenvielfalt wird abnehmen.

Ähnliches gilt für die marinen Öko- und Biosysteme: Geringfügige Veränderungen der mittleren Windgeschwindigkeit, der Tiefenwasserbildung in hohen Breiten und der Frischwasserzuflüsse in einzelne Ozeane können weltweite Auswirkungen haben. Regionalisierte Aussagen können z.Z. noch nicht gemacht werden.

- Meeresbiosysteme werden verändert

Geringe Klimaänderungen können auch große Probleme bei der Wasserversorgung verursachen, besonders in trockenen Klimazonen oder solchen mit starker Wassernutzung oder -verschmutzung.

- Wasserversorgung wird noch kritischer

Zusätzlich gefährdet werden menschliche Siedlungen, die schon jetzt durch Überschwemmung, Dürre und Stürme bedroht sind. Besonders betroffen werden die Menschen in Entwicklungsländern sowie die Bewohner von Marschniederungen, Inseln, und semiariden Gebieten sein.

- Überschwemmungen, Dürren, Stürme

Größere Gesundheitsgefährdungen können in Ballungsgebieten auftreten. Temperatur- und Niederschlagsänderungen werden das Verbreitungsgebiet von Infektionskrankheiten, die durch Tiere übertragen oder durch Viren verursacht werden, drastisch verschieben – vor allem in Richtung höherer geographischer Breiten.

- Rückwirkungen auf die Verbreitung von Krankheiten

Zusammenfassung von Kapitel 2:
Die vom Menschen verursachten Klimaänderungen werden tief in die natürlichen Ökosysteme und in die menschliche Gesellschaft eingreifen.

Obwohl auch mit komplexeren Klimamodellen exakte räumliche und zeitliche Verteilungen der Temperatur- und Niederschlagsänderungen nicht gelingen, kann der Treibhauseffekt doch abgeschätzt werden.

Die Temperaturen werden steigen und die Vegetationszonen werden sich verschieben. Zusammen mit den Niederschlagsänderungen werden nicht nur die Ökosysteme, z.B. die Wälder, sondern auch die Nahrungsmittelproduktion gefährdet.

- Klimamodelle erlauben Folgenabschätzung

> Diese möglichen Auswirkungen von Klimaänderungen müssen zudem im Zusammenhang mit weiteren Umweltgefahren und dem Weltbevölkerungszuwachs gesehen werden.

Anmerkungen zu Kapitel 2

1 Radiative convective model, RCM
2 General circulation model, GCM

3 Die Dimensionen des Verantwortungsbegriffs

Der Begriff Verantwortung gehört der deutschen Allgemeinsprache an; er ist im Kern allgemeinverständlich, aber leider an den Rändern nicht eindeutig.

Wer ist wem wofür verantwortlich? – so können wir fragen.

Und nach welchen Kriterien?
Wie weit reicht Verantwortung?
Sind wir auch für Unvorhersehbares verantwortlich?

Dieses Kapitel beginnt mit einem Beispiel, wendet sich dann den einzelnen Schichten der Verantwortungsproblematik zu, um zum Schluß die juristische Verantwortung am Beispiel der Haftung zu behandeln.

- Wer ist wem wofür verantwortlich?

3.1 Verantwortungsträger sind wir alle

In Kapitel 2 hatten wir die wichtigsten Fakten und Hypothesen zur Klimaproblematik, insbesondere zum Treibhauseffekt, kennengelernt bzw. uns in Erinnerung gerufen.

Wir wollten die Klimaproblematik zum Anlaß nehmen, um über Lösungs-, Milderung- oder Kompensationsmöglichkeiten nachzudenken und danach die Frage nach den Verantwortlichen für die Verwirklichung dieser Möglichkeiten bzw. die Durchführung von Maßnahmen zu stellen. Aus dem Beispiel „Treibhauseffekt" lassen sich verallgemeinerbare Erkenntnisse gewinnen.

- Wer ist verantwortlich?

- Vorschläge zur Milderung der Klimaeffekte

Die Enquete-Kommission „*Vorsorge zum Schutz der Erdatmosphäre*" des Deutschen Bundestags macht folgende Vorschläge zur Milderung der Klimaeffekte:

1. Reduktion energiebedingter Treibhausgase
   - durch Energieeinsparung beim Heizen, im Straßenverkehr und bei der Energieumwandlung
   - durch Ersatz fossiler Energieträger durch Kernenergie
   - durch Emissionsrückhaltung
   - durch umweltbewußtes Verhalten und Konsumverzicht
   - durch erneuerbare Energien und Solartechnik
   - durch Austausch von fossilen Brennstoffen (Erdgas besitzt die geringste spezifische CO_2-Emission)
2. FCKW-Verzicht
   Fluorchlorkohlenwasserstoffe (FCKW) sind nicht nur an der Zerstörung der stratosphärischen Ozonschicht, sondern auch maßgeblich am Treibhauseffekt beteiligt.
3. Reduktion von Treibhausgasen aus der Landwirtschaft
   - durch geringeren Einsatz von Stickstoffdünger (N_2O)
   - durch geringeren Rindfleischkonsum in den Industrieländern (Methan aus Rindermägen)
   - durch Umstellung von Naß- auf Trockenreisanbau (Methan)
4. Nachhaltige Forstwirtschaft
   Waldsterben und Brandrodung fördern den Treibhauseffekt zweifach (CO_2-Emission und Verlust der CO_2-Bindung durch Photosynthese).
5. Industrie
   Optimierung der Prozesse im Hinblick auf Emissionsreduzierung

- FCKW-Verwendung

Greifen wir als Beispiel die Fluorchlorkohlenwasserstoffe (FCKW) heraus und verfolgen deren Verwendungsweg zurück (Bild 12).

3.1 Verantwortungsträger sind wir alle

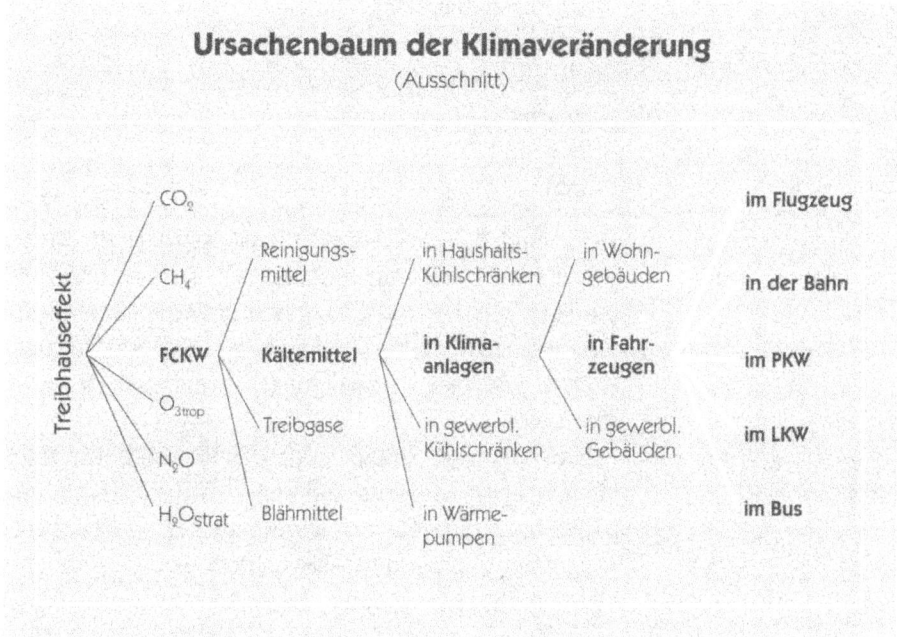

Bild 12

FCKW fanden und finden zum Teil immer noch Verwendung als
- Reinigungsmittel, Lösungsmittel (in Fertigungsprozessen),
- Kältemittel,
- Treibmittel, Aerosole (z.B. für Spraydosen) und
- Blähmittel (z.B. zur Herstellung von Schaumstoffpolstern oder Isolierstoffen).

Verfolgen wir exemplarisch den Anwendungsfall Kältemittel zurück bis zu den einzelnen Produktfeldern, so stoßen wir zunächst auf die Anwendungsgebiete:
- Klimaanlagen
- Kühlschränke und Kühlanlagen (private und gewerbliche)
- Wärmepumpen.

Fragen wir wiederum nach den Verwendungsgebieten z.B. der Klimaanlagen, so kommen wir auf
- Gebäude (Wohnungen und gewerbliche Gebäude) und
- Fahrzeuge

Und bei den Fahrzeugen auf
- Flugzeuge
- Eisenbahnen
- Schiffe
- PKW und
- LKW

- Mehrere tausend Produktfelder verursachen Klimagase

Der in Bild 12 nach diesem Schema skizzierte Auszug aus dem Herkunftsbaum der Klimagase sagt uns, daß es für die Verwendung von Klimagasen mehrere tausend Produktfelder gibt (bei Annahme von sechs Verzweigungsebenen und vier Verzweigungen pro Ebene wären es $4^6 = 4.096$).

- Gegenmaßnahmen schon jetzt ergreifen

Auch wenn die Ursachen des Treibhauseffektes nicht bis ins Letzte erforscht sind und nicht jede „Hypothese" beweisbar ist, so reichen nach Meinung der weitaus überwiegenden Anzahl der Wissenschaftler und wohl auch vieler Politiker (man denke an die Weltklimakonferenzen oder die einschlägige Enquete-Kommission des Deutschen Bundestages) die „Indizien" aus, um jetzt schon Gegenmaßnahmen zu suchen bzw. zu ergreifen. Das heißt: unsere Verantwortung hat längst begonnen.

Im Bild 13 sind die vom Bundesumweltministerium zusammengetragenen Ersatzstoffe und Ersatztechnologien für FCKW in der Kältetechnik aufgeführt.

1. Haushaltskälte

- Beispiel Haushaltskälte

Zum Zeitpunkt der Veröffentlichung (Mai 1992) war R 12 in Deutschland noch „in Verwendung" (V); als Ersatzstoff war R 134a, ein Fluorkohlenwasserstoff ohne Chlor 1992 noch in Entwicklung (F+E), wird aber inzwischen im Markt eingesetzt. Als halogenfreie Ersatzstoffe werden Zeolith/Wasser und Propan/Cyclobutan als noch in Entwicklung befindlich (F+E) angegeben; zur Haushaltskälte wird ferner bemerkt, daß die technische Entwicklung von 134a abgeschlossen ist, daß Zeolith/Wasser nur bei speziellen Primärenergieträgern wie z.B. Gas sinnvoll ist und daß die Kombination Propan/Cyclobutan wegen ihrer Brennbarkeit Probleme bei der Produkthaftung mit sich bringt. Bei der zuletzt genannten Ersatzstoffkombination – Propan/Cyclobutan – handelt es sich übrigens um die Stoffe, die zuerst von einem Anbieter aus den Neuen

FCKW-Ersatzstoffe und -technologien
(Bundesminister für Umwelt, Naturschutz und Reaktorsicherheit)*

Verwendung Kältetechnik	FCKW Halone	H-FCKW H-Halone	H-FKW FKW	Halogenfreie Stoffe Produktalternativen
Haushaltskälte	12 (E)	–	134a (V)	Zeolith/Wasser[1] (F+E) Propan/Cyclobutan[2] (V)
Autoklima	12 (V)	–	134a (V)	Zeolith/Wasser[3] (F+E, 95) CO_2 (F+E)
Gewerbekälte Wärmepumpen Gebäudeklima	502 (E) 12 (E)	22 (V), 22/125/ Propan (V)	32, 152a, 134a, 125 (in versch. Mischungen) (V)	NH_3[4] (V, F+E, 94) Propan[5] (V, F+E) Kaltgasprozeß[6] (F+E, 94)
Hochtemperatur	114 (E)	124 (V)		H_2O[7] (V)
Wasserkühler Gebäudeklima	11 (E)	123[8] (V)	134a (V)	NH_3[9] (V) $LiBr/H_2O$-Absorber[10] (V)
Tieftemperatur	13 (E), 13B1 (E)	22 (V)	23 (V)	NH_3[11] (V)

E   Verwendung in Deutschland beendet
V   heutige Verwendung
F+E noch in Entwicklung

1   nur bei Primärenergie (z.B. Gas) sinnvoll
2   Stoffe brennbar, Problem der Produkthaftung
3   erbringt Treibstoffersparnis
4   Stoff toxisch, Entwicklungsarbeiten für Einsatz in Supermärkten etc. noch erforderlich
5   Stoff brennbar, für Einsatz in kleineren Anlagen noch Entwicklung erforderlich
6   nur bei großen ΔT sinnvoll
7   nur bis 0 °C einsetzbar
8   bei 123 sind toxik. Bedenken aufgetreten (in MAK-Liste eingestuft)
9   Stoff toxisch, niedriger Energieverbrauch
10 nur bei Primärenergie sinnvoll
11 Stoff toxisch (NH_3)

* Die hier abgedruckte Tabelle wurde vom Bundesministerium für Umwelt, Naturschutz und Reaktorsicherheit auf den neuesten Stand (September 1994) gebracht.

Bild 13

Bundesländern (ehemals dkk Scharfenstein jetzt Foron) in einem „klimaverträglichen" Kühlschrank angeboten wurden (inzwischen gibt es auch andere Anbieter); diese Kühlschränke enthielten allerdings zunächst kein Gefrierfach. Interessant ist auch, daß die Kombination Propan/Cyclobutan in der DDR früher vor allem Verwendung fand, weil die Eigenproduktion von FCKW nicht ausreichte und der Import dieser Chemikalien zu teuer kam.

2. Autoklimatisierung

• Beispiel Autoklimatisierung

R 12 befand sich zum Zeitpunkt der Tabellenveröffentlichung (Mai 1992) noch „in Verwendung" (V), R 134a noch in Entwicklung (F+E); die Kombination Zeolith/Wasser sollte bis 1995 entwicklungsreif werden und vor allem auch Treibstoffeinsparungen ermöglichen; inzwischen wird anstelle von R 12 weitgehend R 134a verwendet.

Die Daten des Bundesumweltministeriums zeigen, daß die heutigen Ersatzstoffe zum Teil noch – wenn auch weniger – Chlor und Fluor enthalten. Deren Treibhauseffekt bzw. Ozon-Abbaupotential ist allerdings schon bedeutend niedriger (Bild 14): Bei R 134a beträgt der Treibhauseffekt 0,28 gegenüber 3 bei R 12 und das Ozonabbaupotential 0 gegenüber 1 bei R 12.

Eine noch bessere Lösung erwartet man durch halogenfreie Ersatzstoffe oder mittels völlig anderer Produktalternativen (z. B. anderer Kälteprozesse).

Nunmehr können wir die Frage nach den Verantwortlichen für die Vermeidung bzw. Milderung von Treibhauseffekten in Autoklimaanlagen stellen. Die sich anbietenden Maßnahmen ersehen Sie aus Bild 15.

• Verantwortlich ist, wer Einflußmöglichkeiten hat

Vom Konsumenten bis zum Gesetzgeber tragen viele Gruppen und letztlich wir alle Verantwortung. Das Herausgreifen eines Einzelnen aus der langen und verzweigten Ursachen-Wirkungs-Kette ist politisch zwar beliebt, aber verfehlt: Eine Überforderung von Verantwortungsträgern führt meistens zur Ablehnung auch der vorhandenen Teilverantwortung, d. h. zum Abwiegeln.

3.1 Verantwortungsträger sind wir alle

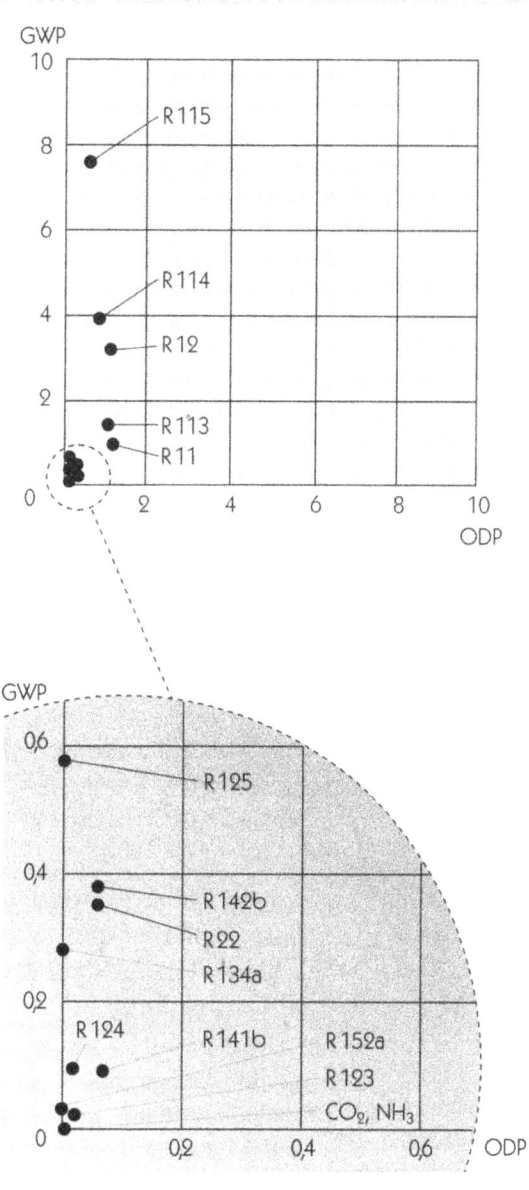

Bild 14

Wer ist für welche Maßnahme verantwortlich?

Maßnahmen	Verantwortlich
• Optimierte „Lüftung" des Fahrgastraumes bzw. Fahrerhauses	Fahrzeughersteller
• Abdichtung der Klimaanlagen	Zulieferfirma
• Recycling der Kühlmittel	
– bei Wartung und Reparatur	Serviceniederlassung
– bei der Verschrottung	Anwender, Schrotthändler, Klimaanl.- oder Fahrzeughersteller
• Ersatz-Kühlmittel	Wissenschaft, Chemische Industrie
• Andere Kühltechnologie	Wissenschaft, Entwicklungsfirmen
• Verzicht auf Klimaanlage	Gesetzgeber, Anwender

Bild 15

3.2 Die vielen Dimensionen des Begriffs Verantwortung

Kommen wir vom speziellen Beispiel (Klimaproblem, insbesondere Treibhauseffekt und FCKW als Mitverursacher) zum Verantwortungsbegriff im allgemeinen.

• „Verantwortung" als Begriff der Allgemeinsprache

Unsere „Denk-Software" ist die (Allgemein- oder Umgangs-) Sprache. Von daher ist es nützlich, sich zuerst die üblichen umgangssprachlichen Verwendungen eines Begriffs anzusehen.

Das Verbum „verantworten" kommt aus dem Mittelhochdeutschen; ursprünglich soll es ein Ausdruck aus der Fachsprache des Rechts gewesen sein; heute sind die Wörter „verantworten", „verantwortlich", „Verantwortung" (auch Zusammensetzungen wie „Verantwortungsbewußtsein", „Verantwortungsgefühl", „Verantwortungsbereitschaft" sind gebräuchlich) Teil der Allgemeinsprache.

3.2 Die vielen Dimensionen des Begriffs Verantwortung

> **Die Begriffe „verantworten" und „verantwortlich"
> im allgemeinen Sprachgebrauch**
> (Duden - Stilwörterbuch)
>
> **verantworten:** 1. <etwas v.> **die Folgen zu tragen bereit sein, für etwas einstehen:** eine Maßnahme v.; das kann niemand v.; er wird sein Tun selbst v. müssen; sie kann [es] nicht v., daß du allein nach London fährst.
> 2. <sich v.> **sich [einer Anklage gegenüber] rechtfertigen:** er hatte sich für seine Tat, wegen seiner Äußerung vor Gericht zu v.; du wirst dich vor Gott v. müssen.
>
> **verantwortlich:** a) **die Verantwortung tragend:** der verantwortliche Ingenieur, Redakteur; die Eltern sind für ihre Kinder v.; ich bin dafür v., daß...; er ist nur dem Chef, dem Vorstand [gegenüber] v.; ich mache dich dafür v.; er zeichnet v. für das Manuskript der Sendung; subst.: die Verantwortlichen wurden bestraft. b) **mit Verantwortung verbunden:** eine verantwortliche Stellung; ein verantwortliches Amt.

Bild 16

Der Duden (Stilwörterbuch) listet 25 typische Redewendungen mit rund 40 Varianten auf. Die Analyse dieser Redewendungen (Bild 16) zeigt deutlich die wichtigsten Dimensionen des Begriffs Verantwortung. Sie ergeben sich aus der Frage: „Wer ist wem wofür verantwortlich?" Wissenschaftlich ausgedrückt kann von Verantwortungssubjekt, Verantwortungsinstanz und Verantwortungsobjekt gesprochen werden.

In Bild 17 sind die wichtigsten konkreten Ausprägungen dieser Dimensionen stichwortartig aufgeführt. Die Würfeldarstellung erleichtert nicht nur die Identifizierung verschiedener Ebenen der einzelnen Verantwortungsdimensionen; sie verdeutlicht – durch Verschränkung der drei Hauptdimensionen – den Systemcharakter des Verantwortungsbegriffs. Wenn wir uns an den Spielwürfel von Rubik erinnern, wird uns ferner die Komplexität aller Verantwortungsfragen und damit die Notwendigkeit zur Differenzierung anschaulich und bewußt.

Wir erkennen beispielsweise die verschiedenen Ebenen bei den Verantwortungssubjekten: Als Individuen sind

• Verantwortungssubjekt

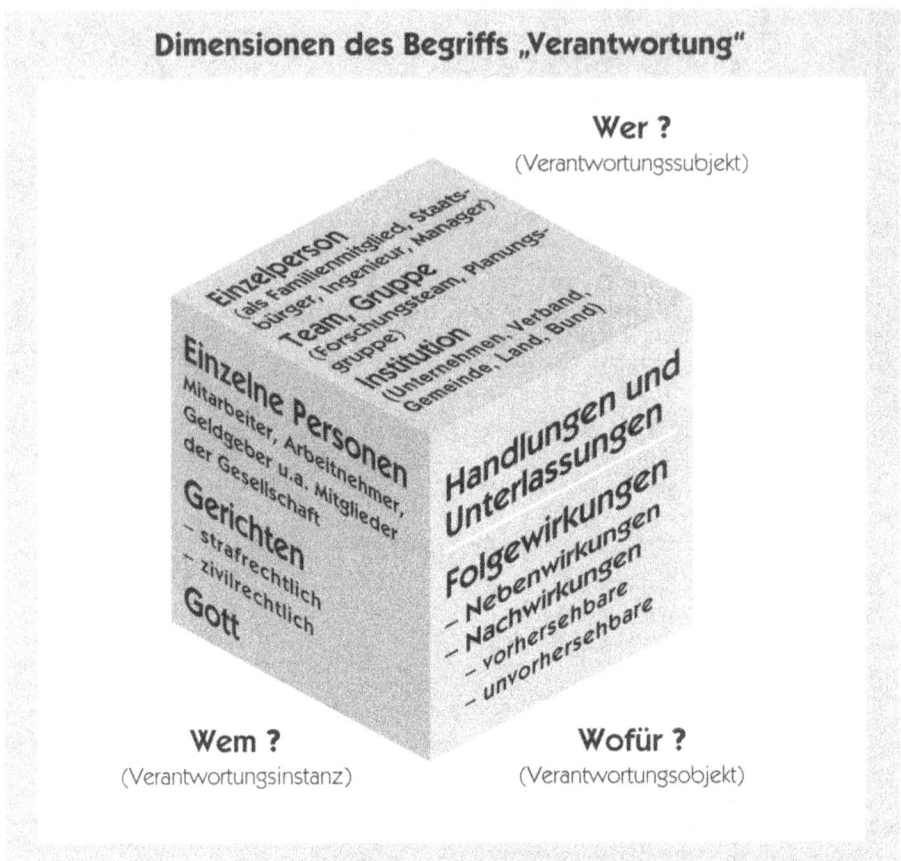

Bild 17

• Verantwortungsobjekt

wir alle für Technikanwendung, z.B. in unserer Fahrweise mit Autos, verantwortlich. Die Planung und Erarbeitung von Produkt- und Prozeßinnovationen im Industrieunternehmen ist meistens Sache von Teams; auch viele Entscheidungen werden heute in Gruppen oder Teams gefällt. Bei besonders großen oder weitreichenden Risiken muß ohnehin auf gesellschaftlicher Ebene, z.B. von den Parlamenten und Spitzenverbänden, entschieden werden.

Verantwortungsobjekte sind Handlungen und Unterlassungen und deren Folgen, die direkten, die indirekten (Nebenfolgen) und die späteren (Nachwirkungen). Dabei stellt sich die Frage, ob die Verantwortung, wenn schon

3.3 Schadens-, Produkt- und Umwelthaftung

nicht moralisch, so doch juristisch, auch die unverschuldeten oder gar die unvorhersehbaren Folgen einschließt.

Die in Bild 17 aufgeführten Verantwortungsinstanzen verdeutlichen die begriffliche Unterscheidung zwischen moralischer oder ethischer Verantwortung einerseits und legaler oder juristischer Verantwortung andererseits; bei letzterer kann wiederum in strafrechtliche und zivilrechtliche Verantwortung unterteilt werden.

• Verantwortungsinstanz

Wenn von allen Individuen, die an der Entscheidung zu einer Handlung (oder Unterlassung) oder der Ausführung der Handlung mitwirken, die volle Verantwortung nicht nur für die Handlung selbst, sondern für alle Folgewirkungen – auch die unvorhersehbaren Spätwirkungen – verlangt wird, so kommen wir m.E. zu einem unsinnigen Verantwortungsbegriff, weil die darin enthaltenen Ansprüche nicht erfüllt werden können.[1]

• Überdehnung des Verantwortungsbegriffs

Wo ist also die Grenze der Zurechnung von Verantwortung? Das ist durchaus nicht immer klar. In der Gesetzgebung und Rechtsprechung gibt es entsprechend viele Probleme, man denke nur an die Schadens-, Produkt- und Umwelthaftung (siehe Kap. 3.3).

Natürlich enthält der Verantwortungsbegriff neben den drei genannten Dimensionen noch weitere. Besonders häufig wird die Frage nach den Verantwortungskriterien gestellt. Es gibt zahlreiche Versuche, gerade auch für Manager und Ingenieure, solche Kriterien in Gestalt von Verhaltenskodizes oder Führungsrichtlinien aufzulisten; diese Kataloge können als Orientierungshilfe dienen, sind aber kein Allheilmittel zur moralischen Disziplinierung von Managern und Ingenieuren (siehe Kap. 5).

• Verantwortungskriterien

3.3 Schadens-, Produkt- und Umwelthaftung als Beispiel für die rechtliche Dimension des Verantwortungsbegriffs

Die zivilrechtliche Haftung kann sich gegen Personen oder Unternehmen (als juristische Personen) richten. Die strafrechtliche Verantwortung trifft immer natürliche Personen, z.B. Mitarbeiter eines Unternehmens.

• zivilrechtliche Haftung

Im folgenden soll beispielhaft die zivilrechtliche Haftung dargestellt werden, weil es hier Fälle von Haftung auch für Unverschuldetes, ja Unvorhersehbares gibt.

• Voraussetzungen für BGB-Haftung

Nach § 823 BGB ist derjenige zum Schadensersatz verpflichtet, der *vorsätzlich* oder *fahrlässig* ein Rechtsgut eines anderen *widerrechtlich* verletzt.

Die Haftung ist also an mehrere Voraussetzungen gebunden:
- Es liegt eine menschliche Handlung vor, die vom Willen beherrschbar ist (Tun oder Unterlassen)
- Diese Handlung hat eine geschützte Rechtsposition verletzt
- Daraus ist ein Schaden entstanden (Kausalzusammenhang)
- Die Verletzungshandlung war widerrechtlich, d.h. sie hat gegen ein Gebot, Verbot oder die zu beachtende Sorgfalt verstoßen (entweder Vorsatz oder Fahrlässigkeit, daher kommt der Begriff „deliktische Haftung" bzw. „deliktisches Verschulden"; Kinder bis zum 7. Lebensjahr sind verschuldensunfähig)

Dem Schutz des § 823 BGB unterliegen bestimmte Rechtsgüter, nämlich das Leben, der Körper, die Gesundheit, die Freiheit und das Eigentum sowie sonstige Rechte, die dem Eigentum ähnlich sind (z.B. Patent- und Urheberrechte).

• Verkehrssicherungspflichten

Besonders wichtig für die Rechtssprechungspraxis nach § 823 BGB ist der Verstoß gegen die sogenannten Verkehrssicherungspflichten. Danach ist jeder, der eine Gefahrenquelle schafft, verpflichtet, die ihm zumutbaren Vorkehrungen zu treffen, um eine Schädigung anderer abzuwenden. Wer diese Pflicht auch nur fahrlässig verletzt, ist zum Schadensersatz verpflichtet; es reicht aus, wenn der Verantwortliche fahrlässig nicht erkannt hat, daß er eine Pflicht zum Handeln hatte. Dies führt speziell bei Unternehmen zu den sogenannten Organisationspflichten (Auswahl-, Leitungs- und Aufsichtspflicht). In der Rechtssprechung werden relativ häufig Verletzungen der Organisations- und Verkehrssicherungspflichten vermutet; obwohl das schuldhafte Handeln eigentlich vom Geschädigten nachzuweisen ist, kehrt sich die Beweislast

• Organisationspflichten

3.3 Schadens-, Produkt- und Umwelthaftung

um; das Unternehmen kann sich nur durch den Nachweis, seine Pflichten erfüllt zu haben (z. B durch Dokumentation), entlasten.

Die Produkthaftung und das Produkthaftungsgesetz haben sich aus dem Verbraucherschutzgedanken entwickelt. Durch die zunehmende Arbeitsteilung der Wirtschaft werden die Wege zwischen Endverbraucher und Hersteller immer länger und damit unübersichtlicher. Ein durch ein fehlerhaftes Produkt geschädigter Endverbraucher ging häufig leer aus, weil er in der Regel keinen Vertrag mit dem Hersteller des Produktes hatte. Die Produkthaftung darf also nicht mit der vertraglichen Haftung für Fehler an einem gelieferten Gegenstand während der Gewährleistungsfrist verwechselt werden. Die vertragliche Haftung kann modifiziert, beschränkt oder unter bestimmten Voraussetzungen ausgeschlossen werden, die Produkthaftung nicht.

Die allgemeine Produkthaftung ist ein von der Rechtsprechung aus der deliktischen Haftung gemäß § 823 BGB entwickelter Tatbestand: schuldhaftes In-den-Verkehr-Bringen eines fehlerhaften Produktes, wodurch Personen oder Sachen Dritter verletzt oder beschädigt werden.

Die spezielle Produkthaftung nach dem deutschen Produkthaftungsgesetz vom 15. 11. 1989 gilt dagegen nur für Personenschäden und Schäden an überwiegend privat genutzten Sachen. Dieses Gesetz entstand als Umsetzung der EG-Richtlinie zur Harmonisierung des Produkthaftungsrechts in Europa.

Das Produkthaftungsgesetz führt die verschuldensunabhängige Haftung (Gefährdungshaftung) ein. Der Hersteller hat aber die Möglichkeit, sich bei Vorliegen bestimmter Umstände zu entlasten. Die Beweislast liegt beim Hersteller: So entfällt die Haftung, wenn der Hersteller nachweisen kann, daß er das fehlerhafte Produkt nicht in den Verkehr gebracht hat, oder daß der Fehler erst später entstanden ist, oder aufgrund des Standes von Wissenschaft und Technik zu diesem Zeitpunkt noch nicht erkennbar war. Die Haftung entfällt ebenso, wenn der Hersteller nachweisen kann, daß der Fehler darauf beruht, daß er das Produkt aufgrund zwingender Rechtsvorschriften hergestellt hat.

- Beweislastumkehr

- Verschärfte Produkthaftung

- Allgemeine Produkthaftung

- Spezielle Produkthaftung

- Verschuldensunabhängige Haftung
- Gefährdungshaftung

- Gesamtschuldnerische Haftung

- Noch strengere Umwelthaftung

- Verkehrssicherungspflichten

- Haftung auch bei Schäden aus genehmigtem Normalbetrieb

Bei schuldhaftem Mitwirken des Geschädigten zum Entstehen des Schadens kann die Haftung des Herstellers gemindert werden oder ganz entfallen.

Wenn mehrere Hersteller im Sinne des Produkthaftungsgesetzes nebeneinander für einen Schaden verantwortlich sind, haften sie als Gesamtschuldner.

Die Ersatzpflicht des Herstellers darf durch entsprechende Vereinbarungen weder ausgeschlossen noch geschmälert werden. Die verschuldensunabhängige Haftung des Herstellers erlischt 10 Jahre nach dem Zeitpunkt an dem er das Produkt, das den Schaden verursacht hat, in den Verkehr gebracht hat. Danach kann der Hersteller allerdings noch nach den Grundsätzen der Verschuldenshaftung (§ 823 BGB) in Anspruch genommen werden.

Als Grundlage für Schadensersatzansprüche bei Umweltschäden kann sowohl die Haftung aufgrund eines deliktischen Verschuldens (§ 823 BGB) als auch das Umwelthaftungsgesetz dienen.

Die zivilrechtliche Umwelthaftung nach § 823 BGB ist für den Geschädigten wenig aussichtsreich, da er ein Verschulden nachweisen muß (ein Kausalitätsbeweis ist bei komplexen Umweltschäden in der Praxis kaum oder nur mit Hilfe aufwendiger Forschung zu führen).

Dem wirkt – wie bereits ausgeführt – die Rechtsprechung durch den Ausbau der Verkehrssicherungspflichten entgegen.

Die zivilrechtliche Umwelthaftung wurde mit der Einführung des Umwelthaftungsgesetzes (UHG), das am 01.01.1990 in Kraft trat, verschärft. Das Gesetz, das bei 96 Anlagen Anwendung findet, sieht eine Gefährdungshaftung vor, d.h. der Betreiber einer der genannten Anlagen haftet für Umwelteinwirkungen, die von seiner Anlage ausgehen und zwar ohne Rücksicht darauf, ob ihn ein Verschulden trifft. Darüberhinaus besteht die Haftung nicht nur bei Störfällen, sondern auch beim sogenannten Normalbetrieb, d.h. selbst dann, wenn der Schaden beim Betrieb der Anlage innerhalb der behördlich genehmigten Werte und Auflagen eintritt. Ausgeschlossen sind Fälle der höheren Gewalt sowie unwesentliche ortsübliche Sachschäden. Im Gegensatz zur Produkthaftung wird somit auch für das Entwicklungsrisiko, also z. B. auch für

3.3 Schadens-, Produkt- und Umwelthaftung

Schäden aus Emissionen, deren Gefährlichkeit noch nicht erkannt wurde, gehaftet.

Die Haftung nach UHG erstreckt sich auf Personenschäden oder Beschädigungen individueller Sachen und ist dabei auf jeweils 160 Mio. DM beschränkt. Die im Gesetz aufgenommene Ursachenvermutung verlangt vom Geschädigten lediglich den Beweis, daß die Anlage nach den Gegebenheiten des Einzelfalles geeignet war, den entstandenen Schaden zu verursachen. Diese Verdachtshaftung wird erst beseitigt, wenn der Inhaber nachweisen kann, daß er die Anlage im fraglichen Zeitraum bestimmungsgemäß betrieben hat oder ein anderer Umstand als der Betrieb der Anlage geeignet war, den Schaden herbeizuführen.

Die unterschiedlichen Regelungen der zivilrechtlichen Schadenshaftung sind einander in Bild 18 gegenübergestellt.

- Verdachtshaftung

Grundprinzipien der Schadenshaftung

Schadenshaftpflicht nach § 823 BGB	Produkthaftung nach ProdHaftG	Umwelthaftung nach UmweltHG		
	Personenschäden, sowie Sachschäden im privaten Bereich	Normalbetrieb		Störfall
Kausalität	Kausalität	Kausalitätsvermutung	Vollbeweis für Kausalität	Kausalitätsvermutung
Schuldhaftes Handeln		=	+	
Haftung	Haftung	Haftung auch bei genehmigtem Normalbetrieb		Haftung
Ausschluß der Haftung für den Verrichtungsgehilfen im Rahmen von § 831 BGB (Exkulpation) möglich		Nachweis des Normalbetriebs		Nachweis der Nicht-Ursächlichkeit
Haftungsreduzierung nach § 254 BGB (Mitverschulden)				
Beweislastumkehr bei mangelndem Einblick in die Sphäre des vermuteten Schädigers möglich (Sphärentheorie)		keine Haftung		keine Haftung

Bild 18

- Graduelle Verschärfung der zivilrechtlichen Haftung ausgehend vom BGB-Schadenersatz über die Produkthaftung bis zur Umwelthaftung

Zusammenfassung von Kapitel 3:

Die zivilrechtliche Haftung und der Schadensersatz werden im wesentlichen durch den § 823 des Bürgerlichen Gesetzbuches (BGB) begründet. Der Geschädigte muß, um einen Ersatz zu erhalten, den Schaden, die Kausalität und das Verschulden des Verursachers nachweisen. Im Laufe der Zeit hat sich die Rechtsprechung zunehmend dem Verbraucherschutz zugewendet, so daß es bei Schadensersatzforderungen immer mehr zu einer Beweiserleichterung für den Verbraucher kam. Neben die BGB-Anspruchsgrundlage tritt im Jahr 1989 das Produkthaftungsgesetz, das eine verschuldensunabhängige Haftung (Gefährdungshaftung) vorsieht. Bei Schadensersatzforderungen wegen Umweltschäden gilt seit 1990 das Umwelthaftungsgesetz. Dieses Gesetz sieht für 96 Anlagen ebenfalls die Gefährdungshaftung vor und räumt dem Geschädigten zusätzlich die Ursachenvermutung ein, was einer vollständigen Beweislastumkehr gleichkommt.

Anmerkungen zu Kapitel 3

1 Auf die Kehrseite der Medaille verweist *Cora Stephan* (S. 115), wenn sie von der modernen Gesellschaft als „Therapiegesellschaft" spricht, die keine persönliche Verantwortung mehr kennt: *„Die Therapiegesellschaft entwickelt schon gar keinen Begriff eines Subjekts mehr, dem verantwortliches Handeln abverlangt werden könnte. Wer Opfer der Verhältnisse, des Patriarchats, des Kapitalismus, der frühkindlichen Erziehung ist, der erwartet bei der Gerichtsverhandlung den Freispruch. Eine manchmal gewalttätige Enteignung hat sich da durchgesetzt, von Psychoboom und Feminismus verstärkt: Was immer wir tun, wer immer wir sind – eigentlich ist das Subjekt die Gesellschaft, die Erziehung, das System, die Anderen."*

4 Auf der Suche nach Verantwortungskriterien

Die Darstellung der Verantwortungszusammenhänge an einem Teilausschnitt des Klimaproblems legt die Frage nahe, ob es nicht allgemeingültige Kriterien gibt, die alle oder doch viele gleichartige Probleme lösen helfen. In diesem Kapitel soll die Bedeutung solcher Kriterien oder Normen analysiert werden; als Beispiele werden die Tugenden und Maximen für den naturethischen Bereich aufgegriffen.

• Allgemeingültige Kriterien für gleichartige Probleme

4.1 Ethische Normen als Orientierungshilfe

Während das Verhalten der Tiere durch die Instinktausprägung des Einzeltieres und die jeweilige Umweltsituation determiniert ist, besitzt der Mensch die Fähigkeit zur sittlichen Bewertung von Handlungsalternativen. Aus dieser Fähigkeit zum sittlichen Bewerten und der uns eigenen Willensfreiheit erwächst die Pflicht zum sittlichen Handeln innerhalb der gegebenen Handlungsspielräume.

• Fähigkeit zur sittlichen Bewertung

Ethische Prinzipien und moralische Normen entlasten den einzelnen von der Aufgabe, immer wieder neu die Richtung oder das Richtige zu erfragen; sie helfen bei der Konfliktlösung oder -milderung. Konflikte entstehen ja überall dort, wo mehrere Bedürfnisse miteinander im Wettbewerb stehen, sei es in einer Person, zwischen Einzelpersonen, zwischen Einzelperson und Gruppe oder zwischen Gruppen. Ethische Prinzipien und Normen sollen aber auch helfen, in akuten Fällen rasch und den-

• Konflikte entstehen, wo Bedürfnisse miteinander konkurrieren

noch überlegt (sozusagen vorab durchdacht) zu entscheiden.

Als Staatsbürger, Mitglieder von Kirchen und in erster Linie natürlich als Menschen, die neben einer Berufsausbildung auch eine breite Allgemeinbildung erhalten haben, sind uns die Begriffe Ethik und Ethos geläufig. Dennoch sollten wir uns Wichtiges in Erinnerung rufen.

- "Ethos" und verwandte Begriffe

Ethos, Moral, sittliches Empfinden, sittliche Haltung oder *Einstellung, sittliches* oder *moralisches Bewußtsein, Verantwortung, Sittlichkeit*: all diese Begriffe beziehen sich auf die Fähigkeit des einzelnen Menschen, sein Verhalten einer sittlichen Bewertung zu unterwerfen.

- Werte sind teilweise zeit- und kulturbedingt

Ethos als menschliche *Fähigkeit* zu definieren, hat gegenüber anderen Möglichkeiten den Vorteil, daß offen bleiben kann, ob es sich vornehmlich um eine Gefühlsleistung (man spricht ja beispielsweise von Verantwortungsgefühl), eine Verstandesleistung oder „eine vom Instinkt und von der Vernunft unterschiedliche Fähigkeit"[1] handelt. Es kann auch offen bleiben, welcher Anteil dieser Fähigkeit angeboren ist und wieviel durch Erziehung vermittelt bzw. durch Erfahrung gewonnen ist. Daß Kultur, Erziehung und Erfahrung wesentlich zur Ausbildung dieser Fähigkeit beitragen, wird heute kaum noch bestritten: Werteinstellungen und damit auch das Ethos unterliegen einem gesellschaftlichen Wandel.

- Rangfolge der Werte

Die Definition der Verantwortung oder des moralischen Bewußtseins als „Fähigkeit zum sittlichen Bewerten" verlagert den Erklärungs- oder Begründungsbedarf auf ein neues Stichwort, die „sittliche Bewertung": Wir brauchen einen Katalog menschlicher Werte, möglicherweise auch noch eine Rangfolge der Werte. Einen derartigen Werte-Katalog (siehe Bild 19 und Bild 20) enthält die VDI-Richtlinie 3780 „Technikbewertung – Begriffe und Grundlagen".

- Wertepluralismus, aber Grundwertekonsens

Leider gibt es über die einzelnen Werte und vor allem über ihre Hierarchie einen Meinungspluralismus; ein Konsens zumindest über Grundwerte ist aber für das Funktionieren der Demokratie von größter Bedeutung (siehe auch Abschn. 9.4).

- Gesinnungsethik, Verantwortungsethik

Ethik, Moralphilosophie, Moralpsychologie und Theologie sind die Wissenschaften vom Ethos, seinen Ausprä-

4.1 Ethische Normen als Orientierungshilfe

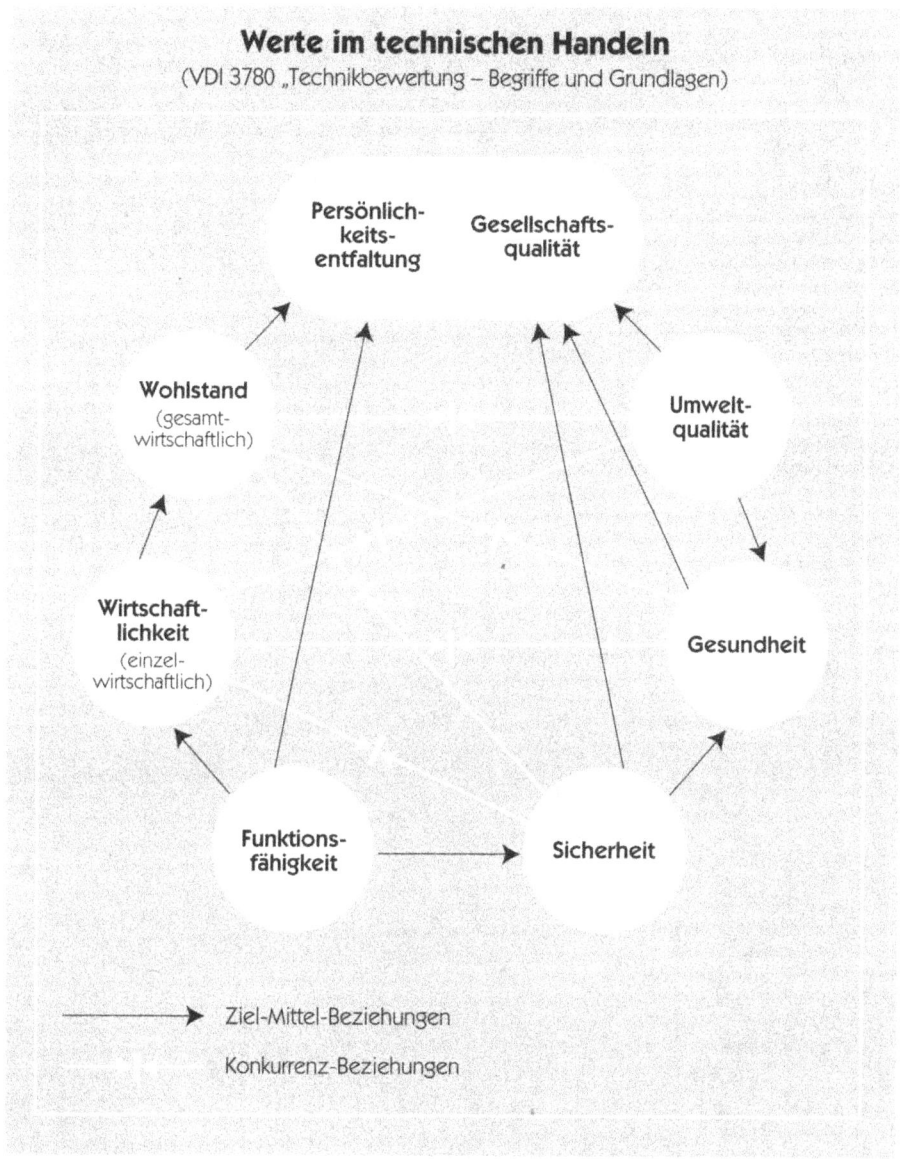

Bild 19

gungen, Voraussetzungen und Prinzipien. Wenn man mehr die Gesinnungen oder Absichten betrachtet, aus denen Verhalten oder Handlungen hervorgehen, so spricht man von Gesinnungsethik; stellt man die Wirkungen einzelner Handlungen und Unterlassungen in den Vordergrund, dann ist von Erfolgs-, Werks- oder Verantwortungsethik die Rede.

Werte im technischen Handeln
(nach VDI 3780)

FUNKTIONSFÄHIGKEIT
Brauchbarkeit
Machbarkeit
Wirksamkeit
Perfektion
– Einfachheit
– Robustheit
– Genauigkeit
– Zuverlässigkeit
– Lebensdauer
technische Effizienz
– Wirkungsgrad
– Stoffausnutzung
– Produktivität
...

WIRTSCHAFTLICHKEIT
(einzelwirtschaftlich)
Wirtschaftlichkeit im engeren Sinn, besonders Kostenminimierung
Rentabilität, besonders Gewinnmaximierung
Unternehmenssicherung
Unternehmenswachstum
...

WOHLSTAND (gesamtwirtschaftlich)
Bedarfsdeckung
Quantitatives bzw. qualitatives Wachstum
Internationale Konkurrenzfähigkeit
Vollbeschäftigung
Verteilungsgerechtigkeit
...

SICHERHEIT
Körperliche Unversehrtheit
Lebenserhaltung des einzelnen Menschen
Lebenserhaltung der Menschheit
Minimierung des Risikos
Schadensumfang und Eintrittswahrscheinlichkeit
– des Betriebsrisikos
– des Versagensrisikos
– des Mißbrauchsrisikos
...

GESUNDHEIT
Körperliches Wohlbefinden
Psychisches Wohlbefinden
Steigerung der Lebenserwartung
Minimierung von unmittelbaren und mittelbaren gesundheitlichen Belastungen
– in der Berufsarbeit
– in der privaten Lebensführung
– durch Produkte und Produktionsprozesse
...

UMWELTQUALITÄT
Landschaftsschutz
Artenschutz
Ressourcenschonung
Minimierung von Emissionen, Immissionen und Deponaten
...

PERSÖNLICHKEITSENTFALTUNG UND GESELLSCHAFTSQUALITÄT
Handlungsfreiheit
Informations- und Meinungsfreiheit
Kreativität
Privatheit und informationelle Selbstbestimmung
Beteiligungschancen
Beherrschbarkeit und Überschaubarkeit
Soziale Kontakte und soziale Anerkennung
Solidarität und Kooperation
Geborgenheit und soziale Sicherheit
Kulturelle Identität
Mindestübereinstimmung
Ordnung, Stabilität und Regelhaftigkeit
Transparenz und Öffentlichkeit
Gerechtigkeit
...

Bild 20

Eine Differenzierung quer zu diesen Begriffen ist die Unterscheidung in Individualethik und Sozialethik; erstere betrifft die Verantwortung des Individuums, letztere bezieht sich auf die Verantwortungsproblematik von Gruppen (z. B. Ehe und Familie, Interessengruppen), Institutionen (z. B. Unternehmen oder Staat) und die gesamte Gesellschaft sowie deren Ordnungen.

• Individualethik, Sozialethik

Manchmal wird die Berufsethik oder Standesethik als eigenständiges Gebiet genannt; betrachtet man die Angehörigen von Berufen jedoch als spezifische Gruppen, so wäre die Berufsethik lediglich ein Sondergebiet der Sozialethik.

• Berufsethik, Standesethik

Der Verhaltensbereich, der unsere Umwelt oder die Natur als Ganzes betrifft, wird in der aktuellen Diskussion schon vielfach ausgegrenzt und als Umwelt- oder Naturethik oder gar kosmische Ethik bezeichnet. Der Einteilung in Individual-, Sozial-, Berufs- und Naturethik wollen wir auch beim Vergleich der verschiedenen Verhaltenskodizes folgen.

• Umweltethik, kosmische Ethik

Die bisherigen Begriffserläuterungen haben uns auf „Werte" verwiesen; als Sinn oder Ziel der Ethik wurde damit indirekt die Verwirklichung von Werten ausgemacht.

4.2 Ethik und Kultur

Im Laufe der Kulturgeschichte entstanden viele ethische Modelle (Bild 21). Keines jedoch hat universelle Zustimmung erfahren.

Versuche, alle ethischen Normen ausschließlich auf
– ein ethisches Oberprinzip
– die Natur oder das Naturrecht
– die Ergebnisse der Verhaltensforschung
– oder rationale Prinzipien (z. B. den Utilitarismus)
zurückzuführen, scheitern regelmäßig. Da dennoch anzustreben ist, möglichst alle Normen zu begründen, muß man Begründungen der unterschiedlichsten Art zulassen,

• Vielfalt ethischer Modelle

z. B. philosophische, theologische, biologische, psychologische und soziologische.

Wegen der Begründungsschwierigkeiten sollte man aber nicht zu viele ethische Normen formulieren. Ziel muß vielmehr sein, eine Ethik zu entwickeln, die über weltanschauliche Differenzen hinaus konsensfähig ist.

- Entscheidungen verlangen Güterabwägungen
- Ethische Normen sind Orientierungshilfe

Ethische Normen vermitteln bei komplexen Entscheidungen meist keine *direkten Handlungsanweisungen*, sondern allenfalls *Orientierungshilfen*. In der konkreten Entscheidungssituation muß eine Güterabwägung möglichst aller Einflußfaktoren stattfinden; dabei werden ethische Normen mit ins Kalkül gezogen. Letztlich entscheidet jedoch das *Gewissen*, das allerdings vorher verantwortlich entwickelt werden muß.

Es fällt auf, daß die Begriffsdefinitionen oder -erläuterungen, die wir bisher verwendet haben, immer wieder auf verwandte Begriffe verweisen. Im vorausgehenden Absatz war erstmals der Begriff „Gewissen" eingeführt worden; wir müssen für ihn noch eine Definition nachliefern: Gewissen ist „das innere Bewußtsein vom sittlichen Wert oder Unwert des eigenen Verhaltens" und damit begrifflich dem Ethos sehr nahe.

Geschichtliche Entwicklung der Ethik

- Aristotelische Tugendlehre
- Stoische Naturgesetzlehre
- Christentum verband Naturgesetz mit Offenbarung (Thomas von Aquin)
- Hobbes entwickelte eine rein rationale Ethik, der eine Gefühls- und Gewissensethik anderer Autoren entgegenstand (innere Pflichten gegen sich und andere)
- Kant gliedert in eine Tugendlehre (innere Pflichten gegen sich und andere) und eine Rechtslehre (äußere Gesetzmäßigkeit der Handlungen)
- Utilitaristische (in England) und positivistische (in Frankreich) Ansätze im 19. Jahrhundert
- Materialistische und metaphysische Ethik (Hegel, Feuerbach, Marx)
- Beschreibende, intuitionistische, empirische, normativ-kritische Ethiken u.v.a. (im 20. Jahrhundert)

Bild 21

4.2 Ethik und Kultur

Es klang bereits an, daß Ethos und Ethik sowohl eine kulturelle als auch eine erziehungs- und erfahrungsbezogene Komponente haben. Diese Aussage können wir nunmehr auf das Gewissen ausdehnen. Die Ausbildung von Gewissen und Ethos beim einzelnen Menschen vollzieht sich schrittweise. Piaget teilt die Entwicklung in drei Stufen ein:
- obligatorischer Konformismus
- soziale Kooperation in der Gruppe
- rational begründete moralische Autonomie.

L. *Kohlberg*[2] unterscheidet gar sechs Stufen der Moralentwicklung (Bild 22).

• Stufen der Moralentwicklung

Analog zu dieser Entwicklung im einzelnen Menschen (Ontogenese) könnte man auch im Laufe der Stammesgeschichte des Menschen (Phylogenese) verschiedene Stufen der Moral abgrenzen (Bild 23).

Da wir den ethischen Normen im Rahmen einer Verantwortungsethik nur eine Orientierungsfunktion, nicht aber absolute Gültigkeit zugebilligt haben, erhebt sich zum Schluß dieser Einführung die Frage nach der Abgrenzung zwischen ethischen Normen und staatlichen Gesetzen: Die Gesetze eines Staates sind, wenn man so will, die „Ausprägung eines allgemeinen Sittengesetzes"; in diesem Sinne sind sie natürlich auch ethische Normen oder – wie es manchmal ausgedrückt wird – „geronnene Ethik" oder „Moral". Sie können und müssen Verbindlichkeit beanspruchen; die Begründung hierfür kommt jedoch nicht aus der Ethik, sondern aus der Staatswissenschaft: In der repräsentativen Demokratie muß formal die Entscheidung der Mehrheit als ein Oberprinzip akzeptiert sein; lediglich die Grundwerte werden von Mehrheitsbeschlüssen ausgenommen. Allerdings hält die parlamentarische Demokratie vielfache Möglichkeiten bereit, Gesetze zu korrigieren und zu ergänzen, ja über die zuständigen Verfassungsgerichte sogar als unzulässig festzustellen.

• Gesetze als verbindliche Normen

Es gibt ethische Normen unterschiedlicher Verbindlichkeit: Die Gesetze befinden sich am oberen Ende der Skala. Am unteren Ende der Skala finden wir Konventionen und die sittlich unverbindlichen Bräuche.

• Normen unterschiedlicher Verbindlichkeit: Von Bräuchen und Konventionen über Maximen bis zu Gesetzen

> Zwischen dem gesetzten Recht des Staates und den ethisch unverbindlichen Bräuchen gibt es jedoch weite Verhaltensbereiche, in denen ethische Normen Orientierungshilfen geben könnten und sollten. Es ist genau dieser Zwischenbereich, für den berufsspezifische Verhaltenskodizes vorgeschlagen werden. Zunächst sollen aber allgemeine Maximen beurteilt werden.

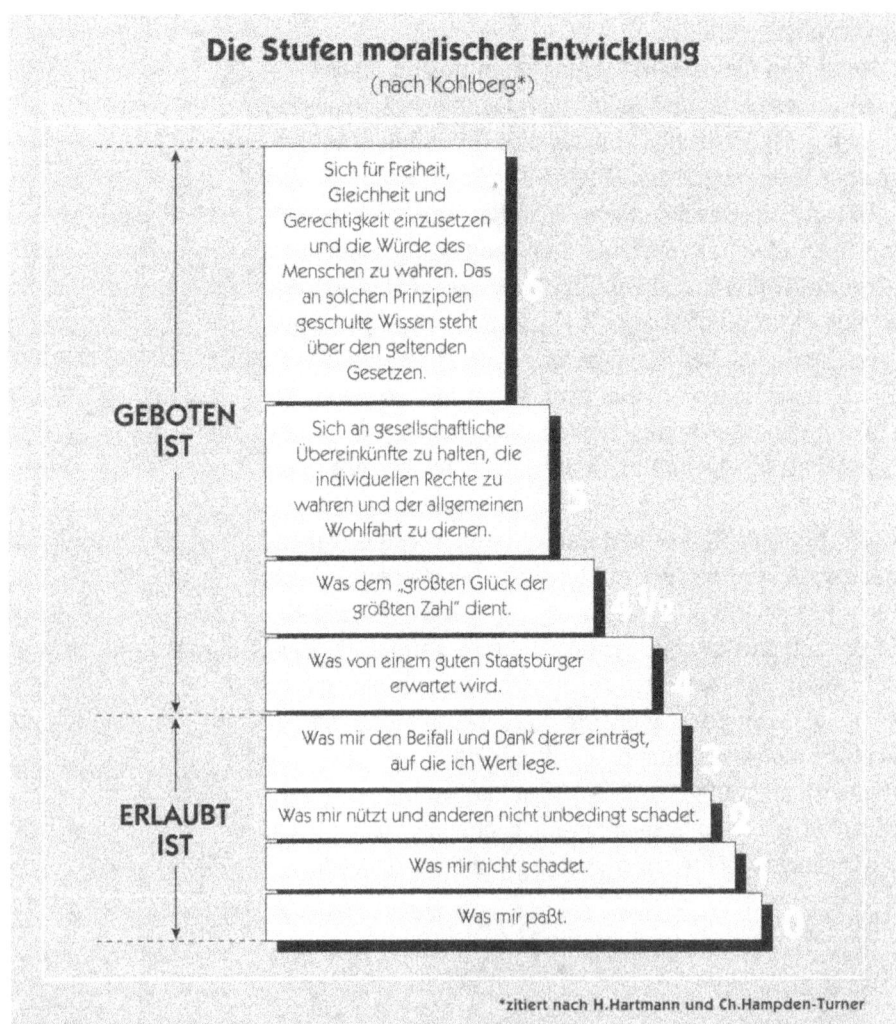

Bild 22

Gesellschaftliche Evolution der Moral
(nach Hans A. Hartmann)

Historische Stufe	Modellfall	Ethik	Stufe
Prähistorische Sozialverbände (ab 1 Mio. Jahre v. Chr.)	Urhorde (Jäger und Sammler)	Recht des Stärkeren	1
	Totemistischer Brüderclan	Recht des Tüchtigeren	2
Archaische Gesellschaft (ab 8000 v.Chr.)	Stammesgesellschaft (Ackerbau, Viehzucht)	Erfolgsethik	3
Frühe Hochkulturen (ab 4000 v.Chr.)	Griechische Polis	Tugendethik	3 - 4
Entwickelte Hochkulturen (ab 1130 v.Chr.)	Christliches Frühmittelalter	Glaubensethik	4
Frühe Neuzeit (ab Ende 15. Jahrh.)	Reformation	Gesinnungsethik	4 +
Moderne (ab 2. Hälfte des 18. Jahrh.)	Aufklärung, Industrielle Revolution	Verantwortungsethik	$4^{1}/_{2}$
Gegenwart	Moderne Industriegesellschaft	Formalistische Ethik	5
Zukunft	Postindustrielle Gesellschaft	Kommunikative Ethik	6

Bild 23

4.3 Allgemeine Prinzipien, Imperative, Maxime und Grundwerte

Im Laufe der Kulturgeschichte ist das Spannungsverhältnis zwischen dem Wollen, Können und Sollen menschlichen Verhaltens, insbesondere des Handelns, immer wieder – auch ganzheitlich – durchdacht und diskutiert worden. Die Quintessenz philosophischer Richtungen und ethischer Schulen wird meist in Form von Imperativen, Maximen oder Prinzipien zusammengefaßt. Solche Imperative oder Maxime der allgemeinen Ethik sind auch für eine veranwortliche Tätigkeit in der Wirtschaft von Bedeutung:

• Ethische Imperative, Allgemeine Maximen und Prinzipien

Die wichtigsten Imperative seien im folgenden entsprechend ihrer Rangfolge wiedergegeben:

- Goldene Regel

> Handle nach Normen, mit denen alle Betroffenen einverstanden sind!

Da nicht immer und überall Konsens über die maßgeblichen Normen herbeizuführen ist, gilt auch folgende Maxime:

- Mitgefühlsethik

> Behandle Mitmenschen so, wie Du von ihnen behandelt werden willst!

Da dies bei weitreichenden Entscheidungen noch immer zu folgenreichen Konflikten führen kann:

- Legalität

> Führe bei Dissens notwendige Entscheidungen auf legalem Wege herbei!

Da neben den angestrebten Zielen technischen Handelns auch unbeabsichtigte Neben- und Nachwirkungen auftreten können:

- Nebenfolgenethik

> Bewerte die Neben- und Nachwirkungen aller Handlungsalternativen von vornherein mit!

Da unsere Verantwortung nicht nur die heute lebenden Menschen umfaßt, sondern die Menschheit in ihrem Fortbestand:

- Zukunftsethik

> Sichere auch das Leben zukünftiger Generationen!

Da der Mensch nur eine Gattung im komplexen System Biosphäre der Erde bzw. nur ein Element im gesamten Kosmos ist:

- Naturethik

> Schütze auch leidensfähige Mitgeschöpfe und bis zu einem gewissen Grad auch andere Lebewesen und die unbelebte Natur!

Wir kennen die Zehn Gebote; sie haben zweifelsohne auch im Zusammenhang mit der Technikgestaltung und -anwendung Bedeutung. Eindeutig sind allerdings nur Verbote wie:

- Zehn Gebote

> Du sollst nicht töten!
> Du sollst nicht lügen!
> Du sollst nicht stehlen!

4.3 Allgemeine Prinzipien, Imperative, Maxime und Grundwerte

Aber selbst hier gibt es in der gesellschaftlichen Bewertung Ausnahmen: Die Notwehr, die Notlüge und den Mundraub. In der täglichen Lebenspraxis sind wir bei unseren ethischen Entscheidungen also fast immer auf eine *Güterabwägung* angewiesen.

Auf der Suche nach unverrückbaren (also auch nicht einem Mehrheitsvotum unterworfenen) Oberprinzipien stoßen wir auch auf die allgemeinen Grundwerte, Grundrechte und/oder die Menschenrechte.

Ihre Geschichte und aktuelle Diskussion füllt Bände. Für uns ist von besonderem historischen Interesse, daß schon 1215 in der Magna Charta, die eigentlich nur die englische Kirche und den Adel privilegierte,
– der Bauernschutz
– die Freigabe des Handels mit fremden Kaufleuten
– Standards für Maße und Gewichte sowie
– gerichtliche Verfahren und Strafen geregelt wurden.

Eindrucksvoll ist auch die frühe Ausformulierung der Menschenrechte in „The Virginia Declaration of Rights" (1776). Dort wurden folgende Rechte garantiert und – wie ein Vergleich der Geschichte der Vereinigten Staaten z.B. mit Europa zeigt – seither auch erstaunlich gut durchgehalten:
– Gleichheit vor dem Recht
– Keine Erbbeamten
– Gewaltenteilung
– Allgemeine, häufige, sichere und reguläre Wahlen
– Bei strafrechtlichen Verfahren: Recht auf Auskunft über Ursache und Art der Anschuldigung, Gegenüberstellung mit Anklägern und Zeugen, Recht auf Entlastungszeugen, schnelles Verfahren, unparteiische Jury, nur einstimmige Schuldsprüche, gerechte Strafe
– Pressefreiheit
– Religionsfreiheit

Ein Blick auf die Liste der Kodifizierungsversuche der Menschenrechte (Bild 24) erinnert uns an die Französische Revolution und ihre Ideale – Liberté, Egalité, Fraternité – aber auch an die damaligen Auswüchse übertriebenen Eifers bis hin zu Massenmorden und allgemeinem Terror.

- Ausnahmen: Notwehr, Notlüge, Mundraub

- Grundwerte, Grundrechte

- Menschenrechte

Kodifizierung von Grundrechten bzw. Menschenrechten

- Magna Charta Libertatum (England 1215 und 1225)
- Agreement of the People (England z.Z. Cromwells 1647)
- Bill of Rights (England 1689)
- The Virginia Declaration of Rights (1776)
- Déclaration des droits de l'homme et du citoyen (1789)
- Federal Bill of Rights (USA 1791)
- Die 13 „Amendments" der amerikanischen Verfassung (1865)
- UNO-Satzung; Allgemeine Erklärung der Menschenrechte (1948)
- Grundgesetz der Bundesrepublik Deutschland (1949)
- Europäische Menschenrechtskonvention, Schlußakte der Europäischen Sicherheitskonferenz (1950)
- KSZE (Konferenz über Sicherheit und Zusammenarbeit in Europa) Schlußakte (1975), Gemeinsame Erklärung und Charta von Paris für eine neues Europa (1990)

Bild 24

• Trias:
Freiheit, Gerechtigkeit, Solidarität

Ein Großteil der aktuellen Grundwertediskussion kreist immer noch um eine der französischen Revolution nachempfundene Trias, z. B. um Freiheit, Gerechtigkeit und Solidarität.

Andere Auflistungen der Grundwerte und Grundrechte enthalten Bild 25 und Bild 26.

Grundwerte

Individualwerte
- Freiheit
- Leben und Würde der Person
- freie Entfaltung der Persönlichkeit
- Religions- und Gewissensfreiheit

Sozialwerte
- Gleichheit (z.B. vor dem Recht oder gleiche Bildungschancen)
- freie Meinungsäußerung
- Eigentum

Bild 25

Grundrechte

Abwehrrechte

Schutz vor staatlichem Eingriff und Zwang
- Schutz vor willkürlicher Verhaftung
- Unantastbarkeit des Eigentums
- Berufs- und Gewerbefreiheit
- Meinungs- und Vereinigungsfreiheit
- Freizügigkeit
- kommunale Selbstverwaltung
- Verbot mehrmaliger Verurteilung wegen derselben Straftat
- Verbot der Rückwirkung von Strafgesetzen

Anspruchsrechte

Recht auf staatliche Leistung
- Recht auf Leben
- Recht auf Gesundheit
- Recht auf Arbeit
- Recht auf Bildung
- Recht auf Frieden
- Recht auf Versorgung
- Recht auf Gerechtigkeit
- Recht auf gute Luft
- Recht auf sauberes Wasser
- Recht auf reine Natur
- Recht auf Irrtum

Bild 26

Anspruchsrechte können – wenn man sie nicht nur als allgemeine Ziele politischen Gestaltens und Handelns, sondern als einklagbare Rechte interpretiert – leicht zu einer Überforderung und dann Gefährdung des politischen Systems führen. Keine Gesellschaft wird in absehbarer Zeit z. B. die absolute „Selbstverwirklichung" eines jeden Mitgliedes zu jeder Zeit garantieren können; das Paradies auf Erden kann nicht durch Anspruchsrechte oder ethische Prinzipien und Normen erzwungen werden.

• Gefahr der Überforderung der Politik durch Anspruchsrechte

4.4 Die Tugenden als Richtschnur – diskutiert am Beispiel Gerechtigkeit

In vielen Fällen sind Leitsätze nichts anderes als ein Plädoyer, in typischen Entscheidungssituationen bestimmte Tugenden zu entwickeln (siehe auch Bild 27). Erinnert sei hier an die vier Kardinaltugenden Platos: die Weisheit, die Besonnenheit, die Tapferkeit und die Gerechtigkeit; auch ist verschiedentlich von Richtungs-

• Kardinaltugend, Richtungstugend, Haltungstugend

tugenden (Wahrhaftigkeit und Gerechtigkeit) und Haltungstugenden (Mut, Geduld, Fleiß) die Rede.

Nach Aristoteles liegt jede Tugend zwischen zwei Untugenden, der Mut z. B. zwischen der Tollkühnheit und der Feigheit, die Mäßigung zwischen der Askese und Zügellosigkeit (siehe auch Bild 28).

• Gerechtigkeit

Wenden wir uns beispielhaft der zentralen Tugend im sozialethischen Bereich, der Gerechtigkeit, zu. Da dieser Begriff im Berufsleben fast beliebig mit persönlichen Wünschen, Gruppeninteressen und auch Ideologien besetzt wird, müssen wir nach dem eigentlichen Gehalt des Begriffes „gerecht" fragen. Eine differenzierte Antwort gibt z. B. *Josef Pieper*:

Er unterscheidet zwischen
– der Gerechtigkeit in den Gesetzen
– der Tauschgerechtigkeit
– der zuteilenden Gerechtigkeit (siehe Bild 29).

• Zuteilende Gerechtigkeit

Über die zuteilende Gerechtigkeit, die bei der Diskussion der Wirtschafts- und Sozialordnung am stärksten umstritten ist, schreibt er u. a.:

Die wichtigsten Tugenden

Anstand	Geduld	Ordentlichkeit
Barmherzigkeit	Gerechtigkeit	Pflichterfüllung
Beharrlichkeit	Gleichbehandlung	Rücksichtnahme
Bescheidenheit	Gewaltlosigkeit	Solidarität
Besonnenheit	Korrektheit	Subsidiarität
Billigkeit	Liebe (Caritas)	Toleranz
Ehrenhaftigkeit	Loyalität	Treue
Entscheidungskraft	Mäßigung	Unparteilichkeit
Entschlossenheit	Mitsprache	Vernunft
Fleiß	Mitgefühl	Verschwiegenheit
Freundlichkeit	Mut	Wahrhaftigkeit
Fairneß	Offenheit	Weisheit

Bild 27

4.4 Die Tugend als Richtschnur

Einige Untugenden

Eigennutz	Intoleranz	Übelwollen
Faulheit	List und Tücke	Unausstehlichkeit
Feigheit	Lug und Trug	Ungerechtigkeit
Geiz	Neid	Unmäßigkeit
Geltungssucht	Parteilichkeit	Vergeltungsdrang
Gemütslosigkeit	Rücksichtslosigkeit	Völlerei
Haß	Selbstherrlichkeit	Zorn
Härte	Selbstsucht	Zügellosigkeit
Herrschsucht	Tollkühnheit	
Hoffart	Trägheit	

Bild 28

– Dem einzelnen steht der auf ihn fallende Anteil an dem, was allen gehört, zu!
– Der einzelne ist aber nicht ermächtigt, von sich aus zu bestimmen und durchzusetzen, was ihm von seiten des sozialen Ganzen zusteht!
– Gerechtigkeit der Zuteilung wird allein durch gerechte Herrschaft verwirklicht!
– Verteilungsgerechtigkeit heißt aber auch, die einzelnen Glieder des Volkes an der Verwirklichung des konkret nicht endgültig fixierbaren Gemeinwohls nach Eignung und Fähigkeit teilnehmen zu lassen!
– Die Erfüllung der zuteilenden Gerechtigkeit kann nicht erzwungen werden!
– Durch das bloße Berechnen dessen, was zusteht, wird das gemeinsame Leben notwendigerweise unmenschlich! Oder, wie bereits *Thomas von Aquin* ausgedrückt hat, „Gerechtigkeit ohne Barmherzigkeit ist Grausamkeit!"

Gerechtigkeit kann also nur innerhalb der jeweiligen, insbesondere auch wirtschaftlichen Möglichkeiten verwirklicht werden.

Daß sich die Gerechtigkeit nicht so ohne weiteres in Normen einfangen läßt, zeigt die Vielzahl der im Umlauf befindlichen Gerechtigkeitskriterien:[3]

• Gerechtigkeitskriterien

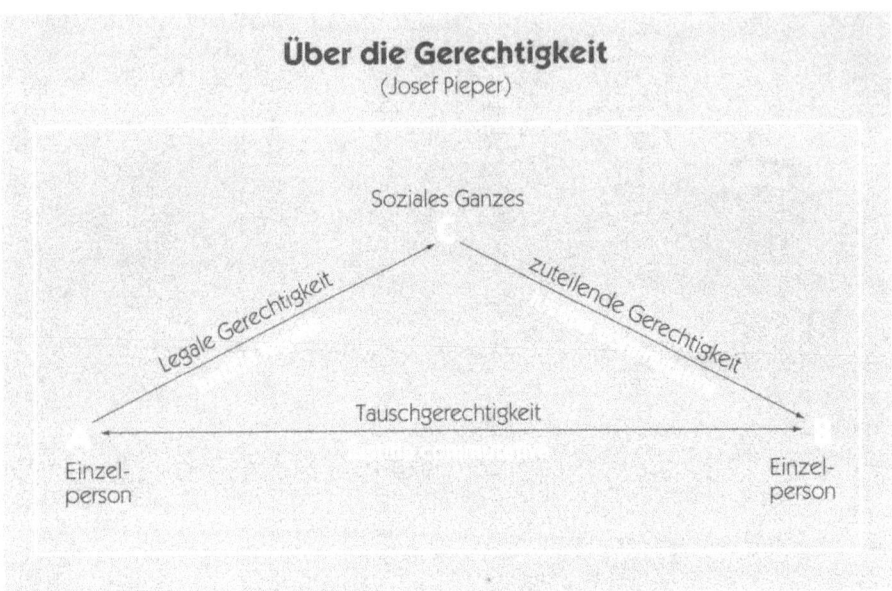

Bild 29

- Jedem nach seinen Anstrengungen!
- Jedem nach seinen Beiträgen!
- Jedem nach seiner Würde!
- Jedem nach seiner sozialen Rolle!
- Jedem nach den Erwartungen, die er erweckt! (Wert der in Zukunft stattfindenden Arbeit; dieses Prinzip liegt z. B. der gängigen Stipendienpraxis zugrunde.)
- Jedem nach seinen Bedürfnissen!
- Jedem nach seinen Fähigkeiten!

• Utilitaristische Kriterien

Andere Gerechtigkeitskriterien heben nicht auf den einzelnen Menschen, sondern auf bestimmte Optima bei der Gesamtbevölkerung ab, z. B. die utilitaristischen Kriterien:
- das größte Wohl der größten Zahl! (Nutzensummen-Utilitarismus)
- das geringste Leid der größten Zahl!
- das größte Wohl den am meisten Benachteiligten!
- der größte durchschnittliche Nutzen den jeweils Lebenden! (Durchschnittsnutzen-Utilitarismus)

Schon bei der Lektüre dieser Gerechtigkeitsprinzipien und -kriterien wird klar, daß keines für sich allein in allen Entscheidungssituationen trägt. Gerechtigkeit im Einzelentscheidungsfall ist sicher nicht ohne komplexe Güter-

abwägung möglich. Dabei werden Kompromisse an der Tagesordnung sein, weil
- Gerechtigkeit nur innerhalb der jeweiligen Handlungsspielräume angestrebt werden kann
- der Meinungspluralismus sich gerade bei der Bewertung des konkreten Einzelfalls einstellen wird.

Der Anspruch auf ständig feinere Maßstäbe der Gerechtigkeit birgt daher auch Gefahren. Zu Recht wird bedauert, daß dadurch der Gesetzgeber zu ständiger Nachbesserung gezwungen ist, bis dann Lösungen herauskommen, die Gerechtigkeit im Großen behindern, weil sie Gerechtigkeit im Kleinen durch Normen herbeizwingen wollen. Ein Beispiel hierfür sind unsere Steuergesetze; auch die über neunzig sozialen Transferleistungen, mit denen vierzig unterschiedliche Institutionen unserer Gesellschaft befaßt sind[4], weisen auf entsprechende Fehlentwicklungen in der Sozialgesetzgebung hin.

• Gerechtigkeit im Kleinen kann Gerechtigkeit im Großen behindern

Die Gerechtigkeit bleibt dennoch die zentrale Tugend des sozialethischen Bereichs. Eine „Theorie der Gerechtigkeit" kann sogar als Ausgangspunkt für die Entwicklung einer modernen Sozialethik gewählt werden. Zu großer Bekanntheit, ja Berühmtheit, gelangte neuerdings das gleichnamige Werk von *John Rawls*.

• Theorie der Gerechtigkeit

Die wichtigsten Prinzipien seiner Gerechtigkeitstheorie lauten:

• Prinzipien von Rawls

- Jedermann soll gleiches Recht auf das umfangreichste System gleicher Grundfreiheiten haben, das mit dem gleichen System für alle anderen verträglich ist.
- Soziale und wirtschaftliche Ungleichheiten sind so zu gestalten, daß
  (1) vernünftigerweise zu erwarten ist, daß sie zu jedermanns Vorteil dienen,
  (2) sie mit Positionen und Ämtern verbunden sind, die jedem offenstehen.

Wolfram Engels[5] greift den Faden „Gerechtigkeitsprinzipien" auf und verfolgt verschiedene Theorien der Sozialordnung; die eine ausgehend von den materialen Prinzipien Rawls, die andere von dem prozessualen Gerechtigkeitsprinzip nach *Nozick*:

Gerecht ist jedes Ergebnis, das auf legalem Weg (z.B. unter Beachtung der Menschenrechte und Grundwerte durch Mehrheitsbeschluß in einer repräsentativen Demokratie) zustande kommt!

> Die Ansätze von *Rawls* und *Nozick* führen beide – bei Zugrundelegung bestimmter ökonomischer Modelle[5] – zu ein und derselben theoretischen Rechts- und Wirtschaftsordnung, nämlich zur freien Marktwirtschaft. Nun stimmt die wirtschaftliche Realität nicht völlig mit dem ökonomischen Modell überein. Unter Berücksichtigung der Abweichungen müßte *Rawls* eine Marktwirtschaft plus staatliche Umverteilung fordern; *Nozick* müßte seinem Minimalstaat die zusätzliche Aufgabe erteilen, (Sozial-)Versicherungen, die am Markt nicht zustande kommen, durch hoheitlichen Akt herbeizuführen. Aus der freien wird eine soziale oder sozialgebundene Marktwirtschaft. Danach wären die *Hauptinstitute des Sozialen* die Sozialversicherungen und die staatliche Umverteilung (Transferleistungen).

• Von der freien zur sozialen Marktwirtschaft mit Sozialversicherungen und Transferleistungen

4.5 Kriterien und Leitsätze für den Umgang mit Umwelt und Natur

Konkreter als allgemeine Prinzipien, Imperative und Maxime können feldspezifische Leitsätze ausfallen. Als Beispiel sollen in diesem Abschnitt Kriterien und Leitsätze für den Umgang mit Umwelt und Natur herausgegriffen werden.

Unter dem Eindruck der Tschernobyl-Katastrophe entstanden die Verantwortungskriterien der Professoren *Sinn* und *Zimmerli*[6].

Im strikten Sinne „verantwortet" werden können nur solche Handlungen,
- deren absehbare Folgen die Lebensdauer des oder der sie auslösenden Menschen nicht übersteigen
- deren absehbare Folgen nicht eine Größenordnung und Intensität erreichen, die es sinnlos machen, zu sagen, man „trete für sie ein"

• Kriterien von Sinn und Zimmerli

4.5 Kriterien und Leitsätze für den Umgang mit Umwelt und Natur

- deren absehbare Folgen nicht in dem Sinne irreversibel sind, daß sie das Recht zukünftiger Generationen beseitigen, ebenso wie wir, über sich selbst zu bestimmen
- deren absehbare Folgen nicht in dem Sinne irreversibel sind, daß sie „Umkipp"- oder Zerstörungseffekte in der außermenschlichen Natur bewirken
- bei denen sichergestellt wurde, daß alle zu der jeweiligen Zeit möglichen Anstrengungen zur Abklärung noch unbekannter Nebenfolgen unternommen worden sind (Technology Assessment)
- deren absehbare und einstweilen noch unbekannte Folgen stets nicht nur auf die nationale, sondern auch auf die internationale Population bezogen wurden.

Bevor wir auf diese Kriterien eingehen, sollten wir einen Blick auf die seit 1969 in Gang gekommene Diskussion über Stichworte, wie
- die Rechte der Natur
- unsere Verantwortung für die Natur
- Ehrfurcht vor der Natur
werfen.

• Ehrfurcht vor der Natur

Dieter Birnbacher (1980) unterscheidet zwei Arten von Verpflichtungsgründen gegenüber der Natur; das sind zum ersten anthropozentrische Gründe, die normativ ausgedrückt so lauten könnten:
- Du sollst Deine Gier nach möglichst rascher und umfangreicher Nutzung der verfügbaren Ressourcen soweit zügeln, daß unsere eigenen Lebensgrundlagen unbeeinträchtigt bleiben!
- Du sollst bei der Definition des auf lange Sicht Wünschenswerten die Interessen zukünftiger Generationen in derselben Weise berücksichtigen wie die Interessen der Gegenwart!

Daneben gibt es auch Pflichten gegenüber der außermenschlichen Natur, z.B. dort, wo diese leidensfähig ist:
- Du sollst keine Tierquälerei betreiben!

Solche Pflichten lassen sich religiös (in der Bibel ist beispielsweise von „Hege und Pflege" und vom „Bebauen und Bewahren" die Rede), philosophisch (deontologisch) oder auch lebensmetaphysisch (Albert Schweitzer: Ehrfurcht vor dem Leben) begründen.

• Tierschutz

Führungskräfte der Wirtschaft können m. E. den Leitgedanken Birnbachers folgen; was auch noch bei den wichtigsten Gedanken von *Fraser-Darling*[7] gelingt:
- Du sollst den Tierbestand achten, nicht nur weil wir ihn brauchen, sondern weil die Tiere unsere Achtung um ihrer selbst willen als Mitglied der Gemeinschaft aller Lebewesen verdienen!
- Du sollst keine Kettenreaktion im ökologischen Gefüge einer Gemeinschaft aus bloßen Nützlichkeitserwägungen auslösen (z. B. keine Insektenvertilgung zur Seuchenbekämpfung)!
- Du sollst lebende Geschöpfe nicht im Namen der Nahrungsproduktion degradieren (keine Intensivhaltung von Kälbern oder Geflügel)!

• Umweltschutz-Leitlinien

Neuerdings wenden sich auch Verhaltenskodizes bzw. Leitlinien für Unternehmen, Manager und Ingenieure verstärkt dem Umweltschutz zu, z. B.:
- Criteria for Sustainable Development Management, UNCTC (United Nations Centre On Transnational Corporations), New York, 1990
- Environmental Guidelines for World Industry, International Chamber of Commerce, Paris, 1990 und
- (Draft) Code of Environmental Ethics for Engineers, UNESCO, Malmö, 1991

Im Vorwort oder der Einleitung derartiger Leitsätze finden sich meist Aussagen sowohl über den Nutzen als auch den Schaden der Technik für die Menschheit; auf der Nutzenseite wird z.B. gesehen:
- die Bändigung der Naturgewalten
- die Steigerung der Gesundheit bzw. Verlängerung der Lebenszeit
- die Erweiterung der Existenzgrundlagen der Menschheit
- die Erhöhung des allgemeinen Wohlstands, der Wohlfahrt

• Schädliche Neben- und Nachwirkungen als Ausgangspunkt für Leitsätze

Als Ausgangspunkt für die ethische Normung wird aber den „Problemen" weit mehr Raum gegeben; am häufigsten genannt werden:
- Verschmutzung, Schädigung und Zerstörung der Umwelt (Biosphäre, Ökosysteme)
- Bevölkerungsexplosion
- Ressourcen-Raubbau

4.5 Kriterien und Leitsätze für den Umgang mit Umwelt und Natur

- Gesundheits-Risiken
- Reduzierung der Artenvielfalt bis hin zu
- psychischen Störungen der Menschen (mental damage)

Zum Stolperstein für die Führungskraft oder den Ingenieur in der Wirtschaft kann *Spaemann*[8] werden; noch nicht dort, wo er als ethische Norm z. B. fordert:

„Nur wenn der Mensch heute die anthropozentrische Perspektive überschreitet und den Reichtum des Lebendigen als einen Wert an sich zu respektieren lernt, ... wird er im Stande sein, auf lange Sicht Basis für eine menschenwürdige Existenz des Menschen zu sichern ... Es gibt eine Pflicht des Menschen, die Welt in einem Zustand zu hinterlassen, in welchem Leben und Freiheit der Nachkommenden nicht auf eine Weise beeinträchtigt werden, von der wir billigerweise nicht erwarten können, daß sie von den Nachkommen selbst als zumutbar akzeptiert wird."

Aber können wir *Spaemann* auch noch bei diesen Imperativen folgen?

- Wir dürfen keine irreversiblen Transformationen in relevanten Mengen in der Nähe der Erdoberfläche hinterlassen!
- Wir haben nicht das Recht, über die Gefahren hinaus, die der Natur innewohnen, durch unsere Transformation von Materie zusätzliche Gefahrenquellen in unserem Planeten einzubauen!

Nicht daß die Reversibilität – oder wie von anderer Seite zusätzlich verlangt wird, die Kontrollierbarkeit, Überschaubarkeit und Fehlerkompatibilität der Technik – keine wünschenswerten Kriterien wären; sie können aber leider nicht absolut erfüllt werden; Teile des Natur- und Kulturgeschehens sind eben irreversibel.

Auch zwei weitere Sätze *Spaemanns* werden angesichts der Komplexität von Umweltproblemen und des Bewertungspluralismus nicht allgemeine Anerkennung finden:

- Ethische oder religiöse Konflikte, aber auch fundamentale Gewissensfragen können nicht durch Mehrheitsentscheidungen legitimitätsstiftend gelöst werden!
- Es ist falsch, bei Entscheidungen, die den Lebensraum z.B. von Tieren beeinträchtigen, das Prinzip der Güter-

• Forderung nach Reversibilität der Folgen menschlichen Handelns

• Fundamentale Gewissensfragen oder Fundamentalismus?

abwägung statt eines unbedingten Verbots (der Vernichtung von Tierarten) einführen zu wollen!

In der Praxis werden die wenigsten Fälle so einfach liegen, wie der von *Spaemann* ins Feld geführte Staudamm in Tennessee, der nicht gebaut werden durfte, weil dadurch eine bestimmte kleine Fischspezies vernichtet worden wäre.

- Zweifelsfälle

Der häufigere Fall wird sein:
- daß bei Projekten bestimmten Vorteilen Nachteile (z.B. auch für den Lebensraum von Tieren und Pflanzen, aber noch nicht deren Vernichtung) gegenüberstehen
- daß die Bewertung der Vor- und Nachteile umstritten ist
- daß es darum geht, unvermeidliche Nachteile bei Einzelprojekten durch Maßnahmen auf höherer Ebene (regional, sektoral, gesellschaftlich oder weltweit) zu kompensieren, z.B. durch Einrichtung entsprechender naturbelassener Gebiete, teilweise Umstellung der europäischen Landwirtschaft auf Naturpflege, internationale Abkommen über Luftreinhaltung und Abfallbehandlung (Weltmeere), Recycling usw.

Spaemann hat sicher recht, wenn er befürchtet, die Güterabwägungen im Detail, also z.B. nur beim Einzelprojekt, würde den Anteil der Natur ständig verkürzen. In der Tat ist die Güterabwägung auf höherer Ebene notwendig, und es bedarf anerkannter Verfahren zur Entscheidungsfindung auf diesen Ebenen.

- Keine trennscharfen Kriterien

Die geltenden Verfahren der Entscheidungsfindung will *Spaemann* aber nicht anerkennen, „wenn wir durch unsere Transformation von Materie zusätzliche Gefahrenquellen in unserem Planeten einbauen". Dieses Kriterium ist sicher nicht trennscharf, da alle Pfade, die wir beschreiten, irreversible und risikobehaftete Komponenten enthalten. Gerade die Alternativen der von *Spaemann* bekämpften Kernenergie sind oftmals auch nicht reversibel (steigender CO_2-Gehalt gefährdet das Großklima) und die mit ihnen verbundenen Gefahren sind nicht kleiner und nicht sicherer vorhersehbar.

- Leitsätze als Orientierungshilfe

Trotz einschränkender Kommentare zu einigen wahrscheinlich zu voluntaristischen oder rigoristischen Normen muß unsere Verantwortung für den Natur- und Umweltschutz als eine Aufgabe sowohl im Individual- als auch im Sozialbereich und im Beruf verstanden werden. Es darf aber nicht der Eindruck entstehen, die Führungskräfte oder die Ingenieure der Wirtschaft bräuchten sich nur an die von Philosophen, Soziologen oder Theologen erarbeiteten Normen zu halten, dann gäbe es keine Probleme mehr. Orientierungshilfen, auch in Form von ethischen Normen, sollten wir jedoch zur Erleichterung unserer Aufgabe gerne annehmen.

Da ist z. B. die „Weltcharta für die Natur" der Vereinten Nationen; die wichtigsten Forderungen daraus lauten:
- Den Artenbestand durch entsprechende natürliche Lebensräume sichern!
- Ressourcen so verwalten, daß optimale Dauerproduktivität erreicht und aufrechterhalten wird!
- Lebende Ressourcen nicht über natürliche Regenerationsfähigkeit hinaus nutzen!
- Die Ertragsfähigkeit des Bodens mindestens erhalten!
- Ressourcen (wie z. B. Wasser) rezyklieren bzw. wiederaufbereiten!
- Nichterneuerbare Ressourcen maßvoll und sparsam verwenden!
- Beste verfügbare Technologien verwenden!
- Nicht wiedergutzumachende Schäden vermeiden!
- Die Folgen der Technik abschätzen!
- Wo mögliche Schäden nicht ausreichend bekannt sind, die Aktivitäten unterlassen![9]
- Geschädigte Gebiete sanieren!
- Keine Schadstoffe in natürliche Systeme einbringen; wo unmöglich, Schadstoffe durch die am besten anwendbare Methode am Ort der Verursachung behandeln!
- Kenntnisse über Naturvorgänge erhöhen, Ökosysteminventare anfertigen!
- Normen für Herstellungsverfahren und Technikfolgenabschätzungsmethoden festlegen!

„Wege zum Frieden mit der Natur" in Form von sieben Prinzipien schlägt *Meyer-Abich*[10] vor:
- Abwägeprinzip
- Rechtfertigungspflicht
- Rechtsgemeinschaft von Mensch und natürlicher Mitwelt
- Wirtschaftsfrieden
- Mitgefühl

• Weltcharta für die Natur

• Prinzipien für den „Frieden mit der Natur"

– Gewaltlosigkeit
– Ästhetik

• „Natur als Kulturaufgabe"

Besonders eindringlich und nachvollziehbar führt uns der Biologe *H. Markl* die Problematik, die zur Existenzfrage der Menschheit, ja der ganzen belebten Natur werden wird, vor Augen („Natur als Kulturaufgabe"):

Seit vor rund 3 Mrd. Jahren das erste Leben auf der Erde entstand, haben sich einige hundert Millionen Arten von Lebewesen entwickelt. Mehr als 99 % davon wurden inzwischen wieder vernichtet, im Durchschnitt weniger als eine Art/Jahr. Zur Zeit werden aber bereits zwischen 1 und 10 Arten/Tag vernichtet; schon 5 % der pflanzlichen Biomasse wird für die Ernährung der Menschen benötigt; die Zahl der genutzten Pflanzenarten liegt bei ca. 150, wovon nur 20 fast die gesamte vegetarische Nahrung liefern. Bei den Tierarten sind es 10 aus einigen Millionen, die uns mit praktisch 100 % unserer Fleischnahrung versorgen.

• „Biospezies-Holocaust"

Angesichts der weiter anwachsenden Menschheit spricht Markl vom vorprogrammierten „Biospezies-Holocaust":

„Die Generation, welche die Naturräume dezimiert, merkt die Folge des Artenschwundes in der Regel nicht ... Arten schwinden dahin, ohne daß man konkrete Handlungen einzelner Menschen rechtsverantwortlich machen könnte!"

• Prinzipien für den Artenschutz

Um wenigstens 50 % der noch lebenden Arten zu erhalten, müßten folgende konkrete Forderungen erfüllt werden:
– Zunächst gilt es, die Pflanzenvielfalt zu erhalten! Das schützt indirekt auch viele Tierarten.
– Daneben müssen möglichst viele zusammenhängende Lebensgemeinschaften erhalten werden!
– Der Anteil ungenutzter und unbelasteter, d.h. naturbelassener Lebensräume muß mindestens 10 % der Landmasse betragen! Diese Naturschutzgebiete müssen weitgehend miteinander verbunden sein!
– Erste moralische Pflicht ist es, sich das Wissen über die Folgen unserer Zivilisation zu erarbeiten und anzueignen!
  – Die Umweltverschmutzung (insbesondere durch saure Niederschläge und andere Umweltgifte) muß schnell und drastisch reduziert werden!

- Externe Kosten (z. B. für Luft und Wasser und für die Umweltschutzaufwendungen) müssen in die Preise der Konsumgüter einbezogen werden!
- In vielen Fällen bedarf es übernationaler Lösungen und Ordnungen!
- Die Restnatur muß überwacht und verteidigt werden, wenn nötig durch spezielle Einrichtungen, durch entsprechende Finanz- und Sachmittel und durch professionelles Personal!

Zusammenfassung von Kapitel 4:
Ethische Prinzipien, moralische Normen und Verantwortungskriterien sind Orientierungshilfen, an denen wir unser Handeln ausrichten. Aus ihnen lassen sich allerdings dann, wenn Verantwortung nicht mehr monokausal zugeordnet werden kann, keine eindeutigen Handlungsanweisungen ableiten. Am Beispiel des Umgangs mit der Natur konnte dennoch gezeigt werden, wie allgemeine Prinzipien und Leitlinien in konkrete Weisungen umgesetzt werden können.

• Bei komplexen Ursache-Wirkungsketten folgen aus Leitsätzen nicht unmittelbar Handlungsanweisungen

1 *F. A. v. Hayek* 1984
2 Das Modell Kohlbergs sowie 59 weitere Modelle vom menschlichen Bewußtssein sind von *Ch. Hampden-Turner* in „Modelle des Menschen – ein Handbuch des menschlichen Bewußtseins" beschrieben worden.
3 Vergl. *I. Tammelo* 1979
4 *W. Engels:* Mehr Mut zum Markt, Stuttgart 1984
5 *Ders:* Den Staat erneuern – den Markt retten, Köln 1983, und *ders:* Über Freiheit, Gleichheit, Brüderlichkeit – Kritik des Wohlfahrtsstaates, Theorie der Sozialordnung und Utopie der sozialen Marktwirtschaft, Bad Homburg 1985
6 VDI-Nachrichten, Jahrgang 40, Nr. 46
7 In *Birnbacher* 1980, S. 9-19
8 In *Birnbacher* 1980, S. 180-206
9 Diese Forderung macht m. E. wenig Sinn, weil sie in Richtung auf eine rigorose Unterlassungsethik tendiert und die nötige Güterabwägung außer Acht läßt, siehe auch Kapitel 5.
10 *Meyer-Abich:* Wege zum Frieden mit der Natur (1986)

Anmerkungen zu Kapitel 4

5 Was können Verhaltenskodizes leisten?

Die Diskussionen über Verhaltens- oder Ethik-Kodizes begleiten uns seit Beginn des 20. Jahrhunderts. Insofern darf an der Schwelle zum nächsten Jahrhundert ein „zweiter nüchterner Blick" auf die bisherigen Versuche einer Normierung der Manager- und Ingenieurverantwortung gewagt werden.

Die Forderung nach Verhaltenskodizes für Manager und Ingenieure löst bei vielen Betroffenen Abwehrreaktionen aus: Wir haben ja bereits die Zehn Gebote, und es gibt unzählige Gesetze, Verordnungen, Ausführungsbestimmungen, Richtlinien, Grundsätze etc. Hinzu kommt die Erziehung in der Familie und die Bildung im staatlichen Schulsystem; das durch Erziehung und Bildung geschulte Gewissen hilft uns bei den ethisch relevanten Entscheidungen.

Was können berufsspezifische Verhaltensnormen über die allgemeinen Verhaltenskodizes hinaus leisten?

Analysieren wir dazu bestehende Kodizes für Unternehmen, Manager und Ingenieure.

- „Zweiter nüchterner Blick" auf Verhaltenskodizes

5.1 Verhaltenskodizes für (multinationale) Unternehmen und für Manager

Die Liste internationaler Verhaltenskodizes für (multinationale) Unternehmen ist lang (Bild 30).

Die wichtigsten Forderungen quer durch die verschiedenen Kodizes sind:
– *Die Politik, die gesetzlichen Bestimmungen und die soziokulturellen Werte des Gastlandes achten!*

- Forderungen an multinationale Unternehmen

– *Die Chancengleichheit von Personen und Unternehmen garantieren!*
– *Die Beschäftigungsmöglichkeiten und die berufliche Entwicklung Einheimischer verbessern!*
– *Freiwillig Einigungsverfahren für Streitfälle einführen!*
– *Die Arbeitnehmer und die Öffentlichkeit rechtzeitig und vollständig informieren!*

Eine detaillierte Aufzählung der Leitsätze aus internationalen Verhaltenskodizes gibt Bild 31.

- Vorwürfe an multinationale Unternehmen

Den Unternehmen aus Industrieländern, die in Entwicklungsländern tätig werden, wird u.a. vorgeworfen:[1]
– Sie machten zu hohe Gewinne
– Sie verschöben „Gewinne" in Steuerparadiese
– Sie übten auf die Regierungen der Gastländer politischen Einfluß aus
– Sie schlössen ihre Betriebsstätten in Entwicklungsländern nach Belieben

- Marktbeziehungen, nicht Machtbeziehungen

Im Zusammenhang mit dem Verhalten von Unternehmensführern in Entwicklungsländern sind auch Stellungnahmen aus dem kirchlichen Bereich von Interesse. *Lefringhausen*, Geschäftsführer des Dialogprogramms der Kirchen in der Bundesrepublik Deutschland, hebt hervor, daß das wirtschaftliche Prinzip von Leistung und Gegenleistung langfristig humaner ist als Hilfe; Marktbeziehungen dürften aber nicht durch Machtbeziehungen geprägt sein; die Mischfinanzierung und die Verschuldung durch Kreditnahme bereiteten mehr Probleme als Privatinvestitionen (für die wenigstens keine Zinsen zu zahlen seien). Die Unternehmer seien der Regierung und auch der Gesellschaft des Investitionslandes verantwortlich; sie müßten die brachliegende Produktionskraft für den wirtschaftlichen Aufbau erschließen. Unternehmer machten die Entwicklungsländer dann reformunfähig, wenn sie sozialreformerische Ansätze vorschnell mit Kommunismusverdacht belegten.

Führungsspezifische Forderungen enthalten die in Bild 32 aufgeführten Verhaltenskodizes für Manager.

Eine neue Qualität in die Management-Leitlinien bringen zweifelsohne die stark umweltorientierten, am Konzept

Kodizes für international tätige Unternehmen

Kodizes internationaler Institutionen
- Leitsätze für Multinationale Unternehmen (OECD, 1976)
- Südafrika-Kodex (EG-Mitgliedsstaaten, 1977)
- Dreigliedrige Erklärung – Grundsätze für Multinationale Unternehmen im Arbeits- und Sozialbereich (ILO, 1977)
- Kodex für den Wettbewerb (UNCTAD, 1980)
- Muttermilchkodex – Regeln für die Werbung und Vermarktung von Milchprodukten (WHO, 1981)
- Criteria for Sustainable Development Management (UNCTC – United Nations Centre on Transnational Corporations, 1990)
- Draft Code of Conduct on Transnational Corporations (United Nations Economic and Social Council, 1990)
- Kodex über Technologietransfer (UNCTAD, in Verhandlung)

Eigenverantwortliche Kodizes
- Leitsätze für Auslandsinvestitionen (Internationale Handelskammer)
- Verhaltensregeln für die Wettbewerbspraxis, die Verkaufsförderung, die Marketingforschung sowie Wohlverhaltensregeln in bezug auf Erpressung und Bestechung (Internationale Handelskammer)
- Europäischer Verhaltenskodex für Franchising (Europäischer Verband für Franchising)
- Verhaltenskodex für Konferenzpraktiken – CENSA-Kodex (Europäischer Reederverband)
- Verhaltenskodex über die Vermarktungspraxis pharmazeutischer Produkte (IFPMA – Internationaler Bund der pharmazeutischen Industrie)
- Empfehlungen für unternehmerisches Verhalten in Entwicklungsländern (Arbeitsgemeinschaft Christlicher Unternehmer, 1976)
- Umweltleitlinien für die Welt-Industrie (Internationale Handelskammer, 1990)

Bild 30

---

des „Sustainable Development Management" ausgerichteten UNCTC-Kriterien. Auf sie wird in Kap. 6.4 näher eingegangen.

Verhaltenskodizes im weitesten Sinne des Wortes sind auch die Führungsanweisungen, Unternehmensgrundsätze oder Unternehmensphilosophien zahlreicher Unternehmen. Sie behandeln u. a.:
- den Zweck und das Selbstverständnis der Unternehmen
- die Unternehmensziele

• Unternehmensgrundsätze

Forderungen an Multinationale Unternehmen

- die Wirtschafts- und Steuergesetze einhalten
- die Zahlungsbilanz- und Kreditpolitik beachten
- den Umwelt- und Verbraucherschutz berücksichtigen
- die Arbeitsschutznormen einhalten
- keine Rassendiskriminierung (gleicher Lohn für Schwarze, Gleichberechtigung für „Schwarze Gewerkschaften")
- keine internationalen Kartellabsprachen
- keine Preisdiskriminierungen oder Lieferverweigerungen
- keine ungerechtfertigten Liefer- und Preisbindungen oder Koppelgeschäfte
- keine ungerechtfertigten Beschränkungen im Export und bei der Nutzung von Patenten und Warenzeichen
- keine Behinderung der Gewerkschaftstätigkeit (nicht mit Betriebsverlagerung in ein anderes Land drohen)
- Revisionsmöglichkeit für langfristige Verträge
- Einsatz inländischer Arbeitskräfte und inländischer Materialien
- Durchführung von Ausbildungsprogrammen
- Versammlungsfreiheit für Arbeitnehmer
- Veröffentlichung eines Jahresberichtes über die Unternehmensstruktur, über die Umsätze, Geschäftsergebnisse, Investitionen aufgegliedert nach Regionen, Branchen oder Bereichen, über die Herkunft und Verwendung des Kapitals, über Beschäftigte, Forschungs- und Entwicklungsaktivitäten, über die Preisfestsetzung zwischen Unternehmensteilen und über Bilanzierungsverfahren

Bild 31

Verhaltenskodizes für Manager

- Davoser Manifest (1973)
- Twelve questions for examining the ethics of a business decision (Laura Nash, 1981)
- Verhaltenskodex für das Schweizer Management (ASOS, 1982)
- Ethische Prinzipien für Wirtschaft und Politik (Rupert Lay, 1983)
- Grundsätze der US-Chemical Manufacturers Association (1983)
- Gestaltungsgrundsätze für die Zukunft der Arbeit (Klaus Fütterer, 1984)
- Umwelt-Leitlinien des Verbandes der Chemischen Industrie (1986, 6. Auflage 1990)
- Criteria for Sustainable Development Management (United Nations Centre on Transnational Corporations UNCTC, 1990)

Bild 32

- die Potentiale des Unternehmens und schließlich
- das Verhalten der im Unternehmen beschäftigten Personen.²

5.2 Verhaltenskodizes für Ingenieure

Immer wieder wird die Behauptung aufgestellt, bis vor kurzem habe eine bedingungslose Gläubigkeit an den technischen Fortschritt bestanden und erst jetzt habe man die Ambivalenz der Technik erkannt, und nun gelte es, die Technik philosophisch, anthropologisch, soziologisch, politologisch und eben auch ethisch zu bewältigen; ein besonderes Problem sei die Technikgenese, d.h. die Entstehung von Technik.

• Ambivalenz der Technik

In Wirklichkeit wurden die Probleme der Technik schon seit Jahrhunderten analysiert und diskutiert; seit der industriellen Revolution ist die Beschäftigung mit der Technik so intensiv, daß mehrbändige Bibliographien darüber entstanden.³ Auch über das Thema Technik und Ethik gibt es zahlreiche interessante Veröffentlichungen, insbesondere auch aus dem letzten Jahrzehnt.⁴

• Technikphilosophie

Kein Zweifel, den Ingenieuren und Technikern kommt eine hohe Verantwortung zu. Um so gespannter dürfen wir auf die Inhalte der Verhaltenskodizes für Ingenieure sein. Zahlreiche Ingenieurkodizes entstanden in den USA (siehe Bild 33); ihre Inhalte gleichen sich in weiten Teilen.
Die wichtigsten Normen für Ingenieure sind im folgenden thematisch zusammengefaßt:⁵

• Verhaltenskodizes für Ingenieure

Verhalten gegenüber anderen Einzelpersonen
- Loyalität gegenüber Arbeitgebern, Vorgesetzten, Auftraggebern, Kunden (vorausgesetzt, deren Aufträge sind moralisch vertretbar) wahren!
- Fairneß gegenüber Kollegen und Mitarbeitern, ohne Rücksicht auf Rasse, Religion, Geschlecht, Alter, Volkszugehörigkeit oder Körperbehinderung üben!
- Aufrichtigkeit, Offenheit, Wahrhaftigkeit gegenüber den Vorgesetzten, Kollegen, Mitarbeitern, Kunden zeigen!
- Unparteilichkeit und Ehrlichkeit wahren! Verdienste anderer anerkennen bzw. würdigen!

• Verhalten gegenüber Einzelpersonen

Verhaltenskodizes für Ingenieure

- Kodex des American Institute of Chemical Engineers (AIChE, 1912)
- Code of Ethics der American Society of Civil Engineers (ASCE, 1914; neueste Fassung 1977)
- Code of Ethics der American Association of Engineers (AAE, 1923)
- Canons of Ethics for Engineers des Engineers' Council for Professional Development (ECPD, 1947); heute Accreditation Board for Engineering and Technology (ABET, neueste Fassung 1977)
- Bekenntnis des Ingenieurs des Vereins Deutscher Ingenieure (VDI, 1950)
- Code of Ethics / Standards for Professional Conduct des American Institute of Consulting Engineers (AICE, 1959)
- Canons of Ethics for Engineers der Society of Fire Protection Engineers (SFPE, 1962)
- Kodex der American Association of Petroleum Geologists (AAPG, 1963)
- Code of Ethics der National Society of Professional Engieers (NSPE, 1971; neueste Fassung 1987)
- Code of Ethics / Standards of Professional Conduct der Association of Consulting Engineers (ACME, 1972)
- Karmel-Deklaration über Technik und moralische Verantwortung (1974)
- Kodex des American Consulting Engineers Council (ACEC, 1976)
- Code of Ethics des Institute of Electrical and Electronics Engineers (IEEE, 1975; neueste Fassung 1987)
- Code of Ethics des American Institute of Aeronautics and Astronautics (AIAA, 1977)
- Code Concepts in Engineering Ethics (Slowter-Oldenquist, 1979)
- Code of Ethics des National Council of Engineering Examiners (NCEE, 1979)
- Draft of Uniform Code of Ethics for Engineers (IEEE-USAB, 1981)
- Model Ethics Code (S.H. Unger, 1982)
- Die Verantwortung desTechnikers, Österreichischer Ingenieur- und Architektenverein (ÖIAV, 1982)
- Code of Practice and Code of Conduct der British Computer Society (BCS, 1983)
- Code of Ethics der American Association of Engineering Societies (AAES 1984)
- Forderungen an die Ingenieurverantwortung (Sinn, Zimmerli, 1986)
- Leitsätze für die Ausübung des Berufs des Verbands Deutscher Elektrotechniker (VDE, 1986; neuere Fassung 1989)
- FEANI Verhaltenskodex (Fédération Européenne d'Associations Nationales d'Ingénieurs, 1990)
- International Code of Environmental Ehtics for Engineers (UNESCO, UNEP, WFEO)
- Ethik für Ingenieure/technische Wissenschaftler (Schweizerische Akademie der Technischen Wissenschaften SATW, 1991)

Bild 33

Standesethische Forderungen:
- Vertraulichkeit, Verschwiegenheit über geschäftliche Dinge und technische Verfahren (soweit gefordert und nicht im Widerspruch zu anderen Forderungen der Verhaltenskodizes) wahren!
- Nur sachliche und wahrheitsgetreue Erklärungen öffentlich abgeben!
- Kollegen und Mitarbeitern Gelegenheit zur eigenen beruflichen Entwicklung geben!
- Die eigenen Fähigkeiten richtig einschätzen, beschreiben und anbieten!
- Die eigene Kompetenz durch Weiterbildung steigern!
- Professionelle Kritik suchen und akzeptieren, anbieten und geben!
- Weder bestechen, noch sich bestechen lassen!
- Karitativen und gemeinnützigen Organisationen professionellen Rat zur Verfügung stellen!
- Berufskollegen nicht bösartig schädigen, d.h. nicht verleumden, nicht nachträglich unterbieten oder verdrängen, nicht unlauter für sich werben!
- Institutionen und Personen, die sich diesen Zielen verpflichtet fühlen, fördern!

• Standesethische Forderungen

Forderungen für den Sozialbereich:
- Verantwortung für Handlungen oder Unterlassungen, insbesondere für deren Folgen (einschließlich der Folgen für spätere Generationen) übernehmen!
- Den geltenden Gesetzen Folge leisten!
- Interessenkonflikte vermeiden bzw. mögliche Interessenkonflikte den Betroffenen (Arbeitgebern, Kunden, Berufsvereinigungen, öffentlichen Stellen) vorab mitteilen!
- Die Öffentlichkeit über mögliche Technikfolgen informieren!
- Sicherheit, Gesundheit, Wohlergehen, Lebensqualität der Allgemeinheit über alles stellen!

• Forderungen für den Sozialbereich

Umweltethische Forderungen:
- Über die direkten und indirekten, sofortigen und späteren Folgen ihrer Projekte informieren!
- Die Verantwortung für das eigene Handeln oder Unterlassen übernehmen!

• Umweltethische Forderungen

5.3 Verhaltenskodizes können eher sensibilisieren, weniger orientieren und kaum disziplinieren

- Leitsätze sind zu allgemein

Die meisten individual- und sozialethischen Forderungen traditioneller Kodizes sind sehr allgemein formuliert und liefern nur für sehr einfach gelagerte Probleme eine unmittelbare Antwort.

- Leitsätze sind oft undifferenziert und vage

Die Forderung „Loyalität gegenüber Arbeitgebern, Vorgesetzten, Auftraggebern und Kunden wahren" erscheint sinnvoll und daher akzeptabel: sie hilft aber wenig, eventuelle Konflikte zwischen diesen Loyalitäten – es sind ja mehrere – zu lösen, ja überhaupt nur zu entdecken; erst in einer späteren Forderung „Interessenskonflikte vermeiden!" klingt das Problem an; die Norm bleibt aber undifferenziert und daher vage.

- Bewertung im konkreten Fall erfordert Güterabwägung

Das eigentliche Problem ist also nicht die Aufstellung eines, in diesem Falle ziemlich globalen Gebotes, sondern – nehmen wir die Terminologie der Technikbewertung – die Abschätzung der Folgen von Handlungen oder Unterlassungen auf Individuen, Gruppen, die Gesellschaft und auch auf die Natur. Daran schließt die oft noch schwierigere Bewertung dieser Folgen, d. h. eine Güterabwägung, an.

- Folgenethik

In einer anderen Forderung wird das hohe Abstraktionsniveau der Kodizes noch deutlicher: „Verantwortung für Handlungen und Unterlassungen, insbesondere für deren Folgen übernehmen", besagt nichts anderes, als sich ethisch zu verhalten. Die einzige Konkretisierung in dieser Norm ist der Hinweis auf die „Folgen"; diese Norm verlangt also eine Werkethik – im Gegensatz zu einer reinen Gesinnungsethik.

Die Zehn Gebote des Alten Testaments oder die frühere Tugendlehre sind da jedenfalls konkreter!

- Tugenden

Forderungen, z.B. die nach Aufrichtigkeit, Offenheit, Wahrhaftigkeit und Ehrlichkeit sind nichts anderes als eine Wiedergabe oder Neuformulierung einzelner Tugenden. Sinn macht hierbei allenfalls der Bezug auf die konkrete Berufssituation.

- Ethischer Rigorismus

Unsinnig sind Formulierungen wie *„Sicherheit, Gesundheit, Wohlergehen, Lebensqualität der Allge-*

5.3 Verhaltenskodizes können sensibilisieren ...

meinheit über alles stellen!" Generell deuten Formulierungen, wie „über alles" oder „um jeden Preis" auf ethischen Fundamentalismus oder Rigorismus hin, die in der Praxis undurchführbar sind.

Viele erwarten, daß Verhaltenskodizes nicht nur zur Sensibilisierung z.B. der Manager oder der Ingenieure führen; sie sollen dem einzelnen auch institutionell Rückendeckung geben, z.B. bei Konfliktfällen mit seinem Arbeitgeber.

- Verhaltenskodizes können kaum disziplinieren

Dies werden Verhaltenskodizes nur in seltenen Fällen leisten können. Zwar haben wir alle ausreichend Fantasie und Erfahrung, um uns Beispiele vorstellen zu können, bei denen ethische Konflikte nicht erst bei der Technikanwendung, sondern schon vor oder bei der Entwicklung auftreten. Wenn wir die bekannten Ingenieur-Kodizes speziell daraufhin durchsehen, so finden wir jedoch keine konkrete Norm, die direkte Antworten lieferte.

Im wesentlichen müssen wir wohl zwei Fälle unterscheiden:
- Eklatante Fälle von Technikmißbrauch, die durch geltende Gesetze bereits weitgehend abgedeckt sind (mit Recht verlangen die Verhaltenskodizes die Einhaltung dieser Gesetze).
- Fälle mit vielfältigen positiven und negativen Wirkungen.

- Eindeutiger Mißbrauch oder vieldeutige Meinungen

Bei letzteren wirft die dazugehörige Güterabwägung viele, zum Teil unbeantwortbare Fragen auf, z.B.:
- Welche Einzel- oder Kollektivrisiken sind zumutbar? Wer beschließt darüber?
- Wie sind Unsicherheiten der Risikoabschätzung zu bewerten?
- Welche Folgen sind vorhersehbar?
- Wann muß mit welchem Aufwand Folgenabschätzung betrieben werden?
- Wie bewerten wir Rechte unterschiedlicher Lebewesen oder späterer Generationen von Menschen?
- Soll der Planungshorizont 50 oder 100 Jahre betragen oder unbegrenzt sein?

- Fragen zur Güterabwägung

Bei Techniken mit vielfältigen und negativen Wirkungen muß auf höherer Ebene, d.h. politisch, entschieden werden. Der einzelne kann dann aber nicht mehr mit einem

- Bei Vieldeutigkeit Entscheidung auf höherer Ebene

Verhaltenskodex und auch nicht unter Berufung auf sein persönliches Gewissen gegen seinen Auftraggeber Forderungen durchsetzen. Er kann allerdings in seiner Eigenschaft als Staatsbürger versuchen, eine Revision der politischen Entscheidung auf politischer Ebene herbeizuführen.

5.4 Nehmen wir als Beispiel den Wettbewerb „Straße – Schiene"

Wie wenig Leitsätze aus Verhaltenskodizes zur konkreten Handlungsorientierung beitragen, kann am besten am Beispiel der altbekannten Kontroverse „Straße oder Schiene" diskutiert werden.

• Alternativenwahl liegt beim Konsumenten

Im Gegensatz zur Wahrnehmung durch die Öffentlichkeit liegt die Verantwortung für die Alternativenwahl im Verkehr in erster Linie beim Konsumenten: Er entscheidet, ob er eine Reise oder einen Transport auf der Straße, auf der Schiene oder auf einem anderen Verkehrsweg ausführt. Für den Entwickler bzw. die entwickelnde Firma steht aus der Geschichte des Unternehmens meist schon fest, in welchem Sektor er/es tätig ist; ihre Hauptaufgabe ist die Optimierung des Teilsystems, das sie am Markt anbieten (z.B. ein Straßenfahrzeug), allerdings unter Berücksichtigung der nächsthöheren Systemebene (siehe Abschn. 6.5) und unter Einbeziehung z.B. des Kombinierten Verkehrs.

• Alternativenwahl verlangt Klärung der Wirkungszusammenhänge und bewertende Bilanzierung

Bei der Entscheidungsfindung des Konsumenten für eine Verkehrsalternative reichen Leitsätze aus Verhaltenskodizes, auch wenn man die konkreteren zum Umweltschutz aus Abschn. 4.5 oder ähnliche mit einbezieht, bei weitem nicht aus.

Schon die relativ grobe Auflistung der Nutzen- und der Aufwandskriterien in Bild 34 zeigt, daß bei der Alternativenwahl ein komplexer Entscheidungsprozeß mit Klärung der Wirkungszusammenhänge und bewertender Bilanzierung ansteht.

• Zahlreiche Einflußgrößen

Auch dort, wo die Vor- und Nachteile der Alternativen offensichtlich scheinen, sind die Verhältnisse meist kom-

5.4 Wettbewerb „Straße – Schiene"

Beurteilungskriterien für Verkehrssysteme

Nutzenkriterien

Mobilität/Gütertransport
Flexibilität
Individualität/Stückelung
Preiswürdigkeit
Verfügbarkeit
Sicherheit
Zuverlässigkeit
Komfort
Zeitbedarf/-ersparnis
Kombinationsfähigkeit mit anderen Systemen
Arbeitsplätze
Netzbildungsfähigkeit

Aufwandskriterien

Unfälle
Energie- und Rohstoffverbrauch
Umweltbelastung
– Emissionen
– Lärm
– Landschaftsverbrauch
– Beeinträchtigung des Landschaftsbildes
– Trennwirkungen
Kosten
– Fahrtkosten
– Investitionskosten
– Unterhaltskosten
– Externe
Zeitaufwand
Organisationsaufwand für den Benutzer
Auswirkungen auf konkurrierende Verkehrssysteme

Bild 34

plexer als wahrgenommen: Es kommt auf die Art der zu transportierenden Güter, den Zu- und Ablauf zum Bahnhof, den Ladefaktor, die externen Kosten, die Transportdauer, die Transportsicherheit und ähnliches an.

Bild 35 zeigt als ein Beispiel für derartige Zusammenhänge den Energieverbrauch verschiedener Transportmittel in Abhängigkeit vom Auslastungsgrad (Ladefaktor).

Ähnliches gilt für den Personenverkehr; die kurze Charakterisierung in Bild 36 ist allerdings angreifbar oder zumindest lückenhaft: Das Zufußgehen ist nicht kostenlos, man denke an teures Schuhwerk und den nicht geringen Aufwand für Gehwege; auch das Fahrrad braucht eine erhebliche Infrastruktur; der Pkw-Verkehr führt auch zu verletzten Fußgängern und Sachschäden außerhalb des Verkehrs; bei Stadtbahnen ist die individuelle Sicherheit im Nachtverkehr gefährdet; die Vor- und Nachlaufzeiten im Flugverkehr übertreffen häufig die eigentliche Reisezeit etc.

Spezifischer Primärenergiebedarf von Güterfernverkehrsmitteln in Wh/tkm

(Verkehrswissenschaftliches Institut der Rhein.-Westf. Technischen Hochschule Aachen, S. 313)

Verkehrsmittel	Nutzlast-Kapazität (t)	Auslastungsgrad				
		20%	40%	60%	80%	100%
Transporter	0,94-1,43	3312-7648	1703-3859	1163-2594	892-1964	745-1584
Klein-Lkw	4.83	1033-1839	550-952	390-657	317-517	268-427
Lkw	9,86-13,99	707-1027	386-543	272-381	215-300	181-250
Last-/Sattelzug	25,5-25,8	443-521	244-294	177-215	144-179	124-160
Eisenbahn – Güterzüge						
E-Traktion	835-901	233-273	134-154	101-114	85-94	74-82
D-Traktion	879-1072	190-198	111-115	84-87	71-74	64-66
Binnenschiffe						
Rhein/Bergfahrt	650-8800	204-454	103-227	68-151	52-113	42-91
Rhein/Talfahrt	650-8800	68-116	35-57	23-38	17-29	14-24
Kanalfahrt	650-2817	172-303	86-185	59-142	46-99	38-78
Pipeline		4-60	20-100	38-180	80-240	115-340
Kombinierter Verkehr *						
Container	674	400	219	159	131	114
Wechselbehälter	510	467	253	182	147	128
Rollende Landstraße	522	568	303	216	173	148

* 500 km Hauptlauf, je 15 km Vor- und Nachlauf

Bild 35

- Externe Kosten und Nutzen

Noch komplexer gestaltet sich die Bewertung der externen Kosten und Nutzen. Externe Kosten sind Kosten, die nicht vom Verursacher, sondern von der Allgemeinheit getragen werden. Diese Folgekosten des Verkehrs setzen sich aus Umweltbelastungen (Luftverschmutzung, Lärm-, Boden-, Wasserbelastung), Immissionsschutzausgaben sowie Unfallschäden, die nicht durch Versicherungsleistungen abgedeckt sind, zusammen.

- Bewertungsverfahren für externe Kosten

Probleme ergeben sich insbesondere bei der Bewertung der Schäden.

5.4 Wettbewerb „Straße – Schiene"

Vor- und Nachteile einiger Verkehrsmittel
(nach VDI-Berichte 915)

Verkehrsmittel	Vorteile	Nachteile
Füße	stetige Verfügbarkeit keine Kosten geringe Umweltbelastung	geringe Geschwindigkeit geringe Reichweite geringe Transportkapazität kein Wetterschutz
Fahrrad	individuelle Verfügbarkeit geringe Kosten geringe Umweltbelastung	nur Nahbereich bedingte Transportkapazität kein Wetterschutz
Motorrad	individuelle Verfügbarkeit individ. Reisegeschwindigkeit Nah- und Fernbereich	Lärm und Abgase bedingte Transportkapazität kein Wetterschutz
Pkw	individuelle Verfügbarkeit individueller Komfort Wetterschutz individ. Reisegeschwindigkeit Nah- und Fernbereich Transportkapazität	akzeptierte Kosten Lärm und Abgase ruhender Verkehr
Bus	allgemein zugänglich geringe Kosten Wetterschutz geringe Umweltbelastung flexible Linienführung	nur Linienangebot fester Fahrplan nötiges Umsteigen bedingter Komfort
Stadtbahnen	allgemein zugänglich geringe Fahrpreise Wetterschutz geringe Umweltbelastung	nur Linienangebot fester Fahrplan nötiges Umsteigen bedingter Komfort
Eisenbahn	allgemein zugänglich angepaßte Fahrpreise Wetterschutz geringe Umweltbelastung	nur Linienangebot fester Fahrplan nötiges Umsteigen Verkehrsmittelwechsel
Flugzeug	allgemein zugänglich Wetterschutz hohe Reisegeschwindigkeit	hohe Flugpreise nur Linienangebot fester Flugplan nötiges Umsteigen Verkehrsmittelwechsel Lärm und Abgase

Bild 36

Als Bewertungskriterien kommen in Frage
- die Kosten der *Schadensvermeidung*: z.B. Kosten für Lärmschutzwälle, Schallschutzfenster u.ä.; man erhält so aber nur einen unteren Grenzwert, da es wirtschaftlich nicht sinnvoll ist, alle negativen Einflüsse auf ein Minimum zu reduzieren
- die *Wertminderung* von Wohnungen und Grundstücken infolge der Umweltbelastung
- die *Zahlungsbereitschaft* Betroffener: Die persönliche Wertschätzung für umweltverbessernde Maßnahmen wird erfragt; Wunschdenken führt dabei tendenziell zu überhöhten Bewertungen

- Umstrittene Annahmen

Bei der Ermittlung monetärer Größen muß vielfach mit umstrittenen Annahmen gearbeitet werden[6]. Wie sollen z.B. Schäden an Kulturdenkmälern, die unersetzbar sind, in Geld bewertet werden? Man denke an das Colloseum in Rom oder an zerfressene Statuen an unseren romanischen und gotischen Domen.

Als Beispiel für eine monetäre Bewertung soll die von *Planco Consulting* im Auftrag der Deutschen Bahn AG erarbeiteten externen Kosten im Personenverkehr (Bild 37) und im Güterverkehr (Bild 38) dienen.

- Externer Nutzen

Neben der Berücksichtigung externer Kosten fordern Wissenschaftler auch die Einbeziehung des externen Nutzens der einzelnen Verkehrsträger. Hierunter fallen zum Beispiel die vielfältigen Möglichkeiten, Einkäufe an un-

Externe Kosten im Personenverkehr
(in DM je 100 Personenkilometer)

Verkehrsträger	Luftverschmutzung	Unfälle	Lärm, Boden-, Wasserbelastung u.a.	Gesamt
Pkw	3,62	3,28	0,56	7,46
Bahn	0,21	0,48	1,05	1,74
Bus	0,74	0,56	0,21	1,51

Bild 37

5.4 Wettbewerb „Straße – Schiene"

Externe Kosten im Güterverkehr
(in DM je 100 Tonnenkilometer)

Verkehrsträger	Luftver-schmutzung	Unfälle	Lärm, Boden-, Wasserbelastung u.a.	Gesamt
Lkw	2,36	1,78	0,87	5,01
Bahn	0,33	0,12	0,70	1,15
Binnenschiff	0,34	0,01	0,01	0,35

Bild 38

terschiedlichen Orten zu tätigen, die Aufrechterhaltung von sozialen Kontakten über größere Distanzen hinweg, aber auch größere Spielräume der Freizeit- und Urlaubsgestaltung. Im Bereich des Güterverkehrs ist „die steigende Leistungsfähigkeit der Transport- und Logistiksysteme" maßgeblich für das „quantitative und qualitative Wachstum".[6]

In einer Studie der International Road Transport Union[7] gelten Straßengütertransporte bei Entfernungen bis zu 250 Kilometern als unersetzbar. Als externen Nutzen des Straßengüterfernverkehrs führt die Studie auf:
– Verbesserung der Standortbedingungen
– Kosteneinsparungen bei Verpackung, Umschlag und Logistik
– Flächendeckende hochwertige Güterversorgung
– Positive Beschäftigungswirkungen in Randlagen und ländlichen Räumen ohne Schienenanbindung

Die Aufgabe, den externen Nutzen einzelner Verkehrssysteme abzuschätzen, ist ebenso schwierig wie die Ermittlung der externen Kosten.

• Externer Nutzen im Straßengüterfernverkehr

Das Beispiel „Straße oder Schiene" zeigt, daß wir aus Leitsätzen keine unmittelbare Handlungsorientierung oder gar -anweisung erhalten; wir sind vielmehr auf Verfahren, Konzepte, Leitbilder, wie sie in den Abschn. 10.2 bis 10.4 behandelt werden (Technikbewertung, Risikoanalyse, Ökobilanzierung), verwiesen.

• Verweis auf Leitbilder

• Nur Verbote sind eindeutig

Zusammenfassung von Kapitel 5:
Verhaltenskodizes können sensibilisieren und bis zu einem gewissen Grad auch orientieren. Eindeutig können einzelne Leitsätze nur bei Verboten (Unterlassungen) sein. Bei dem was geboten ist, also bei allen Handlungen, können Verhaltenskodizes nur allgemeine Prinzipien oder Kriterien für eine Güterabwägung vermitteln. Die Güterabwägung ist im Zweifelsfall ein subjektiver Bewertungsvorgang.

Anmerkungen zu Kapitel 5

1. *H. Krüger*, 1985, und *G. Schetting*, 1983
2. Auf weitere Einzelheiten kann in dieser Übersicht nicht näher eingegangen werden; weiterführende Veröffentlichungen verdanken wir *E. Gabele*, 1985; *J. Meyer*, 1985; *H. Tschirky*, 1981, *R. Wunderer*, 1983
3. *H. Sachsse*, 1974/76
4. *D. Birnbacher*, 1988; *H. Hastedt*, 1991; *Ch. Hubig*, 1982, 1993; *H. Lenk*, 1981; *F. Rapp*, 1978; *E. Reuter*, 1985; *G. Ropohl*, 1979 1991; *H. Sachsse*, 1978; *H. Stork*, 1977; *W. Zimmerli*, 1981
5. Der genaue Wortlaut zahlreicher Verhaltenskodizes für Ingenieure findet sich in *Lenk, Ropohl (Hrsg.)*: „Technik und Ethik" und im VDI-Report 11.
6. *R. Willeke*: 1994
7. Zitiert nach *G. Aberle/M. Engel* (1994); dort heißt es: ... *Untersucht wurden zwei Szenarien, die von einer Verlagerung des Straßengüterfernverkehrs auf den kombinierten Verkehr Schiene/Straße im Umfang von 100 Prozent und 30 Prozent ausgehen. Im Rahmen einer „with and without"-Analyse wurden die gesamtwirtschaftlichen Wirkungen untersucht. Im einzelnen sind dies die volkswirtschaftlichen Finanzierungseffekte, die Betriebskostenveränderungen bei den betroffenen Verkehrsträgern, die Veränderung der Umweltkosten sowie die Qualitätsveränderungen bei den Transporten. Die quantitativen Analysen zeigen, daß Verkehrsverlagerungen nicht zu der oft erwarteten grundlegenden Reduzierung der Umweltkosten des Verkehrs führen und daß erhebliche zusätzliche Kosten für die Volkswirtschaft entstehen, wenn solche Verkehrsverlagerungen durchgeführt werden...*

6 Mögliche Inhalte für verbesserte Kodizes

Defizite bestehender Verhaltenskodizes beweisen noch nicht die Wertlosigkeit der Verhaltenskodizes schlechthin. Um zu verbesserten Kodizes zu kommen, wollen wir im folgenden nach Konstruktionsprinzipien ethischer Normen suchen.

• Suche nach verbesserten Kodizes

6.1 „Konstruktionsprinzipien" ethischer Normen

Im wesentlichen finden wir in den Verhaltenskodizes fünf Ausgangspunkte für die Bildung und Formulierung von Leitsätzen:

• Ausgangsquelle für die Bildung von Leitsätzen

– *Maxime:*
  „Handle nach einem bestimmten Imperativ!"
– *Tugend:*
  „Übe eine bestimmte Tugend gegenüber einem bestimmten Personenkreis!"
– *Verbot:*
  „Vermeide ein(e) bestimmte(s) Übel, Problem, negative Wirkung, Folge etc.!"
– *Gebot:*
  „Strebe ein(en) bestimmtes(en) Ziel, Nutzen, eine positive Wirkung, Folge an!"
– *Verfahren:*
  „Verfahre nach einer(em) bestimmten Methode, Konzept!"

Natürlich sind auch Kombinationen dieser Typen möglich.

Auf allgemeine Prinzipien, Imperative und Maxime wurde bereits im Abschn. 4.3 eingegangen.

Aus diesen allgemeinen Normen lassen sich durchaus konkretere Normen für das individuelle und institutionelle Verhalten gewinnen.[1]

6.2 Tugenden

- Tugenden im Gewand von Leitsätzen

Die wichtigsten Tugenden und Untugenden waren in Bild 27 und Bild 28 aufgelistet worden.

Welche Tugend auf welche Verhaltens- oder Entscheidungssituation und welche Personengruppe angewendet werden soll, ist zwar nicht beliebig, aber – da subjektivem Urteil unterworfen – in weiten Grenzen variierbar; man denke an die Normen aus USA-Kodizes wie
- Loyalität gegenüber Arbeitgebern, Vorgesetzten, Auftraggebern, Kunden (vorausgesetzt, deren Aufträge sind moralisch vertretbar) wahren!
- Fairneß gegenüber Kollegen und Mitarbeitern, ohne Rücksicht auf Rasse, Religion, Geschlecht, Alter, Volkszugehörigkeit oder Körperbehinderung üben!
- Aufrichtigkeit, Offenheit, Wahrhaftigkeit gegenüber den Vorgesetzten, Kollegen, Mitarbeitern, Kunden zeigen!
- Unparteilichkeit und Ehrlichkeit wahren! Verdienste anderer anerkennen bzw. würdigen!

Normen dieses Typs können offenbar fast beliebig formuliert werden. Das spricht gegen solche Normen, allerdings nicht gegen die Tugenden selbst.

6.3 Verbote zur Vermeidung der großen Menschheitsprobleme

- Kritik als Ausgangspunkt für Leitsätze

Eine Sichtung technikkritischer Bücher und Artikel ergab, daß drei Kritikinhalte, nämlich

- die Schädigung und Zerstörung der biologischen Umwelt
- die Schädigung und Zerstörung der sozialen Umwelt und
- die Selbstvernichtung der Menschheit

im Vordergrund stehen.

6.3 Verbote zur Vermeidung der großen Menschheitsprobleme

Es erhebt sich die Frage, ob im Sinne einer Priorisierung der Probleme eventuelle Leitsätze für Ingenieure und Naturwissenschaftler auf die biologische Umwelt fokussiert werden können, da deren fortschreitende Schädigung die Existenz der gesamten Menschheit gefährdet, während Sozial- oder Gesundheits-Risiken „nur" einzelne Menschen oder Menschengruppen betreffen und sowieso nie ganz vermieden werden können.

• Fokussierung auf Schädigung der biologischen Umwelt

Auf einer „Tagesordnung für das 21. Jahrhundert" (*R. M. Kidder*) müßten bei der Konzentration auf diese „größten" Probleme m.E. folgende stehen:

• „Tagesordnung für das 21. Jahrhundert"

Klimaprobleme (Treibhauseffekt, Ozonloch)
- Verbrennung fossiler Brennstoffe
- Energieverschwendung
- Emission klimarelevanter Gase
- Vernichtung tropischer Regenwälder

• Hauptprobleme

Reduzierung der Artenvielfalt
- Vernichtung tropischer Regenwälder
- „Waldsterben"
- Expansive (bezogen auf die genutzte Fläche) und gleichzeitig intensive Landwirtschaft (Überdüngung, keine naturbelassenen Flächen)
- Emission tier- und pflanzenvernichtender Gase
- Verbrennung fossiler Brennstoffe
- Energieverschwendung

Vernichtung natürlicher Ressourcen
- Abfallawine
- Abwasserflut
- Bodenerosion
- Immer mehr gefährliche Stoffe im Wirtschafts- und Privatleben

Rückkoppelungseffekte
- Bevölkerungsexplosion
- Verkehrsexplosion
- Freizeitkult (Motorsport, Skifahren, Trekking etc.)

6.4 Gebote in Richtung auf anzustrebende Ziele

• Ziele als Ausgangspunkt für Leitsätze

Die anzustrebenden Ziele sind in erster Näherung die Kehrseite der zu vermeidenden Probleme. Leitsätze, die nur diese Ziele als Spiegelbild zu den Problemen wiedergeben, haben daher einen sehr niedrigen Instruktionswert. Da jedoch eine möglichst hohe Konkretisierung angestrebt werden sollte, müßten Leitsätze zumindest die Konzepte oder Strategien aufzeigen können. Dies versuchen beispielsweise die „Criteria for Sustainable Development Management" der UNCTC; dort finden sich folgende Gebote im Text verstreut (Reihenfolge unverändert):

• Gebote zum „Sustainable Development" (zur nachhaltigen Entwicklung)

– Develop a longterm perspective on environment
– Husband non-renewable resources (e.g. fossil fuels and minerals)
– Maintain the productivity of renewable resources (e.g. fisheries, soils and forests)
– Plan for emergency preparedness
– Allocate resources to study alternative technological or production options
– Use natural resources in an environmentally efficient manner, reducing waste to a minimum
– Include ... the costs which are currently externalized, such as the costs of related health care
– Employ non-waste technologies
– Enhance resource recovery and reuse
– Encourage efficient use of energy, material and water
– Increase product durability and product life cycle
– Seek to develop, use and transfer technologies that are compatible with the need, skills, training, finances and natural environment of the people of the region in which they are used
– Advocate environmentally and economically sound diversification of production
– Replace greenhouse gases and ozone-depleting chemicals
– Convert military spending to a peaceful economy

Man muß am UNCTC-Kodex positiv vermerken, daß er im Gegensatz zu vielen anderen ein Global-Konzept, das „Sustainable Development"[2], aufzeigt.

6.5 Verfahrensnormen, diskutiert am Beispiel Teamarbeit

Wir hoffen alle auf eine weitere Klärung ethischer Fragen durch philosophische Reflexion, politische Diskussion und durch interdisziplinäre Technikbewertung. Politiker, Manager, Ingenieure, Juristen u.a. können aber in der Praxis nicht auf weitere Erkenntnisse warten; sie müssen aufgrund des heutigen Kenntnisstandes entscheiden. Weil die Verantwortung so groß ist, wird sie schon heute auf möglichst viele Schultern, d.h. auf Teams und Gruppen, verteilt.

• Verteilung der Verantwortung auf Teams oder Gruppen

Der technische Fortschritt in Form von Produkt- und Prozeßinnovationen wird von Gruppen- oder Teamarbeit und zumindest indirekt immer auch von Teamentscheidungen getragen.

Wegen der zunehmenden Bedeutung der Teamverantwortung wird im folgenden der Versuch unternommen, die Team- und Gruppenverantwortung zu präzisieren:

• Team- und Gruppenverantwortung

Bei der Diskussion der Grenzen der Verantwortung[3] war bereits klar geworden, daß Teammitglieder sich in einem besonderen ethischen Spannungsfeld befinden:

• Teammitglieder arbeiten in einem besonderen Spannungsfeld

- Sie arbeiten und entscheiden nicht allein, sollen aber (Mit-)Verantwortung tragen
- Die Aufgabenstellung, das Entwicklungsziel ist vielleicht eindeutig positiv, aber die Neben- und Nachwirkungen auf Anwender, Gesellschaft und Umwelt sind schwer vorhersehbar
- Unterlassungen können oft negativere Folgen haben als Entscheidungen für eine bestimmte technische Handlung

Zur Bewältigung dieser Spannungen sollen „Empfehlungen für verantwortliches Verhalten von Teammitgliedern" – im Stile eines Verhaltenskodex formuliert – einen Beitrag leisten:

• Empfehlungen für verantwortliches Verhalten von Teammitgliedern

I. Verschaffe Dir einen Überblick über die Systemstrukturen mindestens eine Systemebene oberhalb der Aufgabenstellung!

II. Sammle Fakten und Hypothesen über die Systemzusammenhänge und bringe sie ins Team ein!

III. Arbeite sowohl bei der Situationsanalyse als auch bei der Entscheidungsfindung mit Alternativen, z.B. Szenarien für den günstigsten, ungünstigsten und wahrscheinlichsten Fall!
IV. Notiere für die wichtigsten Handlungsalternativen Pro und Kontra – zunächst ohne Gewichtung!
V. Verschaffe Dir bzw. dem Team einen Überblick über die für die Aufgabenstellung wichtigen geltenden und evtl. auch bevorstehenden Gesetze, Verordnungen und Bestimmungen!
VI. Bedenke bei der Gewichtung des Pro und Kontra, also Deiner persönlichen subjektiven Güterabwägung, etwaige Loyalitätskonflikte oder gar Überzeugungskonflikte und lege sie dem Team – soweit als nötig – offen!
VII. Beachte bei der Mitwirkung an der Teamentscheidung die geltenden Zuständigkeiten und Unternehmensordnungen!
VIII. Akzeptiere die Gültigkeit der legitim zustande gekommenen Teamentscheidung – auch wenn Du anderer Meinung bist!
IX. Suche bei Entscheidungen, die nach Deiner Ansicht nicht legitim zustande gekommen sind, oder bei gravierenden Überzeugungskonflikten den Rat von Schlichtungsstellen! (Gelingt diese Schlichtung nicht, so versuche in extremen Fällen – unter Umständen unter Inkaufnahme von materiellen Nachteilen – aus dem Team auszuscheiden!)
X. Bei Dissens mit der Teammehrheit in besonders wichtigen gesellschaftlichen Fragen: Praktiziere auf individueller Ebene (z.B. in Deinem Lebensstil) Deine Überzeugung – soweit das nicht gegen Gesetze und Verordnungen verstößt – und/oder verfechte Deinen Standpunkt als Staatsbürger, z.B. in einer Partei oder einer Bürgerinitiative!

• Vorgehensweise ist entscheidend

Besonders wichtig und auch unbestreitbar scheinen mir die Gebote I bis VI:

Verantwortliches Handeln läßt sich bei sehr komplexen Zusammenhängen in der Praxis leichter an der Vorgehensweise als am Inhalt festmachen.

6.5 Verfahrensnormen – Beispiel Teamarbeit

Die Forderung nach Systemanalyse „mindestens eine Ebene oberhalb der Aufgabenstellung" soll an einem Beispiel erläutert werden:

Ein Einspritzpumpen-Entwickler und -Hersteller kann schwerlich für das Waldsterben verantwortlich gemacht werden, obwohl die Verursacher-Kette von der Treibstoffeinspritzung in den Motor-Verbrennungsraum bis hin zu den waldschädigenden Emissionen nachvollziehbar ist.

Der Einspritzpumpen-Entwickler (bzw. das Entwicklungsteam und die dahinterstehende Firma) müssen sich aber sehr wohl Gedanken über die Optimierung nicht nur der Pumpe, sondern der nächsthöheren Systemebene – hier des Motors – Gedanken machen. Der Motor soll möglichst wenig Energie verbrauchen, und seine Emissionen sollen so unschädlich wie möglich sein. Dafür ist das Einspritzsystem mitentscheidend! Analog dazu sollte der Motorentwickler den gesamten Antriebsstrang bzw. das ganze Fahrzeug „mitdenken", ein Straßenfahrzeughersteller an den Gesamtverkehr denken und z.B. auch alle Möglichkeiten des kombinierten Verkehrs mitberücksichtigen.

Ein wesentliches Verantwortungsprinzip stellt auch das Arbeiten mit Alternativen dar: Verantwortlich Entscheiden kann nur, wer die wichtigsten Alternativen kennt und dann zwar subjektiv, aber fair bilanziert.

Hier wird auch in Stabsabteilungen der Industrie viel gesündigt, weil – wenn überhaupt Alternativen vorgelegt werden – nicht selten einseitig bilanziert wird: für die präferierte Alternative werden eher die Proargumente aufgeführt und bei den anderen Alternativen mehr die Gegenargumente.

Verantwortliches Handeln verlangt:
Alle Alternativen und für *jede* Alternative Pro und Kontra zunächst ohne Gewichtung auf den Tisch!

Auch wenn nach Empfehlungen für verantwortliches Teamverhalten vorgegangen würde oder schon gearbeitet wird, wäre es illusionär, von Mitgliedern spezialisierter Entwicklungsteams, z.B. für Mofas, Motorräder, Pkw oder Lkw, eine pauschale Infragestellung ihres Produkts zu erwarten oder gar zu verlangen. Das ist angesichts der Aufgaben- und Gewaltenteilung in unserer Gesell-

- „Eine Ebene oberhalb der Aufgabenebene" mitdenken

- Beispiel: Einspritzpumpenhersteller hilft Motor optimieren, ist aber für Waldschäden nicht direkt verantwortlich

- Alternativen analysieren bzw. planen

- Pro und Kontra der Alternativen ohne Gewichtung gegenüberstellen

schaftssystem auch gar nicht nötig. Bestimmte Entscheidungen müssen wegen des bestehenden Meinungspluralismus sowieso auf höherer, d.h. auf gesellschaftlicher, Ebene getroffen werden. Das gilt z.B. für Fragen, wie:

- Zweifelsfälle
- Sollen wir Güter für die Verteidigung herstellen? Welche der hergestellten Verteidigungsgüter dürfen wohin exportiert werden?
- Dürfen wir in militärische oder politische Spannungsgebiete liefern?
- Sollen Kraftfahrzeuge in den Stadtzentren überhaupt noch – und wenn ja, unter welchen Bedingungen – zugelassen werden?

Wenn Entscheidungen zu solchen Fragen auf gesellschaftlicher Ebene gefällt werden, so können sie ggf. nur dort wieder korrigiert werden, nicht aber innerhalb von Teamarbeit oder bei Teamentscheidungen in der Wirtschaft. Der einzelne muß deswegen nicht sein Gewissen demokratischen oder gar hierarchischen Entscheidungen unterordnen. Er kann als Staatsbürger eine Revision auf gesellschaftlicher Ebene anstreben – allerdings nur unter Beachtung der dafür gültigen Regeln.

• Verfahrensnormen statt inhaltlicher Normen

Die Differenzierungen von Verhaltensregeln für den Verantwortungstyp „Team- oder Gruppenarbeit" führten zu Verfahrensnormen. Die Möglichkeiten einer Verbesserung der Leitsätze mittels solcher Normen sind natürlich durch dieses Beispiel keineswegs erschöpft.

6.6 Präferenzregeln

In Kap. 5 hatten wir die Schwierigkeiten, zu eindeutigen Handlungs-Normen zu kommen, an der Notwendigkeit zur (subjektiven) Güterabwägung festgemacht. Gäbe es Präferenzregeln, so würde der Korridor der Subjektivität zwar noch nicht verschwinden, aber erheblich eingeschränkt.

• Regeln für Konflikte

H. Lenk[4] hat nach derartigen Regeln gesucht und für Verantwortungs- und Rollenkonflikte folgende gefunden:

1. „Moralische Rechte jedes betroffenen Individuums abwägen"; diese gehen vor Nutzenüberlegungen (prädistributive Grundrechte).
2. „Kompromiß suchen, der jeden gleich berücksichtigt" – im Falle eines unlösbaren Konflikts „zwischen gleichwertigen Grundrechten".
3. „Erst nach Abwägung der moralischen Rechte jeder Partei darf und sollte man für die Lösung votieren, die den geringsten Schaden für alle Parteien mit sich bringt."
4. Erst nach Anwendung der Regeln 1, 2 und 3 Nutzen gegen Schaden abwägen. (1.– 4. nach *P. Werhane* 1985)

Also: Nichtaufgebbare moralische Rechte gehen vor Schadensabwendung und -verhinderung und diese vor Nutzenerwägungen.

5. Bei praktisch unlösbaren Konflikten sollte man faire Kompromisse suchen. (Faire Kompromisse sind z.B. annähernd gleichverteilte oder gerechtfertigt proportionierte Lasten- bzw. Nutzenverteilung.)
6. Allgemeine (höherstufige) moralische Verantwortung geht vor nichtmoralischer beschränkter Prima-facie-Verpflichtung.
7. Universalmoralische Verantwortung geht i.d.R. vor Aufgaben- bzw. Rollenverantwortung.
8. Direkte primäre moralische Verantwortung ist meistens vorrangig gegenüber indirekter Fern- und Fernstenverantwortung (wegen der Dringlichkeit; aber: Abstufungen nach Folgenschwere und -nachhaltigkeit) und gegenüber sekundärer korporativer Verantwortung.
9. Das öffentliche Wohl, das Gemeinwohl soll allen andern spezifischen und partikularen nichtmoralischen Interessen vorangehen.
10. „Bei der sicherheitsgerechten Gestaltung ist derjenigen Lösung der Vorzug zu geben, durch die das Schutzziel technisch sinnvoll und wirtschaftlich am besten erreicht wird. Dabei haben im Zweifel die sicherheitstechnischen Erfordernisse den Vorrang vor wirtschaftlichen Überlegungen." (Für technische Regelwerke nach DIN 31000)

• Präferenzregeln

• „Vorzugs- und Sicherheitsregeln"

Auch Küng listet in seinem Buch „Projekt Weltethos" sogenannte Vorzugs- und Sicherheitsregeln auf:

1. *Problemlösungsregel:*
Kein wissenschaftlicher oder technologischer Fortschritt, der, realisiert, größere Probleme als Lösungen schafft!
2. *Beweislastregel:*
Wer eine neue wissenschaftliche Erkenntnis vorträgt, eine bestimmte technologische Innovation befürwortet, eine gewisse industrielle Produktion in Gang setzt, hat selber nachzuweisen, daß sein Unternehmen weder sozialen noch ökologischen Schaden verursacht.
3. *Gemeinwohlregel:*
Das Gemeinwohlinteresse hat Vorrang vor dem Individualinteresse – solange (gegen das faschistische „Gemeinnutz geht vor Eigennutz"!) die Personenwürde und die Menschenrechte gewahrt bleiben.
4. *Dringlichkeitsregel:*
Der dringlichere Wert (Überleben eines Menschen oder der Menschheit) hat Vorrang vor dem an sich höheren Wert (Selbstverwirklichung eines Menschen oder einer bestimmten Gruppe).
5. *Ökoregel:*
Das Ökosystem, das nicht zerstört werden darf, hat Vorrang vor dem Soziosystem (Überleben ist wichtiger als Besserleben).
6. *Reversibilitätsregel:*
In technischen Entwicklungen haben umkehrbare Entwicklungen Vorrang vor unumkehrbaren: nur so viel Irreversibilität wie unabdingbar notwendig.

Ob diese oder andere Prioritätsregeln wirklich eindeutig sind, muß diskutiert werden. Z.Z. sind daran eher Zweifel angebracht.[5]

• Leitbilder geben eine Richtung vor, ohne die benötigten Freiräume zu sehr einzuengen

Zusammenfassung von Kapitel 6:
Verhaltenskodizes sind in erster Linie eine Orientierungshilfe für betroffene Personengruppen. Ihre Aufgabe liegt genau zwischen der Funktion gesetzli-

cher Normen und gesellschaftlicher Empfehlungen. Sie sollen eine Richtung vorgeben, ohne die Freiheit des Handelns allzusehr einzuengen. Sie enthalten Elemente der Orientierung in Verbindung mit selbstverantwortlichen Handlungsfreiräumen.

Die Defizite bisheriger Kodizes sollten uns vor einer Überschätzung ihrer Wirkung bewahren. Das zentrale Element der Technik- und Wirtschaftsethik bleibt die persönliche Verantwortung des Einzelnen, der situationsbezogen eine Güterabwägung vornehmen muß, um Entscheidungen zu treffen. Kodizes orientieren in Zweifels- oder Konfliktfällen bei dieser Güterabwägung, führen aber nicht zu eindeutigen Handlungsanweisungen, d.h., sie sind selten „instruktiv".

Anmerkungen zu Kapitel 6

1 *Krupinski* zeigt dies für sechs Imperative am Beispiel der Unternehmensethik, *Enderle* am Beispiel der goldenen Regel für Manager. Auch der von *Sinn* und *Zimmerli* (VDI-Dokumentation, 1986) entwickelte Katalog von Verantwortungskriterien auf der Basis der Jonasschen Fern-Ethik kann hier nochmals erwähnt werden.
2 Siehe auch Abschnitt 10.1.
3 Siehe Kapitel 3
4 *Lenk, H.*: Zu einer praxisnahen Ethik der Verantwortung in den Wissenschaften, in *Lenk, H.* (Hrsg.): Wissenschaft und Ethik, Reclam 1991, S. 54-74
5 Insbesondere für die Küngschen Regeln Nr. 2 und 6 gelten die in Kapitel 5 gemachten Vorbehalte.

7 Die Technik als Verantwortungsobjekt

Die Verantwortungsfrage stellt sich, wie gesehen, vieldimensional. Wer ist wem wofür und nach welchen Kriterien verantwortlich? Die Betrachtung der Verantwortungskriterien alleine führt nicht zu einer Verantwortungsgesellschaft.

Vielmehr muß verantwortliches Handeln mittels Verfahrensethik und Güterabwägung an vielen Stellen der gesellschaftlichen, wirtschaftlichen und technischen Teilsysteme organisiert werden. Daher liegt es nahe, als Verantwortungsobjekt die Technik und als Verantwortungssubjekt(e) die (Institutionen der) Wirtschaft[1] genauer unter die Lupe zu nehmen.

• Kriterien alleine führen nicht zur Verantwortungsgesellschaft

7.1 Der Begriff der Technik

Zunächst sollten wir den Blick auf die Funktion der Technik in unserem Leben und auf unser Technikbild werfen. Wenn näher bestimmt ist, was wir unter Technik verstehen, können wir uns mit der Kritik an ihr und an unserem Fortschrittsverständnis auseinandersetzen.

• Was ist Technik?

Aus den angebotenen Definitionen[2] seien im folgenden – um die Vielfältigkeit ihrer Inhalte zu verdeutlichen – einige herausgegriffen:

• Definitionen

– Technik ist die Gesamtheit der Erkenntnisse, die durch wissenschaftliche Methoden erarbeitet und zur Steuerung, Umwandlung oder Schaffung von Artefakten oder Verfahren verwendet werden, um praktische Ziele, die als wertvoll gelten, zu realisieren[3]

– Technik ist reales Sein aus Ideen durch finale Gestaltung und Bearbeitung aus naturgegebenen Beständen[4]
– Der sinnesarme, waffenlose, nackte Mensch ist existentiell auf Handlung angewiesen; Handeln ist auf Veränderung der Natur zum Zwecke des Menschen gerichtete Tätigkeit; Fähigkeiten und Mittel dazu bietet die Technik; sie hilft den Menschen durch Organverstärkung, Organentlastung und Organersatz[5]
– Technik ist eine Art menschlichen Handelns wie die Wissenschaft, die Kunst, die Religion oder der Sport; dieses Handeln besteht im Produkt-Herstellen, Objekt-Umwandeln und ist zielgerichtet, wissensbasiert, ressourcenausbeutend und methodisch sowie eingebettet in eine soziokulturelle und biologische Umwelt[6]
– Technik ist ein Phänomen, das in vier Formen auftritt, als Objekt (Apparat, Werkzeug, Maschine), als Wissen (Theorie, Regel), als Verfahren und als Willensakt[7]
– Die Technik umfaßt die gegenständlichen Artefakte, deren Entstehung und deren Verwendung, wobei die Verwendung technischer Gebilde wiederum der Hervorbringung neuer Artefakte dienen kann. Das Beziehungsgeflecht zwischen Entstehungs-, Sach- und Verwendungszusammenhängen hat eine naturale, eine humane und eine soziale Dimension: Technik ereignet sich zwischen der Natur, dem Individuum und der Gesellschaft. So stellen Natur, Individuum und Gesellschaft gleichermaßen die Bedingungen, denen die Technik unterliegt, wie sie den Folgen der Technik ausgesetzt sind.[8]
– Technik ist ein Stück unserer menschlichen Natur; ein Handeln, das einen Umweg wählt, weil das Ziel über diesen Umweg leichter zu erreichen ist[9]
– Technik ist jenes Handeln, durch das der Mensch naturgegebene Stoffe und Energie intelligent so umformt, daß sie seinem Bedarf und Gebrauch dienen (technisches Tun); dieses Handeln führt zu einer ständig wachsenden Summe von Dingen und Verfahren (technische Gegenstände)[10]
– Technik ist der Inbegriff der verwendeten Mittel[11]

• Fragen zur Technik, zur Technikgenese und zu den Technikfolgen

Die Definitionen des Begriffes „Technik" antworten im wesentlichen auf folgende Fragen:

Warum entstand die Technik?
- Zur Existenzsicherung der Menschheit (*Gehlen*)

Was ist Technik?
- Reales Sein (*Dessauer*)
- Teil unserer menschlichen Natur (*Gottl-Ottlilienfeld, Sachsse*)
- Mittel für menschliche Zwecke (*Max Weber*)
- Handeln in Richtung auf bestimmte Ziele (*Bunge, Gehlen, McGinn, Gottl-Ottlilienfeld, Sachsse, Stork, Tondl*)

Wozu dient Technik?
- Zur Naturbeherrschung (*Gottl-Ottlilienfeld*)
- Zur Bedürfnisbefriedigung (*Stork, Tuchel*)
- Zur Werteverwirklichung (*Bunge*)

Welche Mittel stellt die Technik zur Verfügung?
- Methoden und Verfahren (*Bunge, Ellul, Gottl-Ottlilienfeld, McGinn, Mitcham, Stork, Tuchel*)
- Artefakte (*Bunge, Eyth, Gottl-Ottlilienfeld, Mitcham, Ropohl, Stork, Tuchel*)
  - Werkzeuge
  - Apparate
  - Maschinen
- Systeme (*Ropohl, Tuchel*)

Wie entsteht Technik?
- Als Willensakt (*McGinn*)
- Durch wissenschaftliche Methodik bzw. verstandesmäßiges Erkennen (*Bunge, Ellul, McGinn, Mitcham*)
- Durch Kreativität bzw. schöpferisches Konstruieren (*Beck, Bunge*)
- Durch (Produkt-) Herstellen (*McGinn*)
- Durch (Objekt-) Umwandeln (*McGinn*) bzw. Umgestaltung der materiellen Außenwelt (*Gottl-Ottlilienfeld*)

Welche Medien benutzt die Technik?
- Stoffe (*Dessauer, McGinn, Stork*)
- Energie (*Dessauer, McGinn, Stork*)
- Informationen, Signale

Wie wirkt Technik?
- Durch Organverstärkung (*Gehlen*)
- Durch Organentlastung (*Gehlen*)
- Durch Organersatz (*Gehlen*)

- Dimensionen der Technik

Die zitierten Definitionen und diese grobe Analyse zeigen, daß es schwer fällt, alle Aspekte der Technik in einem kurzen Technikbegriff zu erfassen. Zusammenfassend können wir folgende „Dimensionen", „Determinanten", „Elemente" bzw. „Bestimmungsstücke" der Technik festhalten:
- das *Wollen* („Willensakt", „Wille zur Macht")
- das *Wissen* („angewandte Naturwissenschaft", „wissensbasiert")

Dimensionen und Erkenntnisperspektiven der Technik
(Ropohl, 1979, S.32)

Dimensionen der Technik	Erkenntnisperspektiven	Typische Probleme
	Naturwissenschaftlich	Naturgesetzliche Grundlagen technischer Artefakte
	Ingenieurwissenschaftlich	Verhalten und Aufbau technischer Artefakte
	Ökologisch	Verhältnis zwischen Artefakt und natürlicher Umwelt
	Anthropologisch	Artefakte als Mittel und Ergebnisse der Arbeit bzw. des Handelns
	Physiologisch	Zusammenwirken mit dem körperlichen Geschehen des menschlichen Organismus
	Psychologisch	Zusammenwirken mit dem psychischen Geschehen des menschlichen Organismus
	Ästhetisch	„Schönheit" der Artefakte
	Ökonomisch	Technik als Produktivkraft und als Mittel der Bedürfnisbefriedigung
	Soziologisch	Gesellschaftliche Zusammenhänge der Technikherstellung und -verwendung
	Politologisch	„Verstaatlichung" der Technik und „Technisierung" des Staates
	Historisch	Technik im Wandel der Zeit

Bild 39

- die *Ziele* („Bedürfnisbefriedigung", „Werteverwirklichung")
- die *Medien* („Stoffe", „Energie", „Information")
- das *Gestalten*, das schöpferische bzw. verstandesmäßige Entdecken, Erfinden oder Entwickeln
- die *Artefakte* und *Verfahren*
- die *Anwendung*
- die *Wirkungen* auf den Einzelnen, die Gesellschaft, die Kultur und die Natur einschließlich der schädlichen Neben- und Nachwirkungen

Natürlich gibt es auch andere Möglichkeiten, die Dimensionen des komplexen Technikbegriffs zu modellieren;[12] das entscheidende bei der Diskussion der Ingenieurverantwortung für die Technikgestaltung ist natürlich nicht die Aufzählung der Dimensionen des Technikbegriffs, sondern weit mehr das Aufzeigen der Wechselwirkungen zwischen den Dimensionen (siehe Bild 39).

• Entscheidend sind die Wechselwirkungen

Auf die wichtigsten dieser Zusammenhänge wird in den folgenden Kapiteln eingegangen.

7.2 Die Kritik an der Technik

7.2.1 Mythen der Technikdiskussion

Angesichts der unterschiedlichen Welt- und Menschenbilder ist bei der Beurteilung der Technik in unserer Gesellschaft ein Meinungspluralismus, ja Meinungsstreit, zu erwarten.

• Mythen zur Technik

Die Diskussion beginnt nicht hier und heute; sie wird schon viele Jahrzehnte geführt: Eine ganze Reihe alter Streitfragen ist zumindest vorgeklärt; zu den gängigsten Mythen der Vergangenheit, die als überwunden gelten können, zählen:

- Das Eigengesetzlichkeits-Dogma:
  Die Begriffe „Sachzwang", „Strukturzwang" und „Sach- oder Eigengesetzlichkeit" sind, auf Technik und Technologien angewendet, zumindest irreführend, wenn nicht gar falsch: Bei technisch-wirtschaftlichen Prozes-

• Eigengesetzlichkeits-Dogma

sen gibt es fast immer Entscheidungsalternativen oder -spielräume innerhalb bestimmter Grenzen; man könnte von Entscheidungs-„Korridoren" sprechen; neue Technologien erhöhen häufig sogar die Zahl der Alternativen und damit die Breite des jeweiligen „Korridors". Der Behauptung einer Eigengesetzlichkeit oder Sachgesetzlichkeit der Technik sollten wir schon deshalb nicht folgen, weil es dann ja keine Verantwortung mehr gäbe. Wenn man die nicht wegzuleugnenden Rückwirkungen eines jeden technischen Fortschritts auf die weitere technische Entwicklung herausstellen will, so könnte man allenfalls von „Eigendynamik der Technik" analog z.B. zur Eigendynamik von Gruppen sprechen. Noch treffender beschreibt eine „Systemtheorie der Technik"[13] die bestehenden Wechselwirkungen und Rückkoppelungsprozesse.

- Personalisierungs-Theorem

– Das Personalisierungs-Theorem:
„Kann die Technik noch den Anspruch erheben, eine Wohltäterin der Menschheit zu sein?", so lautete ein Aufsatzthema zum Deutschabitur im Jahre 1947. Diese Personalisierung der Technik macht ebenso wenig Sinn wie das Eigengesetzlichkeitsdogma; die Technik wird von einzelnen oder von Gruppen von Menschen entwickelt und angewendet; diese tragen auch eine (noch genauer zu definierende) Verantwortung; die aus der Personalisierung der Technik abgeleitete prinzipielle Technikkritik ist auch aus anderen Gründen nicht haltbar: „Der sinnesarme, waffenlose, nackte Mensch ist existentiell auf technisches Handeln angewiesen; die Technik hilft dem Menschen durch Organverstärkung, Organentlastung und Organersatz", erklärt schon der Soziologe und Anthropologe *Gehlen*.

- Technik ist Neutralitäts-Illusion

– Die Neutralitäts-Illusion:
Gerade weil sie Eigengesetzlichkeit und Personalisierung der Technik ablehnten, glaubten viele Ingenieure aus der Sicht der Ingenieurwissenschaften eine Neutralität der Technik behaupten zu müssen; das hat zu vielen Mißverständnissen in der Technikdiskussion geführt, weil das Wort „neutral" im Sinne von „weder zum Guten noch zum Schlechten verwendbar" interpre-

tiert werden kann. Heute sprechen wir daher besser von Ambivalenz des technischen Fortschritts.

- Das Unvorhersehbarkeits-Dilemma:
  Auch wenn die weitestgehende Verhinderung des Technikmißbrauchs und die Vermeidung, Kompensation oder Milderung der schädlichen Neben- und Spätfolgen der Technik als immer dringlichere Aufgaben erkannt sind, gibt es keinen Königsweg zum Paradies auf Erden; zwar zielen Technikbewertung und präventive Verantwortungsethik in die richtige Richtung, aber der Mensch wird nie alle Folgen seines Tuns und Unterlassens vorhersehen können; auch werden wir immer auf Güterabwägung angewiesen sein, d.h. um ein Problem zu lösen oder zu mildern, werden wir andere, z.T. neue Probleme in Kauf nehmen.

• Unvorhersehbarkeits-Dilemma

- Der Technokratie-Vorwurf:
  Horckheimer hatte 1947 geurteilt: „Ingenieure sind nur zur instrumentellen Vernunft fähig; sie denken zwar über die Angemessenheit der Mittel zur Erreichung vorgegebener Ziele, nicht aber über die Vernunft der Ziele nach"; *Hortleder* formulierte noch 1972: „Ingenieure sind Fachleute ohne Sinn für die Folgen des eigenen Handelns". Trotz der damaligen Neigung einzelner Ingenieure, die Sozialwissenschaften Soziologie und Politologie (weniger die Geisteswissenschaften) zu unterschätzen, waren diese Urteile schon seinerzeit falsch; *Lübbe*[14] analysiert: „Nicht mangelnde Zielreflexion der Ingenieure, sondern unbeabsichtigte, zum Teil unvorhersehbare, negative Nebenfolgen des technisch-industriellen Prozesses sind das Problem!"

• Technokratie-Vorwurf

7.2.2 Art und Inhalt der Technikkritik

Technikkritik ist beileibe kein Produkt der letzten Jahre.

Schon für die Zeit vor der industriellen Revolution registriert *van der Pot*[15] folgende Kritik an der Technik:

• Kritik an der Technik vor der industriellen Revolution

- Düstere Vorahnungen zum militärischen Gebrauch technischer Erfindungen

- Befürchtungen in Zusammenhang mit der Erschaffung menschenähnlicher Wesen (Androiden, Golems, Homunculi)
- Vorbehalte gegenüber der Zivilisation; die Urmenschen („Edle Wilde") galten als vitaler, gesünder und vor allem in moralischer Hinsicht unverdorben (Primitivismus)
- Entfremdung des Geistes und der Seele
- Furcht vor Arbeitslosigkeit und Erwerbsverlust
- Störung des ökologischen Gleichgewichts

• Kritik an der Technik aus dem 19. und 20. Jahrhundert

Im 19. und 20. Jahrhundert kam es nach *van der Pot*[16] zu zahlreichen Theorien über die Folgen des technischen Fortschritts:

Negative Folgen bzw. Erwartungen:
- Jeder durch einen Fortschritt der Technik erzielte Gewinn werde mit einem Verlust erkauft
- Der technische Fortschritt verursache den Verfall alter Traditionen und Sitten
- Der technische Fortschritt verursache (geistige) Uniformität und Konformismus
- Der technische Fortschritt verursache die geistige Verarmung, Enthumanisierung, Depersonalisierung und Funktionalisierung des Menschen
- Er führe zur Langeweile, zum Unbefriedigtsein
- Er führe zur Abwertung der höchsten Werte
- Die Ruhe und Schönheit der Landschaft gehe verloren
- Die Kunst werde durch die moderne Technik verdrängt
- Der technische Fortschritt schaffe neue Mittel zur psychischen Manipulation
- Die Informations- und Kommunikations-Technik verletzen die Privatsphäre der Menschen
- Es komme zur Dominanz der Sachgesetzlichkeit bzw. zur Expertokratie oder Technokratie
- Der technische Fortschritt fordere zu große Opfer, z.B. im Straßenverkehr oder ganz allgemein für die Gesundheit
- Er habe eine zunehmende Stör-, Sabotage- und Katastrophenanfälligkeit der modernen Industriegesellschaft zur Folge

• Positive Erwartungen an die Technik

Positive Erwartungen an die Technik:
- Verlängerung der Lebenserwartung und des Wohlstandes

- Befreiung von körperlicher und geistiger Fron
- Geistige Hebung der Menschheit
- Vermehrung des Glückes
- Schönheit technischer Gebilde
- Förderung der Demokratie und des Rechtsstaates
- Eroberung der Natur statt militärischer Eroberungen
- Überwindung nationaler Vorurteile durch Verkehrs- und Kommunikationsmittel bis hin zur Pazifizierung der Menschheit
- Beherrschung der Natur und des Universums
- Nationale Unabhängigkeit
- Selbsterlösung der Menschheit

Ziel dieses Buches kann nicht die Bilanzierung des Für und Wider einzelner Technologien oder gar des gesamten „Technischen Fortschritts" sein. Für die konkrete Bestimmung der Verantwortlichkeit in der Industriegesellschaft ist aber diese Kritik an der Technik ein geeigneter Ausgangspunkt, auch wenn die eigentliche Technikbewertung letztlich eine Güterabwägung aller Vor- und Nachteile vornehmen muß. Der Kritik[17] an der Technik ist daher in diesem Buch mehr Raum gegeben als der Darstellung der Aktiva der Technik.

• Kritik als Ausgangspunkt für den Verantwortungsdialog

Es ist schwierig, bei der Beschreibung der Ausgangslage das richtige Maß zu finden; jedes übertriebene Dramatisieren, aber auch jedes leichtfertige Herunterspielen von Problemen behindert ihre Lösung oder Milderung.

Bei aller Differenziertheit der Technikkritik werden jedoch immer wieder die gleichen Vorwürfe – wenn auch mit anderen Worten – erhoben (Bild 40):
- Die Technik schädige bzw. zerstöre die biologische Umwelt,
- sie schädige oder zerstöre die soziale Umwelt und
- sie führe letztlich zur Selbstvernichtung der Menschheit

Unterscheiden können wir zudem die differenzierte Kritik des Technikmißbrauchs und der negativen Techniknebenfolgen von einer pauschalen Kritik der Technik als Prinzip.

• Arten und Inhalte der Technikkritik

Zuordnung von Schlagworten zu Art und Inhalt der Technikkritik

Inhalt der Kritik	Art der Kritik		
	Prinzipielle Kritik	Mißbrauchskritik	Nebenfolgenkritik
Zerstörung der biologischen Umwelt	Raubbau an der Natur; Verbrauch belebter und unbelebter Materie	Grenzen des Wachstums; Bevölkerungsexplosion; Großtechnologie	Umweltverschmutzung; Waldsterben; Biospezies-Holocaust
Zerstörung der sozialen Umwelt	Sinnentleerung, Entseelung des Lebens; Herrschaft der Maschine; Technologischer Imperativ	Technokratie; Instrumentelle Vernunft; Gläserner Mensch; Screening	Entfremdung; Fachidiotismus; Reizüberflutung; Informationsüberflutung; Überwachungsstaat
Selbstvernichtung der Menschheit	Wettrüsten als Selbstmordprogramm	Military Industrial Complex; Krieg als Folge von Besitz	Menschenzüchtung; Nuklearer Winter

Bild 40

7.2.3 Die Mißbrauchs- und Nebenfolgenkritik

- Mißbrauchskritik

Berechtigt ist jene Technikkritik, die auf eindeutige Mißbräuche zielt; ein Technikmißbrauch liegt sicherlich dann vor, wenn jemand bei der Technikanwendung aus Eigennutz eine Handlung unternimmt, die andere Individuen gefährdet oder gar schädigt (z.B. gesetzeswidrige Einleitung giftiger Abwässer in einen Fluß).

- Fallunterscheidung bei der Nebenfolgenkritik

Aber auch bei der nichtmißbräuchlichen Technikanwendung können negative Neben- und Nachwirkungen auftreten, wobei wir drei Fälle unterscheiden können:
- die negativen Nebenfolgen werden von Anfang an bewußt in Kauf genommen (z.B. Bau von Staustufen oder Einnahme von Medikamenten);

- schädliche Nebenwirkungen treten erst später unbeabsichtigt zutage, hätten aber bei entsprechendem Aufwand vorhergesehen werden können (z. B. die Conterganschäden);
- die später auftretenden Folgen waren oder sind unvorhersehbar (z. B. Waldsterben, Ozonloch).

Dieser Befund – das Auftreten von Nebenwirkungen und deren teilweise Vorhersehbarkeit – reicht aus, um eine Forderung nach einer wie auch immer gearteten gesellschaftlichen Kontrolle, Steuerung oder Gestaltung der Technik zu begründen. Neben der weichen, indirekten Steuerung über den Druck der öffentlichen Meinung gibt es grundsätzlich folgende Möglichkeiten, direkt zu steuern:

• Steuerung oder Gestaltung der Technik

- Ver- und Gebote im Zusammenhang mit gefährlichen Produkten oder Prozessen und deren Überwachung;
- staatliche Förderung von Aktivitäten z. B. in den Bereichen Bildung und Forschung und
- ordnungspolitische Veränderungen.

Diese Möglichkeiten sind nicht neu; sie wurden auch bisher schon wahrgenommen. Man denke an die Technischen Überwachungsvereine und ihre frühen Vorläufer, die Dampfkesselüberwachungsvereine, an die Vorschriften und Kontrollen im gesamten Bausektor und generell an alle Gebote und Verbote im Zusammenhang mit Betriebssicherheit, Arbeitssicherheit, Gesundheitsvorsorge und Umweltschutz. Die Flut gesetzgeberischer Maßnahmen ist mengenmäßig eher zu groß als zu klein, wie das Beispiel der Umweltgesetzgebung zeigt.

• Frühe Maßnahmen der Techniksteuerung

Das Werkzeug, mit dem die richtigen Maßnahmen für die Techniksteuerung zu finden sind, soll die Technikfolgenabschätzung und -bewertung sein. Sie ist in Abschn. 10.2 näher beschrieben. Hier soll noch auf einige Widersprüche der nichtberechtigten, prinzipiellen Technikkritik eingegangen werden.

• Heutiges Konzept: Technikfolgenabschätzung und -bewertung

7.2.4 Widersprüche der prinzipiellen Technikkritik

Eine allzu pauschale Technikkritik ist wenig sinnvoll, wie ein Blick in die Naturgeschichte und auch in die Kulturgeschichte zeigt.

• Die Natur ist nicht stabil

Die Natur kennt nicht den „Gleichgewichtszustand", den heutige Utopisten vielfach fordern: Nach dem Urknall gab es noch keine feste Materie; die ersten Lebewesen mußten noch ohne Sauerstoff auskommen; erst sehr viel später erzeugten photosynthetisierende Bakterien den Sauerstoff, den wir heute zum Leben benötigen; es dauerte lange, bis Lebewesen sich das Land eroberten (Bild 41).

• Wechslfälle aus der Naturgeschichte

Über 99 % der auf der Erde lebenden Arten sind inzwischen wieder ausgestorben.

Vor 63 Mio. Jahren wurden drei Viertel der damals lebenden Tierarten wahrscheinlich von einem großen Meteor und seinen Folgen vernichtet.

Auch vor 35 Mio. Jahren fielen einzelne Tierarten vermutlich einem Mikrotektiten- (Glaskügelchen-) Schauer zum Opfer.

Die letzte Eiszeit endete erst vor rund 11 000 Jahren. Wann wird die nächste sein?

Niemand weiß genau, welchen Einfluß die Verbrennung fossiler Energieträger darauf hat.

Ein Vulkanausbruch im Stillen Ozean brachte im Jahre 536 sogar den Mittelmeerraum ein Jahr lang unter eine lichtschluckende Dunstglocke. Der damalige „saure Regen" läßt sich noch heute im Grönlandeis nachweisen.

Die prinzipielle Technikkritik übersieht, daß die Menschwerdung eng mit der Technik verbunden ist.

• Menschwerdung mit Hilfe der Technik

Die meisten Anthropologen vertreten heute die Ansicht, daß klimatische Veränderungen (verringerter Regenfall) die Auswanderung von Primaten aus dem schützenden Wald in die offene Grassteppe erzwangen. Aufrechter Gang und beschleunigte Gehirnentwicklung waren evolutionäre Anpassungswirkungen. Die Technik war von Anfang an mit dabei: Die ersten Werkzeuge und Waffen können als Verstärkung und Verlängerung der leiblichen Organe des Menschen interpretiert werden. Zu den frühen technischen Leistungen des Menschen gehören

• Nicht nur Werkzeuge, auch Verfahren zählen schon früh zur Technik

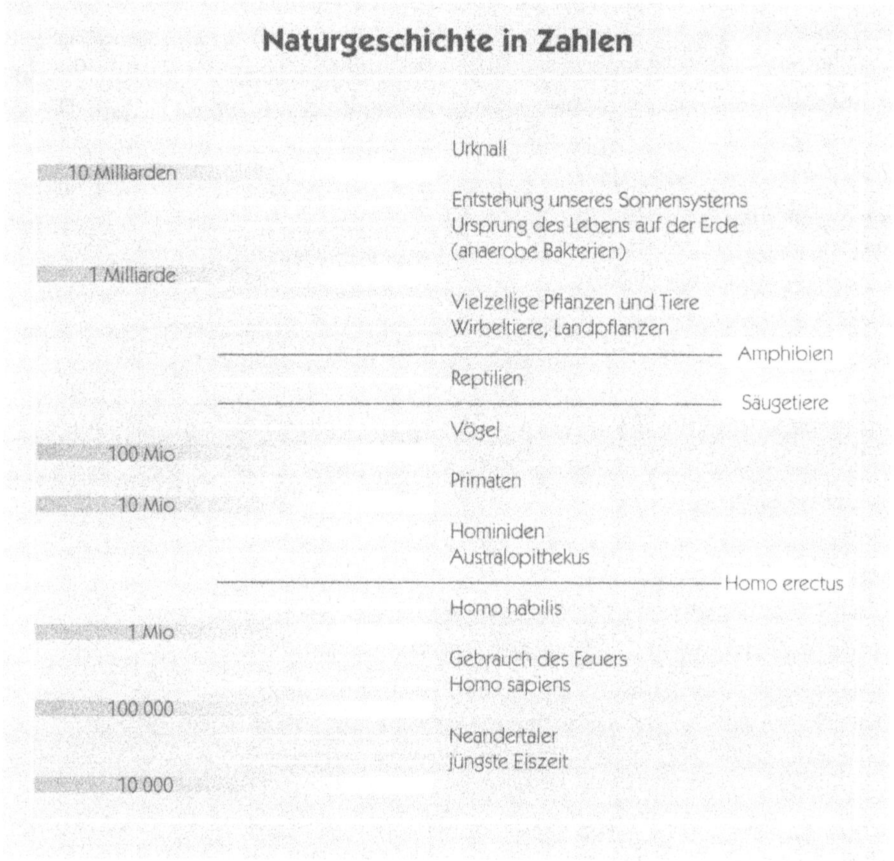

7.2 Die Kritik an der Technik

Naturgeschichte in Zahlen

Jahre	Ereignis
10 Milliarden	Urknall
1 Milliarde	Entstehung unseres Sonnensystems / Ursprung des Lebens auf der Erde (anaerobe Bakterien)
	Vielzellige Pflanzen und Tiere / Wirbeltiere, Landpflanzen — Amphibien
	Reptilien — Säugetiere
100 Mio	Vögel
10 Mio	Primaten
	Hominiden / Australopithecus — Homo erectus
1 Mio	Homo habilis
100 000	Gebrauch des Feuers / Homo sapiens
10 000	Neandertaler / jüngste Eiszeit

Bild 41

aber auch „Verfahren" wie die Nutzung des Feuers (vor 700 000 Jahren), die Entwicklung der Sprache (vor 100 000 Jahren), die Zähmung des Hundes (vor 14 000 Jahren), die Züchtung des Getreides (vor 9 000 Jahren) und der meisten heute gebräuchlichen Nutzpflanzen (Obst- und Nußbäume, Bohnen, Kürbisse, Kohl, Zwiebeln, Oliven, Orangen, Feigen, Datteln), der Hausbau mit Steinfundamenten (vor 9 000 Jahren), die Schrift (vor 5 000 Jahren) etc.

Vor der Jungsteinzeit lebte der Mensch als Jäger und Sammler; pro 100 Quadratkilometer konnten nur ein bis zwei Menschen leben. Der Übergang von der Jagd über die Sammlerwirtschaft zum Ackerbau war nach Ansicht vieler Anthropologen die wichtigste technische Revolution des

• Erweiterung der Existenzgrundlagen des Menschen durch Technik

Menschen; 1 bis 2 Menschen konnten jetzt auf einem Quadratkilometer leben. Die starke Vermehrung führte auch hier wieder zu Umweltkrisen. Liebig revolutionierte mit seiner „Agrikulturchemie" die Landwirtschaft. Die Bevölkerung der Erde konnte abermals anwachsen.

- Verschärfung der Umweltprobleme

> Auch in früheren Zeiten gab es bereits Umweltprobleme, z.B. den Verlust der Wälder in Ländern des Mittelmeerraums, die mit Abwässern von Färbereien und Gerbereien vergifteten Bäche und Flüsse. Der entscheidende Unterschied zu heute liegt wahrscheinlich einmal im gewaltigen Bevölkerungswachstum, zum anderen in der Verschärfung der Probleme durch Überlagerung.

7.3 Die Bedingungen des Technischen Fortschritts

7.3.1 Technik als Mittel zur Bedürfnisbefriedigung und zur Werteverwirklichung

Eine ganze Reihe von Definitionen des Technikbegriffs geben als Ziel und Zweck der Technik die Bedürfnisbefriedigung und/oder die Werteverwirklichung an.

Wenn wir über Technikgestaltung nachdenken oder diskutieren, dann müssen wir auch unsere Vorstellungen über menschliche Bedürfnisse und Werte präzisieren.

- Grundbedürfnisse

Leider gibt es hierüber einen Meinungspluralismus, den man allerdings nicht als Beliebigkeit auslegen darf.[18] Vielfach konzentriert sich der Dialog daher auf die Grundbedürfnisse und die Grundwerte.

- Technik befriedigt auch immaterielle Bedürfnisse

Einigkeit besteht im großen und ganzen darüber, daß die Bedürfnisse und Werte zeit- und kulturabhängig sind bzw. einem gewissen Wandel unterliegen. Ebenfalls geläufig ist die Unterscheidung in materielle und immaterielle Bedürfnisse und Werte, wobei fälschlicherweise unterstellt wird, die Technik befriedige nur oder zumindest vorwiegend materielle Bedürfnisse.[19]

7.3 Die Bedingungen des Technischen Fortschritts

Eine der bekanntesten Bedürfnistheorien verdanken wir *Maslow*; um eine Stufenfolge der Dringlichkeit aufzuzeigen, wird die Maslow'sche Theorie meist in Form einer Pyramide dargestellt (s. Bild 42). Danach gilt es, zunächst die physiologischen Bedürfnisse (Essen, Trinken, Schlafen) zu befriedigen, bevor sich Bedürfnisse nach Sicherheit, Behausung und Gesundheit, nach Anschluß, Geselligkeit und Freundschaft, nach Wertschätzung und schließlich nach Selbstentfaltung in den Vordergrund drängen.

• Rangfolge menschlicher Bedürfnisse

Anstelle von Selbstentfaltung ist häufig auch von Selbstverwirklichung die Rede; dies ist ein sehr mißverständlicher Begriff, denn er kann nicht gesteigert werden (selbster als selbst und verwirklichter als verwirklicht geht nicht). Es handelt sich also um einen Begriff, dem eine gewisse Maßlosigkeit innewohnt; denn die vollkommene Selbstverwirklichung eines jeden Menschen an jedem Ort und zu jeder Zeit, das wäre das Paradies auf Erden.

Eine „theoretische Synthese" der menschlichen Grundbedürfnisse lieferte *Gasiet*:[20]

• „Verflochtenheit der Bedürfnisse"

Neben den physiologischen Grundbedürfnissen haben sich beim Menschen im Laufe einer langwierigen Entwicklung „die Grundbedürfnisse nach gefühlsmäßigen, zwischenmenschlichen Beziehungen", „das Grundbedürfnis nach sozialer Anerkennung" und schließlich „das Grundbedürfnis nach Sinngebung" herausgebildet. Gasiet spricht – wohl um zu einseitigen Interpretationen des Stufencharakters entgegenzuwirken – auch von der „Verflochtenheit der Grundbedürfnisse in soziohistorischen und individuellen Bedürfniskonstellationen".

Eine weitere Typologie menschlicher Grundbedürfnisse stammt von *Galtung* (s. Bild 43). Aus ihr wird der polare Charakter von Bedürfnissen deutlich. Einerseits geht es um Vermeidung bzw. Schutz, z.B. die Vermeidung von Hunger und Durst oder den Schutz vor Gewalt und Folter, andererseits um Erstreben bzw. Freiheit, z.B. das Erstreben von Behaglichkeit oder Kunstgenuß oder die Freiheit zur Mobilität, zur Wahl von Gütern und Dienstleistungen usw. Aus den Beispielen wird auch erkennbar, daß es beim Erstreben häufig keine Begrenzung nach

• Schutzbedürfnisse, Freiheitsbedürfnisse

• Bedürfnisse sind nicht begrenzt

oben gibt. Dies wußte bereits der Dichter *Grillparzer*, als er in seinem Schauspiel Libussa im fünften Aufzug schrieb:

> „Befriedigt ist das Tier nur und der Weise.
> Den Menschen, die gleich mir und gleich den meisten,
> Ward das Bedürfnis als ein Reiz und Stachel
> Von ew'gen Mächten in die Brust gelegt.
> Bedürfnis, das sich sehnt nach der Befried'gung.
> Und dort auch noch zu neuen Wünschen keimt."

• Wettbewerb der Bedürfnisse

Menschliche Bedürfnisse stehen häufig im Wettbewerb miteinander, sowohl innerhalb der Einzelperson als auch zwischen einzelnen Menschen und Gruppen. Daher kann es keine völlig konfliktfreien Gesellschaften geben.

Während die Wirtschafts- und Sozialwissenschaftler meist auf die Bedürfnisse abheben, präferieren die Theologen und Philosophen den Wertebegriff.[21]

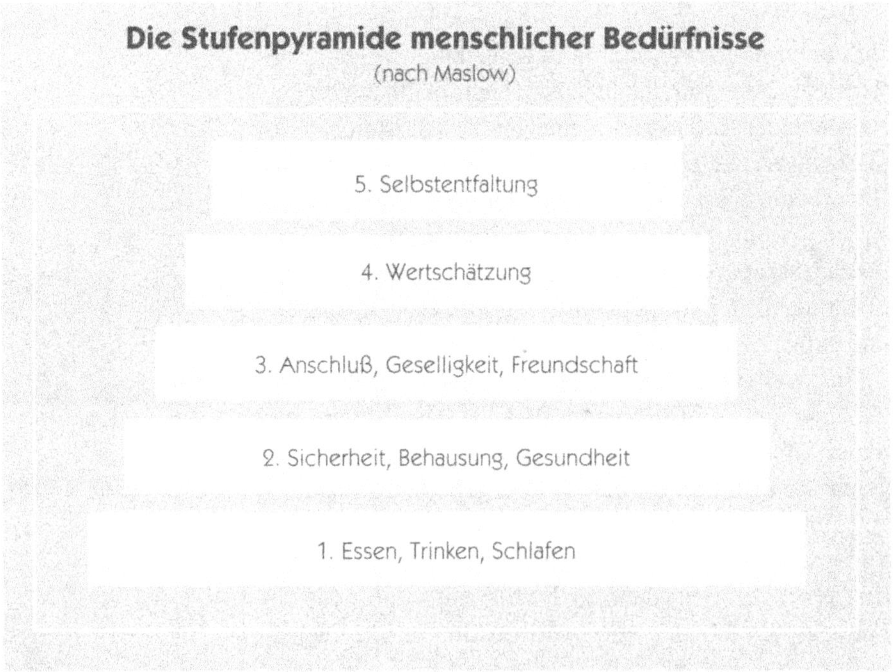

Die Stufenpyramide menschlicher Bedürfnisse
(nach Maslow)

5. Selbstentfaltung

4. Wertschätzung

3. Anschluß, Geselligkeit, Freundschaft

2. Sicherheit, Behausung, Gesundheit

1. Essen, Trinken, Schlafen

Bild 42

7.3 Die Bedingungen des Technischen Fortschritts

Der Wertebegriff ist allerdings nicht minder umstritten als der Bedürfnisbegriff. Der VDI hat in neuerer Zeit das Thema „Werte im technischen Handeln" aktualisiert. In der 1991 nach mehr als zehnjähriger Arbeit verabschiedeten VDI-Richtlinie 3780 „Technikbewertung – Begriffe und Grundlagen" werden als „Meßgrößen" oder Kriterien für die Technikbewertung die in Bild 19 skizzierten Werte

- „Werte im technischen Handeln"

Typologie menschlicher Grundbedürfnisse
(nach Galtung)

Abhängig von handelnden Individuen		Abhängig von Gesellschaftsstrukturen	
persönliche Sicherheit	Mittel zur Befriedigung	Wohlergehen	Mittel zur Befriedigung
Schutz vor individueller Gewalt, z.B. Folter	Polizei	Ernährung, Schlaf	Nahrung, Wasser, Luft
Schutz vor kollektiver Gewalt, z.B. Krieg	Militär	Bewegungsfreiheit, Schutz gegen Klima und feindliche Umwelt	Kleider, Behausung
		Schutz vor Krankheiten	medizinische Betreuung
		Schutz vor Überbelastung	Ergonomie
Freiheit	Mittel zur Befriedigung	Identität	Mittel zur Befriedigung
Informations- und Meinungsfreiheit	Kommunikation, Versammlungen	Selbstentfaltung	Arbeit und Freizeit
Koalitions- und Wahlfreiheit	Organisation, Parteien	Aktivität und Individualität	Erholung, Familie
Freie Berufs- und Ortswahl	Arbeitsmarkt, Verkehr	Verbundenheit, Zugehörigkeit	Sekundäre Gruppen
Freie Wahl von Gütern und Dienstleistungen	Supermarkt	Verständnis für soziale Bewegungen	Politische Aktivität
Freie Wahl des Lebensstils	Demokratie	Naturerleben	Nationalparks

Bild 43

in ein Gefüge von Ziel-Mittel-Relationen und Konkurrenzbeziehungen gebracht. In der Richtlinie sind diese Grundwerte weiter aufgeschlüsselt (Bild 20) und in mehreren Textspalten ausführlich erläutert.

- Das Geflecht aus Zielen und Werten

Unter anderem heißt es dort:
„Technik ist nicht wertfrei. Technisches Handeln muß ständig zwischen Mitteln und Zielen wählen und benötigt für diese fortgesetzten Auswahlprozesse Kriterien, die nur unter Bezug auf Werte gewonnen werden können. Es gibt eine mehrstellige Stufenfolge von konkreten technischen Zielen bis hin zu allgemeinen menschlichen Werten. Zwar können konkrete Ziele nicht logisch zwingend aus allgemeinen Werten abgeleitet werden, doch nehmen konkrete Ziele implizit durchweg Bezug auf allgemeine Werte. Es gibt regelmäßig eine Pluralität von Zielen und Werten, zwischen denen, in systemtheoretischer Modellierung, verschiedene Typen von Beziehungen bestehen. Ziel- und Wertsysteme sind jedoch keine feststehenden Gegebenheiten, sondern benutzer-, zeit- und situationsabhängige Modelle."

7.3.2 Technische Elemente und Systeme mit technischen Elementen

- Technik überschaubar

*Es wird immer wieder beklagt, daß die moderne Technik nicht (mehr) durchschaubar sei. In der Tat kann ein einzelner Mensch heutzutage – angesichts der Vielfältigkeit und Vielgestaltigkeit der Technik – nicht alles bis ins letzte (produkt-, produktions- oder anwendungs-) technische Detail **durch**schauen;* **überschaubar** *sind* **einzelne** *Technikgebiete oder Problemkomplexe sehrwohl, zumindest für Akademiker (bei einer Gesamtausbildungszeit von rund 20 Jahren) und (angesichts des „lebenslangen Lernens") für interessierte Laien.*

Dabei kann ein Überblick über die technischen Elemente und die Kenntnis einer Systemtheorie der Technik hilfreich sein.

7.3 Die Bedingungen des Technischen Fortschritts

Letztlich läßt sich jede Maschine, jeder technische Prozeß, jedes technische Gesamtsystem in Elemente (Bild 44) zerlegen. Im wesentlichen finden mit drei Technikmedien – „Stoffe", „Energie" und „Informationen" – vier Arten von Vorgängen statt, nämlich

- Wandeln
- Vereinigen, Trennen
- Vergrößern, Verkleinern, Speichern
- Leiten, Schalten, Isolieren

• Grundelemente der Technik

In der Kombination ergeben sich zwölf Typen technischer Grundelementen; zum Typ „Energiewandeln" zählen z. B. die Umsetzung chemischer Energie in thermische oder thermischer Energie in elektrische usw.

Andererseits lassen sich wichtige Systeme wie das Energieversorgungssystem (s. Bild 45) oder der Straßenverkehr ganzheitlich darstellen.

• Techniksysteme

Die „Systemtheorie der Technik" (*Ropohl*, 1979) führt über das bloße Überschauen einzelner Technikgebiete oder -probleme hinaus: Ausgehend von einer allgemeinen Systemtheorie (Bild 2) behandelt *Ropohl* zunächst soziologische Modelle, die durch drei Hauptmerkmale[22] gekennzeichnet sind

• Merkmale soziologischer Modelle

- Sie sind Abbildungen natürlicher oder künstlicher Originale
- Sie erfassen im allgemeinen nicht alle Attribute des Originals (Verkürzungsmerkmal), d.h. sie reduzieren Komplexität
- Sie sind für bestimmte erkennende und/oder handelnde Subjekte, bestimmte Zeitintervalle und bestimmte Zwecke konstruiert (Pragmatismusmerkmal)

Trotz der in diesen Merkmalen begründeten Nachteile sieht *Ropohl* im systemtheoretischen Denken „die endlich fällige Synthese zwischen atomistischem und holistischem Prinzip".[23]

• Systemtheorie als „Synthese zwischen atomistischem und holistischem Prinzip"

Er überträgt die soziologische Systemtheorie auf die Technik: „Die Artefakte, in denen sich die Technik manifestiert, sind nichts weiter als Komponenten individueller und kollektiver Handlungszusammenhänge; in der Herstellung erweisen sie sich als Ziele, in der Nutzung als Mittel personalen oder sozialen Handelns".[24]

- Sachsysteme, Handlungssysteme

Über die bekannten Theorien technischer Systeme („Sachsysteme") hinaus entwickelt er eine Theorie der Handlungssysteme:[25]

„Ein Handlungssystem ist eine Instanz, die eine Situation, deren Teil sie ist, gemäß einer Maxime transformiert. Dabei sind prinzipiell drei Transformationstypen denkbar:
(1) Das Handlungssystem verändert seine Umgebung
(2) Das Handlungssystem verändert sich selbst
(3) Das Handlungssystem verändert, indem es seine Umgebung transformiert, gleichzeitig sich selbst" (s. Bild 46)

- Arten von Handlungssystemen

Ropohl unterscheidet drei Arten von Handlungssystemen[26]
– Personale Systeme
– Soziale Mesosysteme
– Soziale Makrosysteme

Verkürzt ausgedrückt sind das einzelne Personen, Institutionen und auch Teile der Gesellschaft bzw. die ganze

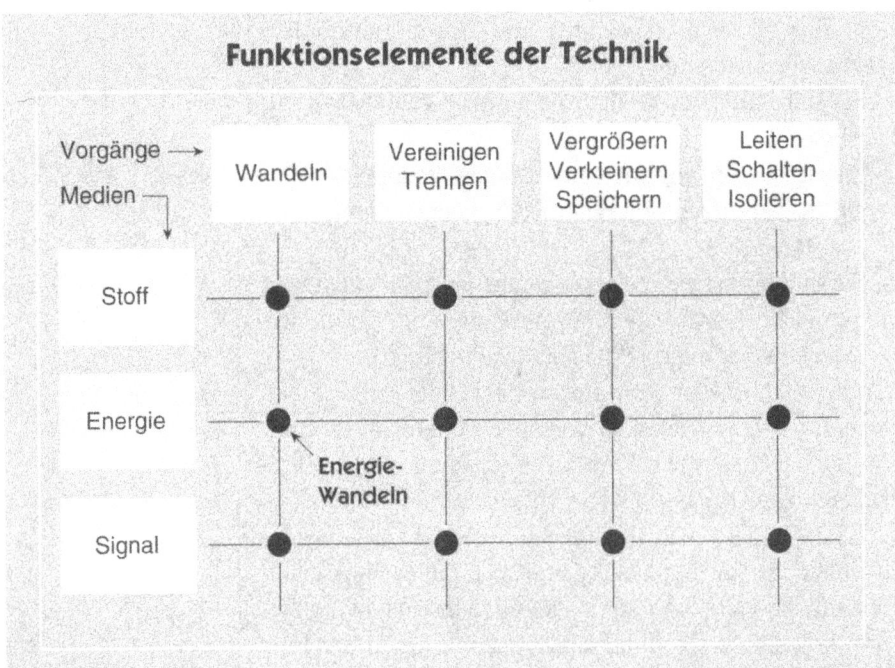

Bild 44

7.3 Die Bedingungen des Technischen Fortschritts

Gesellschaft. *Ropohl* geht auch auf die Gefahren des „kruden Ziel-Mittel-Denkens", des „infiniten Regresses", des „logischen Zirkels", der „Technokratie" und des „Dezisionismus" ein.[27]

Im letzten Schritt kommt *Ropohl*[28] zur „Konstitution soziotechnischer Systeme", d.h. zur Integration von Sachsystemen und Handlungssystemen (Bild 47).

Ein Handlungssystem, das sich ein Ziel gesetzt hat, entdeckt die Existenz eines zieldienlichen Sachsystems und beschafft dieses; dabei entsteht eine neue Handlungseinheit, ein soziotechnisches Handlungssystem. Es liegt also nicht eine Verselbständigung der technischen Mittel, sondern eine Integration in das Handlungssystem vor. Man kann auch nicht von einer Sachdominanz der Technik sprechen, weil letztlich das Zielsetzungssystem über den Einsatz der Sachsysteme entscheidet."

• Soziotechnische Systeme

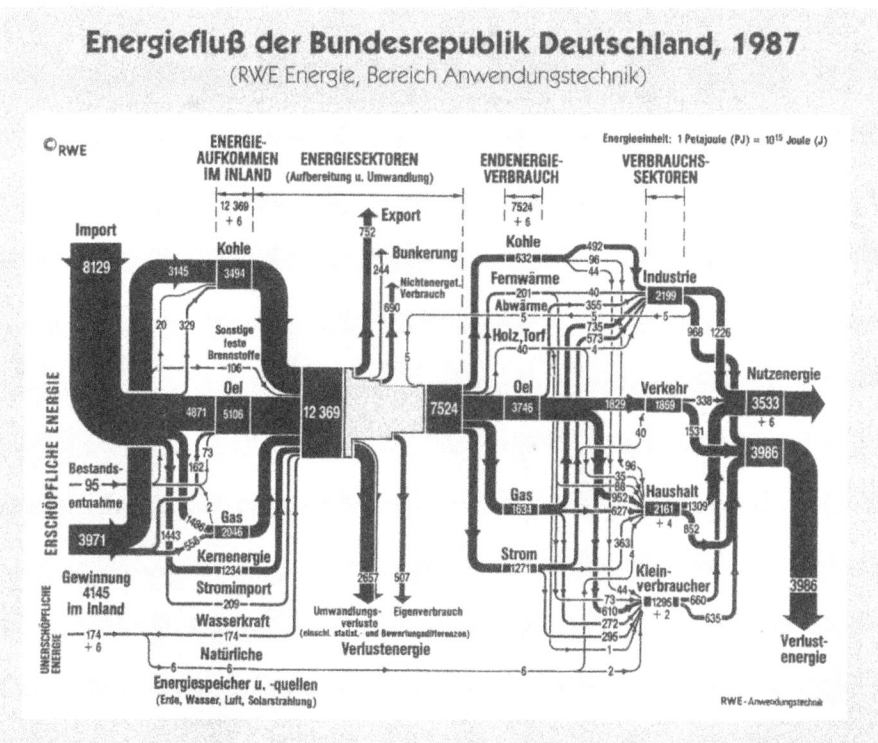

Bild 45

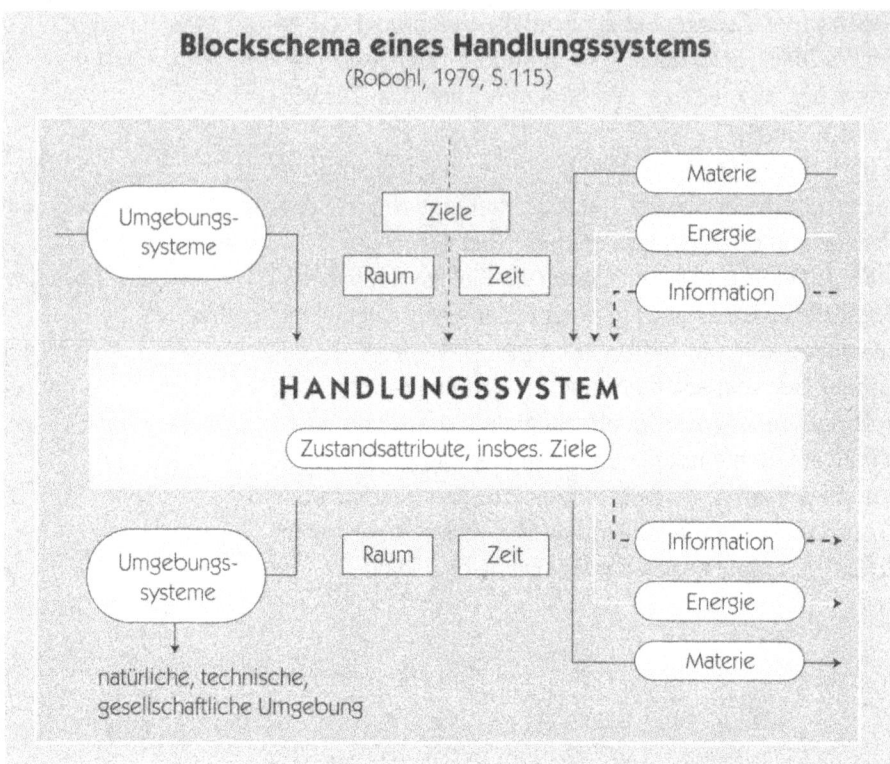

Bild 46

• Verweigerung der Systemanalyse würde Ideologien Tür und Tor öffnen

Die Systemtheorie der Technik ist zweifelsohne ein wertvolles Analyseinstrument, nicht zuletzt bei der Diskussion der Ingenieurverantwortung oder ganz allgemein beim Dialog über die Technikethik. Natürlich kann sie ebensowenig wie andere philosophische oder soziologische Konzepte eindeutige Antworten liefern, weil selbst bei eindeutiger Klärung der Wirkungszusammenhänge der Prozeß der Bewertung dieser Zusammenhänge oder der Güterabwägung des Für und Wider einzelner Handlungsalternativen individuell und subjektiv bleiben wird. Umgekehrt „würde eine Wissenschaftslehre, die den Entdeckungszusammenhängen die Systematisierung verweigert, ideologischen Verzerrungen Tür und Tor öffnen; denn Ideologie manifestiert sich gerade auch darin, was man verschweigt oder vergißt".[29]

7.3 Die Bedingungen des Technischen Fortschritts

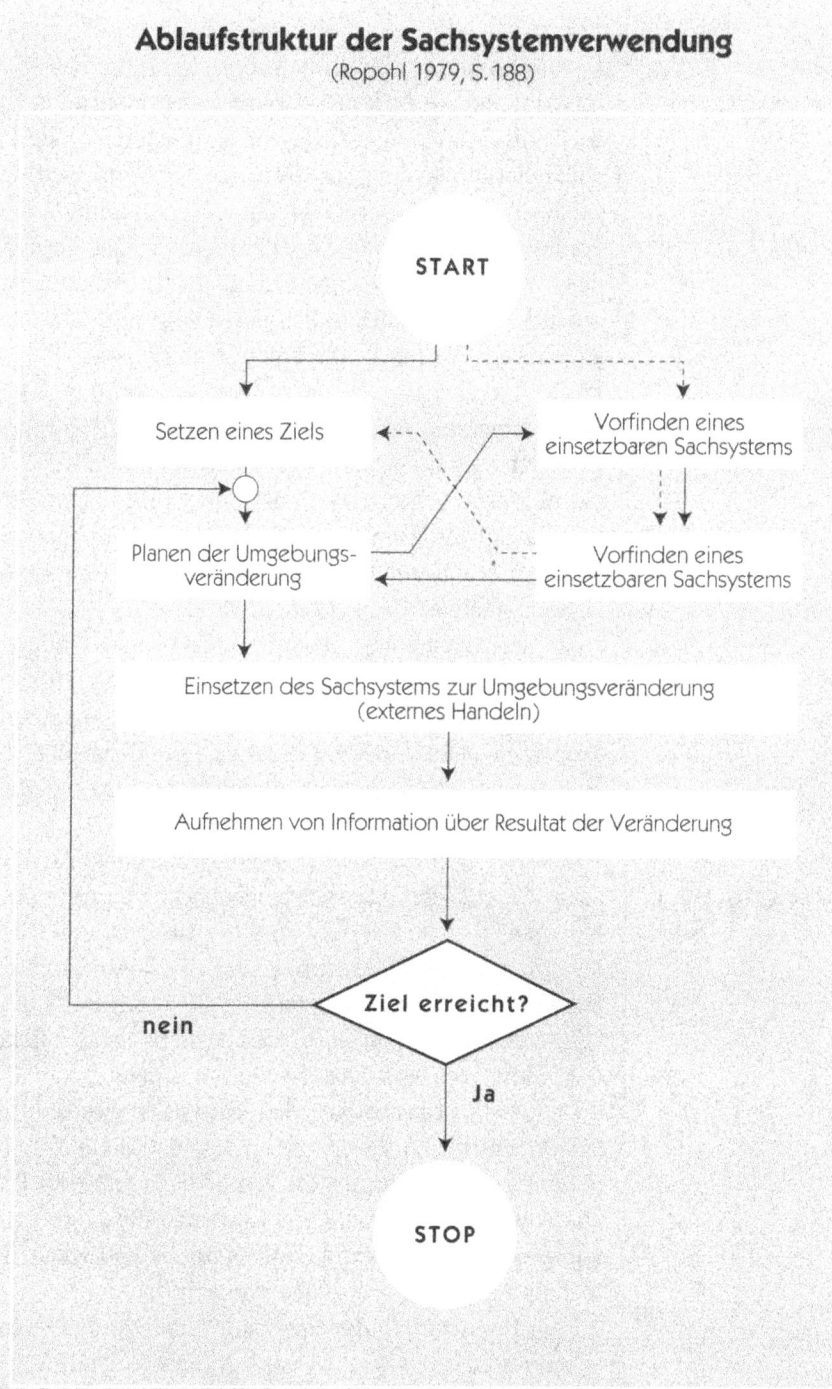

Bild 47

7.3.3 Die Dynamik des Technischen Fortschritts

Der Begriff „Fortschritt" ist analysebedürftig.

- Definition von „Fortschritt"

Im Brockhaus-Lexikon lesen wir: „Fortschritt ist die gerichtete Aufeinanderfolge von Zuständen in Richtung auf Höherentwicklung; der Gedanke des Fortschritts trat zunächst in der Geschichtsphilosophie auf und wurde in der Folge in Verknüpfung mit der menschlichen Vernunft, dem rationalen Wissen, der Technik und der Wissenschaft gesehen. Die Aufklärung lehrte, daß die dem Menschen angeborene Vernunft, die anfangs überlegenen Gegenkräfte der Barbarei, des Aberglaubens und der Gewalt schrittweise überwinden und schließlich zur vernunftgemäßen Gestaltung aller Verhältnisse führen werde ... In der Moderne verlagert sich die Fortschritts-Vorstellung stärker auf die gesellschaftliche Ebene: Vervollkommnung der sozialen Sicherheit, Gleichheit und freie Entfaltungsmöglichkeit des einzelnen."

Als ein Beispiel für Fortschritt im Sinne von „Höherentwicklung" in der Naturgeschichte kann die Evolution der Lebewesen auf der Erde gelten, als Gegenbeispiel die ständige Zunahme der Entropie im Energiehaushalt der Welt (physikalisch gesehen ist das keine Höherentwicklung, sondern eine Abwertung).

- Technischer Fortschritt ist nicht automatisch menschlicher Fortschritt

Liefert schon die Naturgeschichte Beispiele für Fortschritt und Rückschritt, so erst recht die Kulturgeschichte: man denke z.B. an den Verbrauch von nicht substituierbaren Ressourcen und die Schädigung der Umwelt. Technischer Fortschritt bedeutet zwar mehr „Können", aber nicht automatisch mehr menschlichen Fortschritt im Sinne eines erfüllteren Lebens.

Den Fortschritt absolut oder schlechthin gibt es offensichtlich nicht. Eher schon den relativen Fortschritt: z.B. höhere Lebenserwartung im Vergleich zu früheren Epochen oder gegenüber anderen Ländern, oder Fortschritte auf speziellen Gebieten, z.B. den wissenschaftlichen, den technischen und den sozialen Fortschritt.

Eine Bilanzierung der Vor- und Nachteile des technischen Fortschritts ist wohl nur subjektiv möglich.[30]

Es war schon angeklungen, daß die Technik einerseits Bedürfnisse befriedigen und Werte verwirklichen hilft,

7.3 Die Bedingungen des Technischen Fortschritts

d. h. zur Daseinserhaltung und -entfaltung dient, aber andererseits nicht zur konfliktfreien Gesellschaft oder gar zum Paradies auf Erden führt, ja infolge schädlicher Neben- und Nachwirkungen oder gar Mißbrauch zur Zerstörung der Umwelt und damit zur Selbstvernichtung der Menschheit führen kann.

Dennoch interessieren die Bedingungen des Technischen Fortschritts; denn, wie sollen wir unsere Zukunft bewältigen, wenn wir unsere Herkunft nicht kennen oder nicht berücksichtigen.

• Herkunft und Zukunft

Eine systematische Übersicht über die Theorien zum technischen Fortschritt gibt z.B. *van der Pot*. Eine interessante Frage ist etwa, wieso es gerade in Europa zu einer besonderen Beschleunigung des technischen Fortschritts bis zum Durchbruch in der industriellen Revolution gekommen ist. Für das Fehlen eines dynamischen Strebens nach technischem Fortschritt in den alten asiatischen Hochkulturen und bei den Griechen und Römern findet *van der Pot* (S. 29 ff) folgende Erklärungen:
– Religiöse Scheu vor der Natur
– Geringschätzung der auf praktische Nutzung gerichteten Arbeit
– Mangelndes Interesse an technischen Verbesserungen wegen des Vorhandenseins von Sklaven bzw. billigen Arbeitskräften

In umgekehrter Richtung diagnostiziert *Rapp*[31] als geistige Voraussetzungen für den technischen Fortschritt
– die Wertschätzung der Arbeit
– das rationelle Wirtschaften
– den technischen Schaffensdrang
– das Vernunftdenken und die Aufklärung
– die Verdinglichung der Natur
– die mechanische Naturauffassung
– die mathematische Methode
– die experimentellen Untersuchungen
und als Merkmale der modernen Technik
– den Wandel der Technik selbst
– die Umgestaltung aller Lebensbereiche durch Technik
– die weltweite Ausbreitung der Technik
– das Aufschaukeln der Bedürfnisse durch technische Neuerungen

• Geistige Voraussetzungen für den technischen Fortschritt

- Fortschrittskonzepte

- „Lange Wellen" der technischen bzw. wirtschaftlichen Entwicklung

Zur Veranschaulichung der Komplexität und Kompliziertheit der Zusammenhänge sollen eine Reihe von Fortschrittskonzepten holzschnittartig dargestellt werden.

Bild 48 zeigt eine Darstellung der Perioden des technischen Fortschritts nach *Ropohl* (1979).

Zimmerli (1987) bringt die historischen Stufen des technischen Fortschritts mit einem Wandel an Verantwortung in Zusammenhang (Bild 49).

Ein weiteres Konzept, das die Wissenschaftler und Analytiker immer wieder beschäftigt, ist das der langfristigen Innovationszyklen in Anlehnung an die langen Wellen der Wirtschaftsentwicklung nach *Kondratieff*. In Bild 50 ist der Versuch unternommen, für Deutschland diese Zyklen

Periodisierung der technischen Phylogenese
(Ropohl 1979, S.296)

Historische Epochen des „Abendlandes"	Einteilung nach Ortega Y Gasset	Verbreitete Einteilung	Einteilung nach Günther und Bense	Einteilung nach Ribeiro
Vorgeschichte	Technik des Zufalls	Agrarrevolution		Agrarrevolution
Frühgeschichte				Urbane Revolution
				Bewässerungsrevolution
Antike	Technik des Handwerkers		Klassische Technik	Metallurgische Revolution
Mittelalter				Hirtenrevolution
Renaissance	Technik des Technikers			Merkantile Revolution
18./19. Jahrhundert		Erste industrielle Revolution (Mechanisierung)		Industrielle Revolution
20. Jahrhundert		Zweite industrielle Revolution (Automatisierung)	Transklassische Technik	Thermonukleare Revolution

Bild 48

Historische Stufen des technischen Fortschritts
(nach Zimmerli, 1987)

Art der Technik	Art der Verantwortung
Judo- oder Überlistungstypus (gezielter Einsatz der Naturkräfte)	mittelalterlich-zünftische Handwerkerverantwortung (Haftung für die Qualität des Produktes)
Reproduktions-Profit-Typus (Maschinelle und arbeitsteilige Produktion)	Haftung für Produktqualität + Korrektheit der Geschäftsbeziehungen
Weißkittel-Typus (Verwissenschaftlichung, Omnipotenzgefühl)	Externe Verantwortung = Haftung auch für unbeabsichtigte und unvorhersehbare Folgen
Technologischer Aufwachtyp (Verhinderung ungewollter Nebeneffekte)	

Bild 49

nachzuvollziehen. Die neuere Literatur zu den langen Wellen ist eher skeptisch bezüglich des Zusammenhanges mit Innovationswellen.[32] Manche Analytiker liefern allerdings auch schon die Erklärung für die beiden folgenden Zyklen. Motor der derzeitigen Welle sei die Mikro-Elektronik und die Schlüsseltechnologie der nächsten vermutlich die Bio-Technik.

Ein weiteres brauchbares Bild vom technischen Fortschritt liefert die Vorstellung vom Stufenaufbau der Technik (Bild 51): Als Basis für den (weiteren) Fortschritt können die Naturwissenschaften (Mathematik, Physik, Chemie, Biologie) gesehen werden. Darauf bauen die klassischen Technikgebiete auf (Agrartechnik, Bergbautechnik/Hüttentechnik, Maschinenbau, Elektrotechnik, chemische und pharmazeutische Technologien, etc.), die als (technische) Fakultäten an den Universitäten oder als Branchen der Wirtschaft bzw. der Industrie bekannt sind.

Die gegenwärtige Dynamik der technischen Entwicklung wird von Querschnittstechnologien (Mikroelektro-

• Der Stufenaufbau der Technik

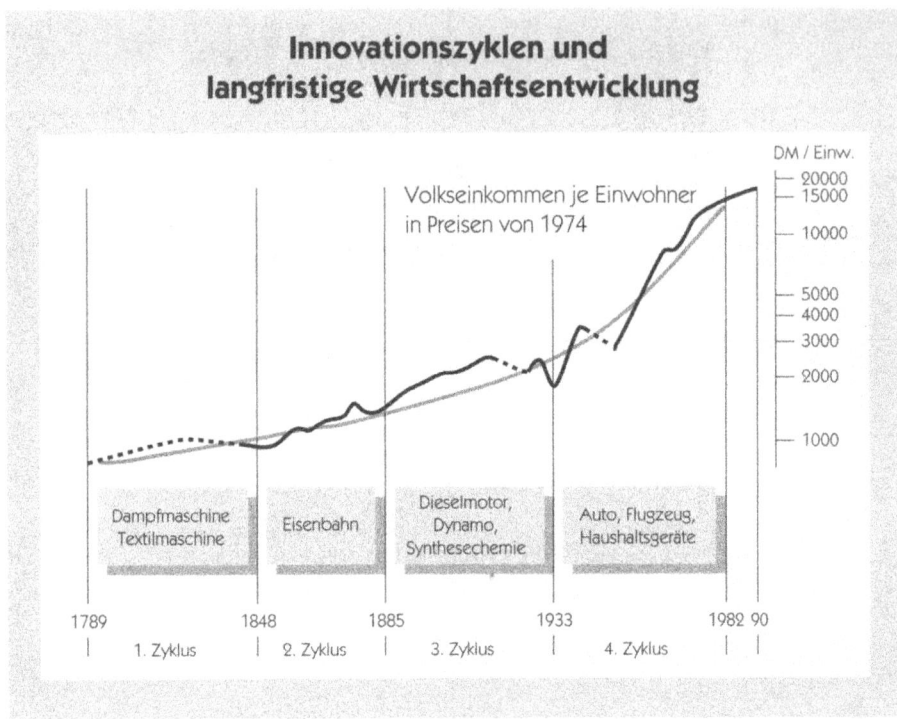

Bild 50

- Diagonale Verknüpfung von vorhandenen Elementen zu neuen Systemen

- Methoden- und Prozeßinnovationen

nik, Werkstoff- und Oberflächentechnologien, Optoelektronik usw.) getragen.

Wenn man sich diese drei Dimensionen moderner Technik als Würfel vorstellt, der die wesentlichen technischen Elemente nach heutigem Wissensstand enthält, so wird die vierte Stufe des technischen Fortschritts sichtbar: Die vielfältigen Möglichkeiten der „diagonalen" Verknüpfung allein der bekannten technischen Elemente stellen ein riesiges Potential für neue Systeme bzw. für Innovationen ganz allgemein, d.h. für weiteren technischen Fortschritt mit all seinen Chancen und Risiken, dar.

Auch dieses Modell oder Bild ist offensichtlich grob vereinfacht; es bringt die Bedeutung von Prozeßinnovationen, die offensichtlich den gegenwärtigen technologischen Schub der führenden Industrienationen dominieren, nicht ausreichend zur Geltung. Wichtige Methoden- und Prozeßinnovationen, die hier erwähnt werden können, sind:

7.3 Die Bedingungen des Technischen Fortschritts

Stufen des technischen Fortschritts

4. Stufe: Diagonale Verknüpfung unterschiedlicher Technologien
- Raumfahrt
- Produktelektronik
- Neuartige Antriebssysteme
- Neuartige Medizintechniken
- Neuartige Energietechnologien
- Künstliche Intelligenz (Expertensysteme)

3. Stufe: Querschnittstechnologien
- Mikroelektronik
- Sensortechnik
- Systemtechnik
- Neue Werkstoffe
- Oberflächentechnologien
- Lasertechnologien
- Optoelektronik
- Biotechnologien

2. Stufe: Klassische Technikgebiete
- Agrartechnik
- Bergbautechnik, Hüttentechnik
- Maschinenbau
- Elektrotechnik
- Chemische und Pharmazeutische Technologien

(oder andere Systematiken, z.B. Energie-, Verkehr-, Nachrichten-Technik etc.)

1. Stufe: Wissenschaftliche Grundlagen
- Mathematik
- Physik
- Chemie
- Biologie

Bild 51

- Diagnose-Systeme
- Expertensysteme
- Fuzzy-Logic
- Rechnerunterstützung (CA- = Computer Aided-)
  - CAD ... Design
  - CAM ... Manufacturing
  - CAP ... Planning
  - CIM ... Integrated Manufacturing
  - CNC/DNC ... Numerisch gesteuerte Werkzeugmaschinen
  - CAD-NC-Kopplung
- Simulation
- Systemanalyse
- Verteilte Intelligenz (Personal Computing)

• Expansion des technischen Wissens

Bild 51 mit seinen nach oben schmäler werdenden Feldern gibt auch insofern einen falschen Eindruck, als die Zahl der Kombinationsmöglichkeiten – auch wenn wir nur sinnvolle gelten lassen – natürlich die Zahl der Elemente bei weitem übertrifft. Bild 52 mit seinen nach außen größer werdenden konzentrischen Flächen transportiert die Vorstellung der technischen Expansion besser.

• Geschwindigkeit des technischen Fortschritts

Die Behauptung von der ständigen Beschleunigung (nicht nur Expansion) des technischen Fortschritts stellt aber wahrscheinlich eine unzulässige Vereinfachung dar, denn

- ein immer geringerer Teil des technischen Fortschritts fällt quasi von selbst an, etwa spontane Verbesserungsvorschläge oder allgemeine Prozeßverbesserungen. Der größte Teil des technischen Fortschritts muß durch gezielten Einsatz von Personal und Anlagen mühsam erarbeitet werden; die Richtung dieses Fortschritts wird von den Kosten der einzelnen Produktionsfaktoren Arbeit, Kapital, Boden, Energie und Rohstoffe beeinflußt
- infolge überall sichtbarer Grenznutzen-Effekte kann man nicht von einer generellen Beschleunigung des technischen Fortschritts sprechen (die bestehende Geschwindigkeit mag immer noch als rasant empfunden werden)
- niemand kann sagen, ob die von der Elektronik ausgelöste technische Revolution dramatischer ist als

7.3 Die Bedingungen des Technischen Fortschritts

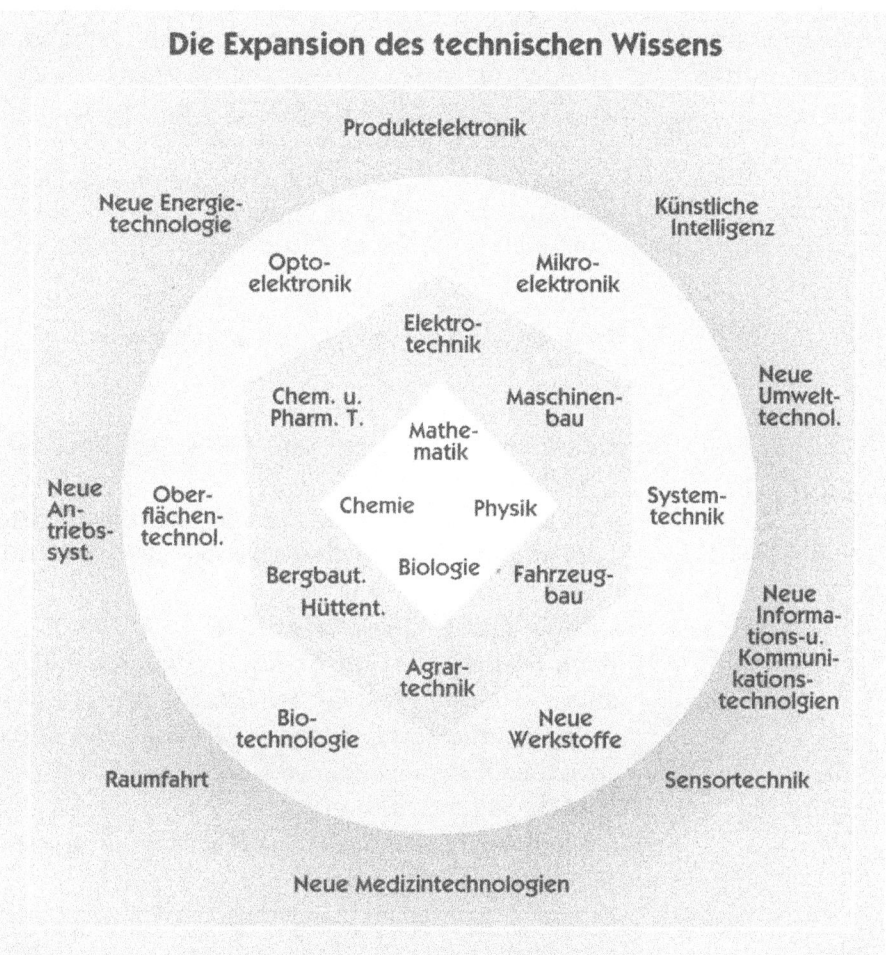

Bild 52

frühere technische Revolutionen, z.B. der Übergang vom Jäger- und Sammlerdasein zum Ackerbau vor ca. 10 000 Jahren oder die Mechanisierung und Industrialisierung der Arbeit seit Beginn der Neuzeit (während ein Roboter in seiner unmittelbaren Umgebung durchschnittlich drei bis vier Arbeitsplätze ersetzt, löste schon der erste mechanische Webstuhl zwölf Handwebarbeitsplätze ab, heutige Webanlagen sollen die Produktivität von 200 Handwebern haben; ein Mähdrescher soll die Arbeit von ca. 120 Landarbeitern verrichten).

• Maßstäbe zur Beurteilung des technischen Fortschritts fehlen

> Objektive Maßstäbe zur Beurteilung des technischen Fortschritts fehlen. Wir sind auf subjektive Bewertungen der Verantwortlichen verwiesen. Dazu ist allerdings die Analyse der technischen und gesellschaftlichen Wirkungszusammenhänge von ausschlaggebender Bedeutung.

7.3.4 Basistechnologien und ihre Wirkungen

• Wirkungen der Technik

Der Technikliteratur macht Aussagen über
– *die Technikwirkungen (nach Gehlen, z.B. Organverstärkung bzw. -ersatz),*
– *die Einteilung der technischen Objekte in Werkzeuge, Maschinen, Verfahren und Systeme und schließlich über*
– *den Verlauf der Technikgeschichte.*
Wenn man diese Aussagen Revue passieren läßt, so drängt sich dem Praktiker der Wunsch auf, die vorgeschlagenen Klassifizierungen mit den konkreten Basiserfindungen seit den Anfängen der Menschheit in Verbindung zu bringen.
Ein grober Versuch dazu ist in Bild 53 wiedergegeben.

• Zusätzliche Wirkungskategorien

Es zeigt sich immerhin die Brauchbarkeit der Gehlenschen Kategorien *Organverstärkung* und *Organersatz*; es wird aber auch deutlich, daß es zweckmäßig sein dürfte, weitere Wirkungskategorien, etwa
– die Erweiterung der Existenzgrundlagen der Menschheit
– die Intelligenzverstärkung und
– die Beschleunigung der Evolution
in die Diskussion zu bringen.
Diese über *Gehlen* hinausgehenden Kategorien charakterisieren die (Eigen-)Dynamik der Technik etwas besser als die ursprünglichen Begriffe.

7.3.5 Risiko, Risikowahrnehmung, Risikozumutbarkeit

• Begriffsfamilien rund ums „Risiko"

Die gesamte Diskussion über die Verantwortung von Ingenieuren und Managern für die Technikgestaltung

7.3 Die Bedingungen des Technischen Fortschritts

Zweck und Mittel von Basistechnologien
(Alter in Jahren)

ZWECK	MITTEL		
	Werkzeuge, Apparate Maschinen	Verfahren	Systeme
Organverstärkung	Steinwerkzg. (2 000 000) Schiff (50 000) Pfeil u. Bogen (12 000) Rad (5 500) Seilwinde (2 400) Wasserrad (2 300) Windmühle (1 100) Fernrohr (400) Dampfmasch. (300) Turbine (230) Eisenbahn (185) Dynamo, Elektromotor (150) Verbrennungsmotoren (120) Auto (100) Flugzeug (90) Stahltriebwerk (55) Satellit (30)	Gebrauch des Feuers (750 000) Erschmelzung von Kupfer (6 000) Kupfer (5 500) Bronze (5 000) Glas (5 000) Eisen (3 500) Stahl (3 000) Schießpulver (1 100) Hochofen (270) Herstellung v. Kunststoff (125) Sprengstoff (120) Raumfahrttechnik (30) Lasertechnologie (28) Holographie (25) Neue Werkstoffe (z.Z.)	Staat (5 000) Straßenverkehr (5 000) Eisenbahnverkehr (185) Stromerzeugung und -verteilung (107) KFZ-Verkehr (100) Flugverkehr (90)
Organersatz	Künstliches Gebiß (2 700) Brille (700) Eiserne Lunge (54) Dialyseapparat (45) Herzschrittmacher (36)	Impfung (90) Chemotherapie (80) Insulinherstellung (67) Organverpflanzung (35) Künstliche Organe (z.Z.)	
Erweiterung der Existenzgrundlagen	Webstuhl (7 000) Pflug (5 500) Uhr (4 000) Batterie (190) Mikroprozessor (10)	Zähmung von Tieren (14 000) Felderbewässerung (7 000) Ziegelherstell. (5 000) Kuppelbau (1 850) Porzellanherstell. (1 300) Telegraphie (185) Telephontechnik (110) Rundfunk und Fernsehen (90) Atomenergie (46) Kernfusion (z.Z.)	Tauschhandel (X00 000) Ackerbau (9 000) Geldwirtschaft (2 700) Telefonnetz (110) Modernes Gesundheitswesen (40) Kommunikationssysteme (z.Z.)
Intelligenzverstärkung	Bewegliche Lettern (900) Druckmaschine (500) Schreibmaschine (250) Computer (50) Microcomputer (18)	Sprache (100 000) Schrift (8 500) Geometrie (4 600) Algebra (3 700) Lautschrift (3 300) Papierherstell. (1 900) Buchdruck (550) Künstlich Intelligenz (z.Z.)	Schulen (5 000) Universitäten (1 000) Modernes Bildungswesen (150) Expertensysteme (z.Z.)
Beschleunigung der Evolution		Tierzüchtung (10 000) Pflanzenzüchtung (9 000) Gentechnologie (z.Z.)	

Bild 53

läßt sich um folgende Begriffsfamilien herum ansiedeln:
- *Die problembezeichnenden Begriffe Risiko, Gefahr, Gefährdung, Bedrohung, Schaden, Schädigung, Katastrophe, Zerstörung, Verseuchung, Unfall etc.*
- *Die problemüberwindenden bzw. -mildernden Konzepte Sicherheit, Zuverlässigkeit, Schutz, Verhütung, Minderung, Kompensation, Schonung, Versicherung, Fehlertoleranz etc.*
- *Weitere Begriffe wie Angst, Versagen, Irrtum, Fahrlässigkeit, Wagnis, Abenteuer, Explorationstrieb etc. bezeichnen menschliches Handeln, Denken oder Fühlen und auch menschliches Fehlen in Zusammenhang mit „Risiko" oder verwandten Begriffen.*

Dem Risiko gegenüber steht die Chance; sonst bräuchte man vermeidbare Risiken ja nicht einzugehen.

• Dimensionen des Risikobegriffs

Die vielen Dimensionen des Risikobegriffs werden in der Literatur ausführlich diskutiert.[33]

Einen ersten Aufschluß über Risikoaspekte geben gängige Klassifikationen wie:
- Individual- und Kollektiv- (oder Populations-) Risiken
- Materielle und immaterielle Risiken
- Aktions- und Bedingungsrisiken
- Technische, wirtschaftliche und politische Risiken
- Objektive und subjektive Risiken
- Versicherbare und unversicherbare Risiken
- Externe (z.B. aus der Natur) und interne Risiken

• Schaden und Ungewißheit

Der Risikobegriff enthält die Komponenten Schaden und Ungewißheit.

Der Begriff Schaden ist seinerseits differenzierbar: wenn von Ausmaß, Volumen oder Umfang eines Schadens die Rede ist, dann fällt hierunter die Schadenshöhe sowie die örtliche und zeitliche Reichweite des Schadens.

Ungewißheit besteht beim Risiko nicht nur hinsichtlich der Schadenshöhe, sondern vor allem auch hinsichtlich des Zeitpunktes z.B. eines Unfalls; bestenfalls können Angaben über die Eintrittswahrscheinlichkeit des Schadens gemacht werden, wobei die Wahrscheinlichkeitsrechnung schon als Theorie problematisch ist.[34] Hinzu kommen die Unsicherheiten hinsichtlich der Risikomodelle (Bild 54) und damit der Abschätzung aller vorgenannten Größen sowie die Problematik, Risiken richtig zu charakterisieren bzw. zu messen[35], ja überhaupt (rechtzeitig) zu erkennen.

Bei der Suche nach Verantwortungs-Kriterien und Leitbildern spielen nicht alle Risikoaspekte eine gleich wichtige Rolle; im Zentrum des Interesses stehen die Risiken aus der Technik für die Umwelt, denn „die Rettung der Gattung Mensch ist mit der Rettung der (belebten!) Natur unabdingbar verbunden".[36]

Umweltrisiken gab es auch schon früher; zweifelsohne haben diese Risiken quantitativ und qualitativ zugenommen; leider gibt es einen Meinungsstreit über eine angemessene Beschreibung der augenblicklichen Situation und des zukünftigen Gefährdungspotentials. Sowohl eine

• Dramatisieren oder abwiegeln, beides ist unverantwortlich

Konventionen bei der Risikoerfassung
(Renn/Kals)

- **Definition** dessen, was als Schaden bezeichnet wird und in die Risikoermittlung eingeht
- **Methodenwahl** zur Ermittlung von Schadensausmaß und Ausfallwahrscheinlichkeiten
- Zuverlässigkeit und **Sicherheit** von Wahrscheinlichkeitsberechnungen für Einzelkomponenten
- **Bandbreite** der in eine Analyse eingeflossenen Ereignisketten (Technisches Versagen, äußere Ereignisse, Bedienungsfehler usw.)
- **Behandlung** und Berechnung von Unsicherheiten (statistische Vertrauensintervalle, Experten-Schätzungen usw.)
- Wahl der **Referenzgröße** (etwa erwarteter Schaden pro Zeiteinheit versus Schaden pro gefahrenen Kilometer)
- Wahl der **Risikoeinheit** (etwa Invividualrisiko versus Kollektivrisiko)
- **Verknüpfung** von Wahrscheinlichkeiten und Schadensausmaß
- **Modellierung** der Ausbreitung von Schadstoffen in Luft, Boden oder Wasser (Annahmen über Klima, Windrichtungen, exponierte Bevölkerung usw.)
- **Annahmen** über Immissionen (Zeitpunkt, Dauer und Art der Inkorporation durch Mensch, Tier oder Pflanze)
- Wahl der **Extrapolationsmethode**, um von Wirkungen großer Dosen auf Wirkungen kleiner Dosen zu schließen.

Bild 54

Dramatisierung (im Sinne von Übertreibung) als auch ein Herunterspielen oder Abwiegeln der Umweltrisiken wäre gleich verantwortungslos.

- „Risikogesellschaft"

U. Beck[37] sieht als neue Qualitäten der technischen Risiken aus Industriegesellschaften hauptsächlich
- die Nichtwahrnehmbarkeit und
- die Wissensabhängigkeit moderner Industrierisiken, ferner
- die Übernationalität bzw. Globalisierung vieler Risiken,
- den Bumerang-Effekt (Überlagerung bzw. Rückkoppelung vieler Risiken)
- zahlreiche aus den vorangegangenen Qualitäten abgeleitete soziale Problemlagen

- Risikowahrnehmung und -akzeptanz

Hinsichtlich der Risikowahrnehmung und -akzeptanz sei hier vereinfachend festgehalten, daß der Mensch bei Risiken nicht nur nach ihrer Höhe unterscheidet; er beurteilt sie vielmehr auch nach ihrer *Durchschaubarkeit* und *Beeinflußbarkeit;* die hierfür maßgeblichen, oft verwendeten Schlagworte lauten:
- Angst vor dem Unbekannten,
- Angst vor dem Unerfaßbaren,
- Angst vor dem Ausgeliefertsein,
- Angst vor menschlichem Versagen.

Wir sollten uns hüten, dieses Verhalten leichthin als irrational zu bezeichnen. Die Evolutionsgeschichte läßt vielmehr vermuten, daß die höhere Einschätzung von unbekannten und unbeeinflußbaren Risiken so „vernünftig" war, daß sie sogar gefühlsmäßig als Angst verankert wurde.[38]

- Selektive Wahrnehmung

Ein anderes Phänomen im Zusammenhang mit Risikoakzeptanz kann mit dem Stichwort „selektive Wahrnehmung" belegt werden. Gemeint ist damit die Beobachtung, daß sich jeder Mensch im Laufe des Heranwachsens und der Aus- und Weiterbildung ein Bild von den Menschen und von der Welt macht (man könnte auch sagen: ein „Vorurteil" bildet) und alle Phänomene, die dieses Bild bestätigen, stärker wahrnimmt als indifferente oder gegenteilige.

- Kriterien für die Zumutbarkeit von Risiken

Kriterien für die Zumutbarkeit von Risiken hat *Meyer-Abich*[39] aufgestellt (Bild 55). Diesen Kriterien haftet der gleiche Mangel wie den meisten Verhaltenskodizes, Leitsätzen und Kriterienkatalogen an: sie können uns

7.3 Die Bedingungen des Technischen Fortschritts

zwar für die Risikoproblematik sensibilisieren, liefern aber nur wenig konkrete Orientierungshilfe geschweige denn direkte Antworten. Kriterium II ist z.B. eines jener K.o.-Kriterien, die der Erkenntnis widersprechen, daß ethische Entscheidungen immer eine Güterabwägung erfordern. Das Kriterium macht allenfalls Sinn, wenn mit den Worten „für einzelne Bürger" bestimmte Menschen, etwa Kamikaze-Opfer, gemeint sind; im übrigen dürfte eher Kriterium III gelten, da es einen Maßstab für den Güterabwägungsprozeß angibt.

Konzepte zur Risikominderung und -kompensation werden in den Abschn. 10.3 und 10.8 behandelt.

Bild 56 gibt nochmals eine Übersicht über die mit dem Risikobegriff zusammenhängenden Konzepte.

Zusammenfassung siehe Kapitel 8

Kriterien für die Zumutbarkeit von Risiken
(Meyer-Abich, 1990)

I. Der einzelne darf um eines individuellen Ziels willen Gefahren eingehen, soweit damit andere, die nicht dieselbe Gefahr eingegangen sind, nicht gefährdet werden oder das Risiko aus sonstigen Gründen (z.B. der Sittlichkeit) nicht zu verantworten wäre.

II. Keine noch so große Mehrheit darf entscheiden, um wirtschaftlicher Vorteile willen, ein Todesrisiko für einzelne Bürger einzugehen.

III. Durch Entscheidungen in öffentlicher Verantwortung dürfen die bestehenden oder absehbaren Gefahren für die Individuen und für die Gesellschaft insgesamt nicht vermehrt, sondern nur vermindert werden.

IV. Der Staat darf nicht zulassen, daß Bürger das Leben und die Lebensverhältnisse der Bürger anderer Länder oder den internationalen Frieden gefährden.

V. Der Staat ist zum Schutz Dritter vor der Schädigung durch die freie Entfaltung der Persönlichkeit seiner Mitbürger nur insoweit verpflichtet, wie er dadurch seine eigene Existenz nicht gefährdet.

VI. Staat und Gesellschaft müssen zu lernen bereit sein, daß einmal akzeptierte Risiken sich später als nicht (mehr) akzeptabel erweisen, und ihre Risikopolitik so revidierbar gestalten, daß auch künftige Regierungen diesem Postulat der Lernpflichtigkeit genügen können.

Bild 55

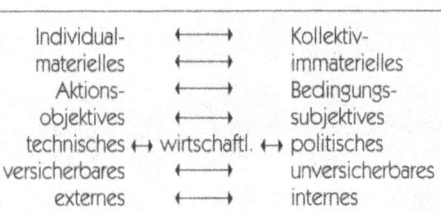

Bild 56

Anmerkungen zu Kapitel 7

1. Siehe Kapitel 8
2. *Rapp* 1978, S. 30 ff und 1982, S. 361 ff; *Ropohl* 1979, S. 30 ff
3. *Bunge* (S. 154)
4. *Dessauer* (S. 234)
5. *Gehlen* (S. 33 ff)
6. *McGinn* (zitiert nach *Rapp* 1982, S. 370)
7. *Mitcham* (zitiert nach *Rapp* 1982, S. 370)
8. *Ropohl* (1979, S. 43)
9. *Sachsse* (1978, S. 9 ff)
10. *Stork* (S. 1)
11. *Max Weber* (zitiert nach *Ropohl* 1979, S. 31)
12. *Ropohl* (1979) spricht z.B. von naturaler, humaner und sozialer Dimension der Technik
13. *Ropohl* (1979)
14. *Lübbe:* 1974
15. *Van der Pot:* S. 97/98
16. *Van der Pot:* S. 158 ff
17. Als Beispiel für ein packend geschriebenes, mit kulturgeschichtlichen Fakten, aber auch subtiler Technikkritik gespicktes Werk mag das 850-Seiten-Buch „Mythos der Maschine" (1966/70) des amerikanischen Historikers *Lewis Mumford* dienen, aus dem folgendes Zitat stammt (S. 595): *„Nach künstlicher Befruchtung und außeruterinärer Schwangerschaft (Muller) kommt die automatisierte Konditionierung des Säuglings in einem isolierten und verschlossenen Bettchen (Skinner); Lehrmaschinen unterrichten das heranwachsende Kind (Skinner und andere); ein System elektronischer Apparate verzeichnet Träume für Computeranalysen und Persönlichkeitsberichtigung, während ein anderes für programmierte Organisation sorgt; ein fortwährendes Bombardement mit sinnlosen Botschaften massiert das genormte Gehirn (McLuhan); eine ferngelenkte automatisierte Landwirtschaft liefert die Nahrungsmittel (Rand); zentrale Computerstationen besorgen mit Hilfe von Robotern alle häuslichen Pflichten, von der Planung der Mahlzeiten und des Einkaufs bis zur Hausarbeit (Seaborg); kybernetisch gesteuerte Fabriken erzeugen eine Überfülle von Gütern (Wiener); von einer Zentrale automatisch gesteuerte Privatautos (M.I.T. und Ford) befördern Fahrgäste auf Hochstraßen in unterirdische Städte oder auch zu Sternenkolonien im Weltraum (Dandridge-Cole); Computerzentralen treten an die Stelle der politischen Entscheidungsträger, und ein ausreichender Vorrat an Halluzinogenen gibt den verkümmerten Menschenwesen das ekstatische Gefühl, lebendig zu sein (Leary). Mit Hilfe von Organtransplantationen (Barnard und andere) wird dieses Scheinleben erfolgreich auf ein oder zwei Jahrhunderte verlängert. Schließlich werden die Nutznießer des Systems sterben, ohne einen Augenblick lang erkannt zu haben, daß sie nie gelebt haben."*
18. *Welsch*, S. 156
19. *Sachsse* (1978, S. 54 ff): *„Die Technik ist eine Entlastung, Verlängerung und Vervollkommnung aller unserer Organe, der Augen, der Ohren, der Hände und auch des Gehirns, und sie dient daher ebenso zur materiellen wie zur geistigen Steigerung unseres*

Lebens. Sprache und Schrift sind letztlich auch technische Erfindungen des Menschen, die geistiges Leben erst begründen."
20 *Gasiet:* S. 249-283 und S. 284-298
21 In Zusammenhang mit der Technik fand die Wertediskussion vielfach auch im Rahmen der Aktivitäten des Vereins Deutscher Ingenieure statt; dies läßt sich anhand der VDI-Publikationen von *Moser/Hunning, Ropohl* (1978 und 1984) und *Rapp* (1982a) gut nachvollziehen.
22 Nach *Stachowiak; Ropohl* 1979, S. 91
23 *Ropohl:* 1979, S. 96
24 *Ropohl:* 1979, S. 106
25 *Ropohl:* 1979, S. 111
26 *Ropohl:* 1979, S. 139-161
27 *Ropohl:* 1979, S. 187 f
28 *Ropohl:* 1979, S. 99
29 *Ropohl:* 1979, S. 99
30 s. auch Abschn. 1.1 und 7.2
31 *Van der Pot:* 1978, S. 108-124 und S. 173-186
32 *Gerster, Glismann, Menschikow, Hanappi, Kühne*
33 s. z.B. *Schüz; Kuhlmann* 1981; *Hosemann*
34 s. hierzu VDI Report 15, S. 30
35 Hierzu *Renn/Kals*, (S. 68/69): *"Die Wahl von Konventionen bei der Risikoerfassung ist kein Willkürakt, bei dem Forscher je nach politischer Überzeugung oder persönlichen Vorlieben den ihnen gegebenen Ermessensspielraum nutzen. Das heißt allerdings nicht, daß einzelne Wissenschaftler oder Entscheidungsträger nicht aus politischen oder persönlichen Motiven heraus eine Konvention bevorzugen, die ein wünschenswertes Ergebnis garantiert. Ein solches Vorgehen läßt sich aber unter Zuhilfenahme rationaler Kriterien nachweisen und überprüfen, und zwar ohne Bezugnahme auf die eigenen Präferenzen. Kriterien zur Beurteilung von Konventionen sind: Problemadäquanz, Zweckmäßigkeit, Plausibilität und Erfahrung. Diese Kriterien bedingen zwar subjektive Urteile, welche aber aus dem Kontext der Untersuchung schlüssig ableitbar sind."*
36 *Obermeier,* S. 298
37 *U.Beck:* 1986, S. 25 ff
38 Wer hier einen Widerspruch zwischen Vernunft und Gefühl herausliest, werfe einen Blick in *Dieter Zimmers* „Die Vernunft der Gefühle"
39 In *Schüz* 1990

# Unsere Verantwortung für eine umweltschonende Technikgestaltung und Technikanwendung

8.1 Die Hauptursachen der Umweltschädigung

Bei zahlreichen Veranstaltungen über die Umweltproblematik wird in „glanzvoller Verallgemeinerung" (so ein Journalist) meist einem Verursacher die Schuld zugeschrieben, z.B. dem technischen Fortschritt, der Industrie oder dem Gewinnmaximierungsprinzip in der Marktwirtschaft.

• „Glanzvolle Verallgemeinerungen"

Eine Analyse der erkennbaren Umweltschäden deutet aber auf vielfältige Ursachen:
- Die Unbegrenztheit menschlicher Bedürfnisse
- Die Nutzung des Lebensraums bis an die Grenze der Tragfähigkeit
- Die Neben- und Nachwirkungen des technischen Fortschritts
- Die Neben- und Nachwirkungen individueller und institutioneller Aktivitäten, u.a. auch der Wertschöpfungsprozesse in der Wirtschaft
- Die Überlagerung und Rückkoppelung vieler Neben- und Nachwirkungen

• Ursachen der Umweltschäden

Bei der Diskussion dieser oder auch anderer Einflußfaktoren spielt häufig eine weitere Wahrnehmungsunschärfe des Menschen eine gefährliche Rolle: Vielleicht weil unser Mathematikunterricht einseitig war oder weil wir im täglichen Leben gewohnt sind, fast alle Quantifizierungen in Prozent von irgendetwas anzugeben, neigen wir dazu, wenn wir überhaupt mehrere Einflüsse erkennen, uns diese als weitgehend unabhängig voneinander und als additiv wirkend vorzustellen, z.B. die Umweltschädigung zu je 10 % durch die Haushalte und die Landwirtschaft, zu

• Wahrnehmungsunschärfe

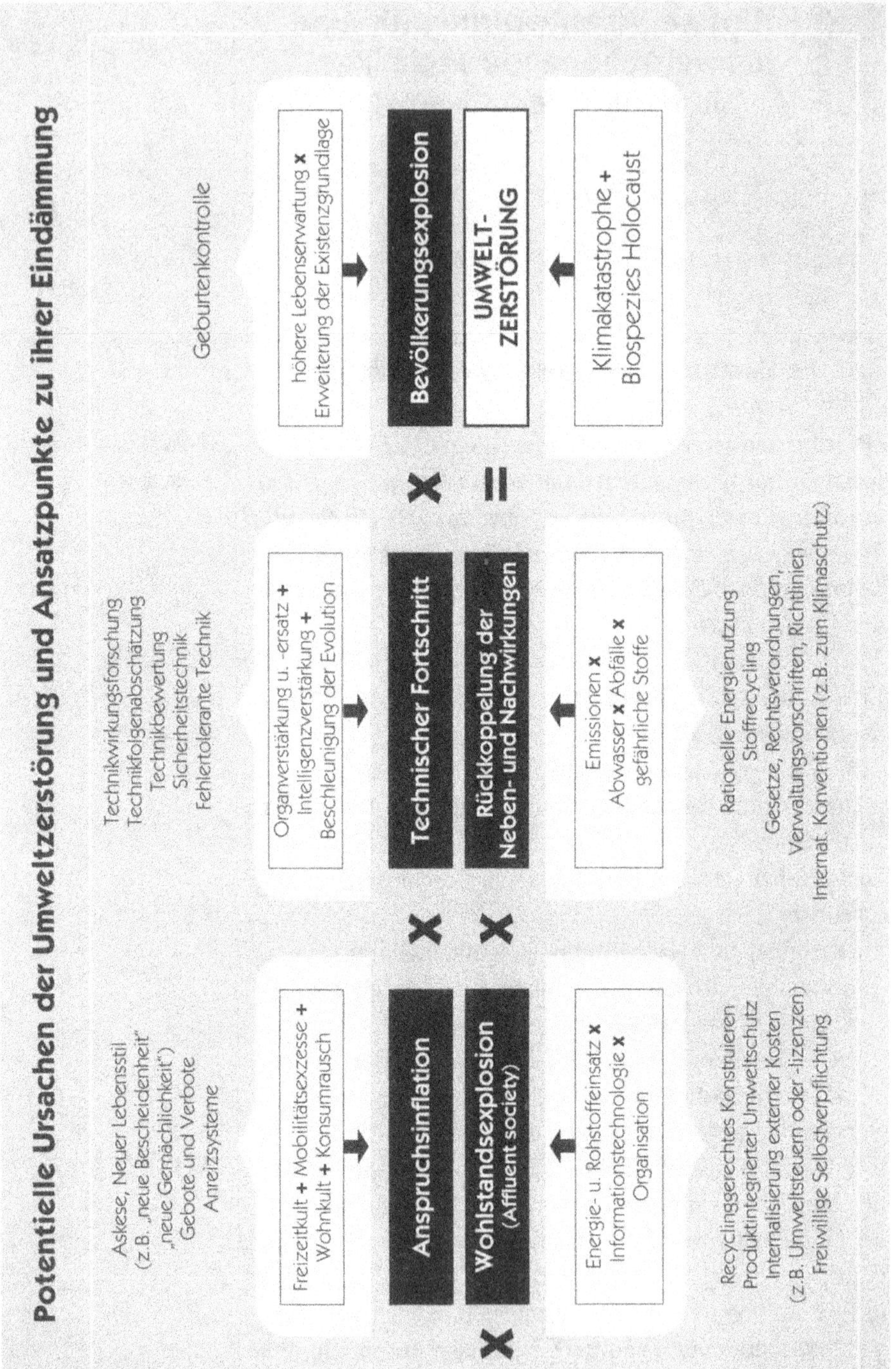

8 Unsere Verantwortung für eine umweltschonende Technik

Potentielle Ursachen der Umweltzerstörung und Ansatzpunkte zu ihrer Eindämmung

Geburtenkontrolle

- Askese, Neuer Lebensstil
  (z.B. „neue Bescheidenheit"
  „neue Gemächlichkeit")
  Gebote und Verbote
  Anreizsysteme

- Technikwirkungsforschung
  Technikfolgenabschätzung
  Technikbewertung
  Sicherheitstechnik
  Fehlertolerante Technik

- Rationelle Energienutzung
  Stoffrecycling
  Gesetze, Rechtsverordnungen,
  Verwaltungsvorschriften, Richtlinien
  Internat. Konventionen (z.B. zum Klimaschutz)

- Recyclinggerechtes Konstruieren
  Produktintegrierter Umweltschutz
  Internalisierung externer Kosten
  (z.B. Umweltsteuern oder -lizenzen)
  Freiwillige Selbstverpflichtung

Bevölkerungsexplosion
- höhere Lebenserwartung ×
  Erweiterung der Existenzgrundlage
- Klimakatastrophe +
  Biospezies Holocaust

UMWELT-ZERSTÖRUNG

Technischer Fortschritt / Rückkoppelung der Neben- und Nachwirkungen
- Organverstärkung u. -ersatz +
  Intelligenzverstärkung +
  Beschleunigung der Evolution
- Emissionen ×
  Abwasser × Abfälle ×
  gefährliche Stoffe

Anspruchsinflation / Wohlstandsexplosion (Affluent society)
- Freizeitkult + Mobilitätsexzesse +
  Wohnkult + Konsumrausch
- Energie- u. Rohstoffeinsatz ×
  Informationstechnologie ×
  Organisation

Bild 57

30 % durch den Verkehr und zu 50 % durch die Industrie verursacht (Werte fiktiv).

Die Einflußfaktoren verstärken sich aber – wie festgestellt – gegenseitig. Die einfachste Art, eine solche Verstärkungswirkung mathematisch zu fassen, ist die Multiplikation; zur Überwindung des monokausalen oder additiven Denkens kann vielleicht folgende – mit Hilfe von Schlagworten zusammengefügte – Formel helfen (Bild 57):

Umweltschädigung bzw. -zerstörung = (Anspruchsinflation) x (Technischer Fortschritt) x (Bevölkerungsexplosion) x (Wohlstandsexplosion) x (Rückkoppelung der Neben- und Nachwirkungen)

Diese leider immer noch grob – ja beinahe unzulässig – vereinfachende Vorgehensweise gestattet immerhin eine *Zurückverfolgung* der tatsächlichen und auch potentiellen Umweltschädigungen auf tieferliegende Bestimmungsgrößen, etwa bei der Anspruchsinflation auf das Freizeit-, Mobilitäts- und Konsumverhalten, bei der Wohlstandssteigerung auf den Einsatz von Rohstoffen und die Anwendung von Energie-, Informations- und Kommunikationstechnologien und bei der Bevölkerungsexplosion auf die Medizin, usw.

Die Wirklichkeit ist leider komplizierter als die vorgestellte mathematische Formel.

• Überwindung des monokausalen oder additiven Denkens

• Potentielle Ursachen der Umweltzerstörung

8.2 Die Technikentwicklung (Technikgenese) als vielstufiger Selektionsprozeß

Die Schädigung und potentiell auch die Zerstörung der biologischen Umwelt wird von der Öffentlichkeit mit den negativen Neben- und Nachwirkungen der Technik in Zusammenhang gebracht; dabei gelten die Ingenieure als Hauptverantwortliche für die Technik und ihre Folgen. Die Verantwortungsbezüge sind jedoch vieldimensional vernetzt.

Zur Technikentwicklung gibt es nach *Mayntz* folgende Extremstandpunkte:

• Theorien zur Technikentwicklung

- die Determinismus-Theorie; danach folgt die Technikentwicklung (zwangsläufig) einer eigenen, der Technik innewohnenden Logik (die Stichworte hierzu lauten: Eigengesetzlichkeit, Sachzwang, Eigenlogik)
- die Theorie der Außensteuerung; hier gibt es zwei Schulen, die Neoklassische Ökonomie, nach der die Technikentwicklung von der Nachfrage gesteuert wird (demand pull) und den Marxismus, der eine Steuerung der Technik durch Profit- und Herrschaftsinteressen behauptet.

• Technikentwicklung als mehrstufiger Selektionsprozeß

Diese Extrempositionen sehen die Zusammenhänge sicherlich zu pauschal; eine allgemein verständliche Darstellung der Technikgenese verdanken wir wiederum *Mayntz;* sie spricht von einem vielstufigen Selektionsprozeß, der sich
- von der Grundlagenforschung
- über die Entwicklung von Basistechnologien
- und einzelner Verfahren oder Bauteile
- bis hin zum Angebot konkreter Dienstleistungen oder zur Herstellung realer Werkzeuge, Apparate, Maschinen und Anlagen

und schließlich deren Nutzung vielgestaltig auffächert (Bild 58).

• Träger des technischen Innovationsprozesses

Dieser Prozeß wird demzufolge nicht durch eine irgendwie geartete Eigengesetzlichkeit oder eine einzelne Kraft oder Macht („die Großindustrie", „die Ingenieure") gesteuert, sondern von
- den Bedürfnissen der Nachfrager
- den Intentionen der Politik bzw. des Staates
- den Interessen der Wirtschaft und
- den Wertungen und Traditionen der Erfinder und Entwickler

beeinflußt.[1]

8.3 Der Pluralismus in der Umweltethik

Der Meinungspluralismus über Risikoaspekte spiegelt sich in den unterschiedlichen umweltethischen Konzepten wieder; sie sind in Bild 59 zusammengefaßt.[2]

8.3 Der Pluralismus in der Umweltethik

Technikentwicklung als mehrstufiger Selektionsprozeß
(nach Mayntz)

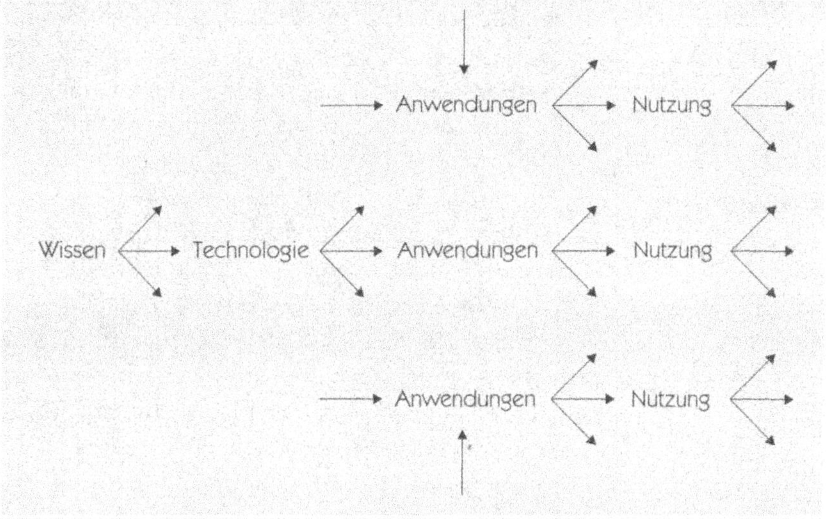

Wissen ⇄ Technologie ⇄ Anwendungen ⇄ Nutzung
→ Anwendungen ⇄ Nutzung
→ Anwendungen ⇄ Nutzung

Bild 58

Umweltethische Konzepte
(nach Irrgang)

- Egoistische Konzepte
- Anthropozentrische Konzepte
- Pathozentrisches Konzept (schließt leidensfähige Mitgeschöpfe ein)
- Biozentrische Konzeption (bezieht alles Leben, auch das pflanzliche, ein)
- Holistisches oder physiozentrisches Konzept (auch unbelebte Materie ist schutzwürdig)

Bild 59

Zusammenfassung von Kapitel 7 und Kapitel 8:
Die Technik hilft den Menschen bei der Existenzerhaltung und -entfaltung oder anders ausgedrückt, sie bietet unter Nutzung von Rohstoffen, Energie und Informationen Mittel und Wege zur Bedürfnisbefrie-

• Technik wozu?

• Technik womit?

• Wie entsteht Technik?

• Die Kehrseite der Medaille

• Komplexe Wirkungszusammenhänge

digung und/oder Werteverwirklichung. Diese Mittel und Wege sind Werkzeuge, Apparate, Geräte, Maschinen, Methoden und Verfahren sowie Systeme aus diesen Komponenten. Die Technik wirkt durch Organverstärkung, -entlastung und -ersatz (*Gehlen*); sie erweitert aber auch generell die Existenzgrundlagen der Menschen als Gattung, sie kann Intelligenz verstärken und die Evolution beschleunigen.

Die Technik wird nicht nur von den Ingenieuren „gemacht", sie entsteht vielmehr (*Mayntz*) in einem vielstufigen Selektionsprozeß, an dem Nachfrager bzw. Verbraucher, Politiker, Beamte, (Natur-)Wissenschaftler, Erfinder, Entwickler, Manager u. a. maßgeblichen Anteil haben.

Die komplexen Zusammenhänge zwischen Technikentstehung, Technikanwendung und Technikwirkungen können in einer Systemtheorie der Technik analysiert werden.

Die Technik hilft dem Menschen auch durch Verringerung oder Beseitigung von Risiken. Dabei können aber auch neue Risiken entstehen. Der Risikobegriff enthält die Komponenten Schaden und Ungewißheit, die wiederum nach Schadenshöhe, örtliche und zeitliche Reichweite sowie Eintrittswahrscheinlichkeit und Risikostruktur weiter differenziert werden müssen. Für die fällige Güterabwägung zwischen Handlungsalternativen spielen die Risikowahrnehmung und -akzeptanz (Kriterien für die Zumutbarkeit von Risiken) eine Rolle.

Die Technik kann mißbraucht werden und ihre Anwendung hat häufig – auch bei der Verfolgung positiver Ziele – schädliche Neben- und Nachwirkungen, die die soziale und biologische Umwelt schädigen, ja zerstören können – bis hin zur Selbstvernichtung der Menschheit. Die Wirkungszusammenhänge bei der Umweltschädigung sind äußerst komplex. Besser als die Vorstellung, die Umwelt würde von einzelnen Verursachern unabhängig voneinander zu x % anteilig geschädigt, ist ein Modell, das als Einflußfaktoren mindestens die menschlichen Bedürfnisse, den technischen Fortschritt, die Bevölkerungsexplosion, das industrielle Wirtschaften sowie die Rückkoppelung dieser Faktoren einbezieht. Eine derartige Analyse der Wirkungszusammenhänge ermöglicht auch eine systematische Suche nach Ansatzpunkten zur Umweltschonung.

Bei komplizierten Systemzusammenhängen sind „Verursacher" bzw. „Verantwortliche" oft nicht eindeutig bestimmbar. Hilfreich ist die Unterscheidung mehrerer Verantwortungsebenen, wobei versucht werden muß, einzelne Problemkomplexe einzelnen oder auch mehreren Verantwortungsebenen zuzuordnen. Verantwortung für Probleme wie „Klimaänderung" und „Biospezies-Holocaust" muß offensichtlich noch gesellschaftlich organisiert werden.

• Verantwortung zuordnen und organisieren

Anmerkungen zu Kapitel 8

1 *Renate Mayntz: "Reale Technikentwicklungen sind Prozesse, die sich einen Pfad innerhalb eines mehrstufig sich entfaltenden Möglichkeitsraums suchen. Die Gestalt des Möglichkeitsraums ist wissenschaftlich-technisch bestimmt und somit, wenn man will, objektiv vorgegeben. Im weitesten Sinne soziale Faktoren entscheiden aber darüber, wie am Ende der Pfad aussieht, den die Entwicklung über alle Verzweigungspunkte hinweg tatsächlich genommen hat."*
2 Nach *Irrgang* muß jede ökologische Ethik „anthroponom" sein, da das Seiende nur unter den Gesetzen *menschlichen Erkennens* zu beurteilen ist (methodische Anthropozentrik). *Irrgang* erläutert: *„Neben der sittlichen Verpflichtung zur Solidarität mit den Menschen begründet ein ökologisch orientierter Humanismus die Berücksichtigung von basalen Interessen zukünftiger Generationen und damit implizit die Minimierung gravierender Eingriffe in die Natur. Er verpflichtet zudem zur Rücksicht auf Lebewesen, insofern sie uns durch ihre Leidensfähigkeit ähnlich sind ... Ausgehend von einer methodischen Anthropozentrik läßt sich in einem Regel- oder Gerechtigkeits-Konsequentialismus ... eine Umweltethik entwerfen, die (diese) Belange ... mit technischen und wirtschaftlichen Eingriffen der zur Zeit lebenden Menschheit in den Naturhaushalt abwägt, ohne daß auf die methodisch höchst fragwürdige und ideologieverdächtige Konzeption von Eigenrechten anderer Lebewesen oder Naturwürde zurückgegriffen werden müßte."*

Die Wirtschaft als Ort der Wertschöpfung

Der Dialog über ethische Aspekte des Wirtschaftens läßt sich nicht unabhängig von anderen Einflußbereichen, wie Politik, Technik und Bildung, führen. Der Zusammenhang zwischen diesen Bereichen wird schon aus folgenden Kurzdefinitionen sichtbar:

- *Die Ethik bemüht sich um die Vorgabe und Begründung von Zielen (z.B. Existenzsicherung und -verwirklichung)*
- *Die Politik trifft eine Auswahl aus dem Ziele-(über)angebot und fixiert die Rahmenbedingungen zu ihrer Verwirklichung*
- *Die Technik bietet Mittel zur Erreichung der Ziele*
- *Die Wirtschaft trifft eine Auswahl aus diesen Mitteln und leistet die „Wertschöpfung"*
- *Die Bildung vermittelt all das Wissen und die Fähigkeiten, die für die übrigen Bereiche und darüber hinaus für die Existenzentfaltung der Menschen nötig bzw. hilfreich sind*

• Das Geflecht zwischen Wirtschaft, Politik, Technik und Bildung

9.1 Was ist Wirtschaft?

Der Begriff „Wirtschaft" umfaßt ähnlich wie der Begriff „Technik" viele Dimensionen, u. a.

• Dimensionen des Begriffs „Wirtschaft"

- die Ziele, z.B. Bedürfnisbefriedigung, Existenzerhaltung und -entfaltung, Selbstverwirklichung
- die Akteure, z.B. Geldgeber, Unternehmer, Arbeitnehmer, Kosumenten
- die Mittel, z.B. Einrichtungen (Institutionen) und Maßnahmen (Handlungen)

- das Angebot, z. B. Produkte und Dienstleistungen
- die Knappheit (dadurch können auch ehemalige Freigüter, z. B. Luft und Wasser, zu wirtschaftlichen Gütern werden)
- das Gestalten, z.B. durch Management, Organisation, Innovation
- die Wirkungen, z. B. Wohlstand, Finanzierung anderer Kultursachbereiche, schädliche Neben- und Nachwirkungen

Es gibt viele Einzeldefinitionen von Wirtschaft, die diese und andere Dimensionen miteinander verknüpfen; zentral für das Verständnis von Wirtschaft, gerade auch im Blick auf den Dualismus von Volkswirtschaftslehre und Betriebswirtschaftslehre, ist jedoch der Begriff „Wertschöpfung". Er vermag besser als viele andere gängige Wirtschaftsbegriffe (wie Nutzen, Vermögen, Leistung, Ertrag, Gewinn etc.) die Bedingungen sinnvollen Wirtschaftens zu vermitteln und übliche Mißverständnisse zu vermeiden:

- Nicht jede Arbeit, jede Produktion oder Dienstleistung ist schon Wertschöpfung; sie wird es erst, wenn unserer Leistung von einem Kunden ein Wert zugemessen und ggfs. auch bezahlt wird – in Waren, Geld oder anderen „Werten".
- Nicht der Aufwand und die Kosten sind maßgebend für die Wertschöpfung, sondern der Markt- oder Verkehrswert.
- Vom Vermögen – z.B. dem Besitz an Grund und Boden oder von Kunstgegenständen oder von Gold und Geld – kann keine Volkswirtschaft, keine Institution, kein Mensch auf Dauer leben, wenn dieses Vermögen nicht zu irgendeiner nachhaltigen Wertschöpfung herangezogen wird.
- Wenn die Nettowertschöpfung (Leistung – Materialkosten – Abschreibungen – sonstige Aufwendungen) niedriger wird als die Summe aus Personalkosten + Steuern + Fremdkapitalverzinsung, dann „lebt" das Unternehmen aus der Substanz: und das kann wegen bestimmter Rückkoppelungseffekte

• „Wertschöpfung", der zentrale Begriff des Wirtschaftens

> (nicht mehr kreditwürdig, dauerhafter Service wird von Kunden bezweifelt, die Lieferanten verlangen Vorkasse etc.) nicht lange gutgehen.

9.2 Warum Wirtschaftsethik für Führungskräfte?

Wirtschaftsunternehmen müssen die Ansprüche der Kunden, Mitarbeiter, Geldgeber und auch der übrigen Mitglieder der Gesellschaft erfüllen. Die meisten dieser Ansprüche sind rechtlich abgesichert – man denke etwa an das Umweltrecht, das Mitbestimmungsrecht, das Wettbewerbsrecht, das Arbeitsrecht, die Produkthaftung, die Tarifverträge und last not least an die Myriaden von Verträgen zwischen den Marktteilnehmern.

• Ansprüche an die Wirtschaft sind rechtlich bzw. vertraglich abgesichert

Mit der juristischen Seite der Ansprüche ist es aber nicht getan: An die Führungskräfte in der Wirtschaft werden parallel oder zusätzlich moralische Ansprüche herangetragen, deren Erfüllung oder Nichterfüllung es ebenfalls zu „verantworten" gilt.

Steinmann und *Löhr* schreiben: „Die praktischen Anlässe, die zu einer solch großen Bedeutung des Themas Unternehmensethik geführt haben, sind inzwischen traurige Legion und jedermann aus seinem Alltagsleben in vielfältigen Facetten bekannt. Umweltkatastrophen, Bestechungsaffären, unlautere Geschäftsgebaren, fragwürdige Arbeitsbedingungen und nicht zuletzt die in ständig neuen Varianten auftretenden Gesundheitsgefährdungen von Konsumenten (z.B. Lebensmittelskandale, Sicherheitsmängel bei Produkten) haben auch hartgesottene Skeptiker inzwischen davon überzeugt, daß das Thema „Ethisches Handeln in der Wirtschaft" kein bloßer Randschauplatz philosophischen Räsonierens (mehr) bleiben sollte."

• „Praktische Anlässe" für Wirtschaftsethik

Hier wird vorwiegend kriminelles Verhalten als Begründung für eine Wirtschaftsethik-Diskussion herangezogen. Wirtschaftskriminalität ist sicher ein interessanter Untersuchungsgegenstand, sollte aber nicht zum alleinigen Ausgangspunkt für wirtschaftsethische Überlegungen gemacht werden.

Koslowski sieht im wesentlichen drei Zwecke der Wirtschaftsethik:
- Die unbeabsichtigten Nebenwirkungen unseres Wirtschaftshandelns (z.B. Umweltschäden) stärker zu berücksichtigen
- Die wachsenden Rechtfertigungserwartungen an die Führungskräfte der Wirtschaft zu befriedigen
- Einem weiteren Auseinanderfallen der Kultursachbereiche (Wirtschaft, Wissenschaft, Politik, Bildung, Kunst, Freizeit und Religion) entgegenzuwirken

Koslowski vermerkt aber in umgekehrter Richtung auch die Gefahr der Tribunalisierung der Wirtschaft; anzustreben sei daher „ein Mittelweg
- zwischen altklugem Moralismus und unkritischer Apologie und
- zwischen abstrakten Sollensforderungen und vorschnellem Akzeptieren des Bestehenden."

Dieses Buch nimmt die Kritik an der Wirtschaft und ihren Führungskräften sowie die Probleme bei der umwelt- und sozialverträglichen Gestaltung von Technik als Anlaß zur Beschäftigung mit Wirtschaftsethik. Im Umkehrschluß ergibt sich als Aufgabe der Wirtschaftsethik
- allgemein die Orientierung für Führungsaufgaben und
- speziell die Verhinderung oder Legitimierung bestimmter Entscheidungen und Handlungen

9.3 Die Ebenen der Wirtschaftsethik

Bei den Verantwortungsträgern[1] muß in unserer heutigen komplexen Welt nach einzelnen Verantwortungsebenen unterschieden werden:
- *Am bekanntesten ist die Ebene des Individuums in seinen unterschiedlichen Rollen oder besser Teilidentitäten als Arbeitnehmer, Konsument, evtl. auch als Lieferant, Geldgeber, Manager, Ingenieur*
- *Auch die Institutionen werden als eigens zu behandelnde Verantwortungsebene wahrgenommen*
- *In der Verantwortungsdiskussion wird die Zwischenebene, nämlich Gruppen, Teams und Kollektive, meist nicht thematisiert. In Industrieunternehmen*

Marginalia:
- Zwecke der Wirtschaftsethik
- Tribunalisierung der Wirtschaft
- Aufgabe der Wirtschaftsethik
- Verantwortungsträger
- Individuen
- Institutionen
- Teams, Gruppen

und in der Politik sind es fast immer Teams, die die Planung und Durchführung von Programmen und Projekten übernehmen

Besonders bei den Institutionen sollte weiter differenziert werden, in Zusammenhang mit Wirtschaftsethik z.B. in die Ebenen
- Unternehmen und Verbände,
- Volkswirtschaften und
- Internationale Institutionen, die die Weltwirtschaft beeinflussen oder mitgestalten.

Vielfach wird betont, daß moralische Verantwortung nur von *Personen* getragen bzw. eingefordert werden kann. Das ist richtig und gilt analog auch für das Strafrecht. Soweit Gruppen oder Institutionen moralisch oder strafrechtlich zu beurteilen sind, muß in der Tat letztlich auf Personen und bei mehreren Personen auf den Begriff „Mitverantwortung" zurückgegriffen werden.

• Moralische Verantwortung tragen nur Personen

Zivilrechtlich gibt es jedoch auch eine Verantwortung von Institutionen, zumindest soweit sie juristische Personen sind; denken wir insbesondere an die in Abschn. 3.3 besprochene Haftung, die im Falle der Gefährdungshaftung sogar greift, wenn keine Schuld – d.h. keine Absicht oder Fahrlässigkeit – vorliegt, und die neuerdings sogar auf unvorhersehbare Risiken ausgedehnt wird (z.B. im Umwelthaftungsrecht).

• Zivilrechtliche Verantwortung tragen auch Institutionen

Die fünf Verantwortungsebenen der Wirtschaft sind in Bild 60 nochmals aufgeführt und den Begriffen Systemethik, Unternehmensethik und Führungsethik zugeordnet. Der Begriff Wirtschaftsethik ist demnach der Oberbegriff für alle anderen.

9.4 Die Gesellschaftsordnung ist der Wirtschaftsordnung vorgelagert

Die ethische Diskussion gesellschaftlicher Strukturen, Institutionen oder Ordnungen baut immer auf bestimmten Welt- und Menschenbildern auf.

• Welt- und Menschenbilder beeinflussen Gesellschaftsordnung

Wichtig für unser Thema ist insbesondere das Welt- und Menschenbild der jüdisch-christlichen Theologie (die

Bild 60

Welt als Schöpfung, der Mensch als Ebenbild Gottes), das Menschenbild der Philosophie (z. B. *Aristoteles:* der Mensch als zoon politikon), das der Anthropologie (z. B. *Gehlen:* der waffenlose, nackte Mensch, der zum Überleben auf Technik angewiesen ist), der Psychologie (z.B. die Forschungsergebnisse über Gruppendynamik und Motivation), der Soziologie (z. B. die Forschung über menschliche Bedürfnisse und über gesellschaftliche Institutionen) und der Politischen Ökonomie (siehe insbesondere den Wandel des Verständnisses vom homo oeconomicus).

• Ergebnisse der Verhaltensforschung

Einen besonderen Stellenwert verdienen auch die Ergebnisse der Verhaltensforschung: danach „zielt" – stark vereinfacht dargestellt – das Verhalten aller Lebewesen auf die maximale Verbreitung des eigenen Gensatzes, der auch zu einem bestimmten Prozentsatz von allen Verwandten getragen und verbreitet wird. Dieses Prinzip

9.4 Die Gesellschaftsordnung ist der Wirtschaftsordnung vorgelagert

„Eigennutz" oder „Eigeninteresse" enthält auch alle natürlichen Arten von Symbiose und Sozietäten von Lebewesen, z.B. das auch in der Tierwelt weitverbreitete Prinzip der Arbeitsteilung.
- Konflikte (z.B. auch zwischen Geschwistern)
- Wettbewerb und
- Anpassung

kommen bereits in der Natur vor und sind nicht erst zivilisatorische Phänomene.

• Kulturelle Überformung vererbten Verhaltens

Der Mensch hat zusätzlich zum Informationstransport durch Gene Kulturtechniken wie die Sprache, die Schrift, die Drucktechnik, die Telekommunikation und die Künstliche Intelligenz entwickelt. Zusätzlich zum biologischen Prinzip der maximalen Genverbreitung kommt bei ihm häufig der kulturelle Wunsch bzw. Drang (bis hin zum Missionarischen) zur maximalen Verbreitung der eigenen Überzeugung. Dies u.v.a.m. gilt es bei der ethischen Diskussion von Ordnungsfragen zu berücksichtigen.

• Gesellschaftsordnung vor Wirtschaftsordnung

Die Darlegungen dieses Buches sollen sich auf die Wirtschaft konzentrieren. Da aber „die rationale Bestimmung der *Verfügungsordnung* des Wirtschaftssystems eine faire politisch-ökonomische *Verständigungsordnung* bereits voraussetzt"[2], muß zuerst die Gesellschaftsordnung skizziert werden:

• Bedingungen realer Gesellschaften

Zwar gibt es „das zeitlose Idealbild eines nicht entfremdeten Daseins in einer herrschaftsfreien, befriedeten Gesellschaft, die sich in Harmonie mit ihrer Umwelt befindet"[3]; aber dieses Paradies läßt sich nicht auf die Erde zwingen. Reale Gesellschaften müssen von folgenden Gegebenheiten ausgehen:
- Miteinander im Wettbewerb stehende Bedürfnisse bedeuten Konflikte; und zwar Konflikte schon in der Einzelperson, erst recht zwischen Einzelpersonen und Gruppen
- Die Welt- und Menschenbilder der Mitglieder auch nationaler Gesellschaften unterscheiden sich in vielen, z.T. auch wesentlichen Punkten (Pluralismus); Konsens kann allenfalls bei den Grundwerten, Menschen- und Grundrechten erzielt werden.

• Vorrang prozessualer Normen vor inhaltlichen

Die Grundwerte und Grundrechte können bei dem bestehenden politischen Meinungspluralismus nur dann gewahrt werden, wenn wir bei der Gestaltung der Gesellschaftsordnung prozessualen Normen, d.h. Festlegungen, wer was wann und wie entscheidet, einen Vorrang einräumen.

Diese Festlegungen (Konstitutionen, Verfassungen) haben aufgrund der schlechten Erfahrungen mit autoritären oder gar totalitären Systemen im Laufe der Geschichte die Form von Parlamentarischen Demokratien angenommen. Ihre Ausgestaltung kann innerhalb bestimmter Korridore variieren (z.B. Mehrheits- oder Verhältniswahlrecht); folgende konstituierende Elemente gelten jedoch als unerläßlich, d.h. auch als ethisch geboten:

- Konstituierende Elemente der Demokratie

– Gewaltenteilung (Legislative, Exekutive, Judikative; Bund, Länder, Gemeinden; evtl. unabhängige Behörden, z.B. für die Währungspolitik)
– Parteien zur politischen Meinungsbildung
– Wahlen zur Bestimmung der politischen „Repräsentanten", d.h. auch Entscheider
– eine Rechtsordnung (zur Sicherung von Ansprüchen und zur Verhinderung von Mißbräuchen)
– eine Wirtschafts- und Sozialordnung, die mit der parlamentarischen Demokratie harmoniert[4]
– ein Machtgleichgewicht der gesellschaftlichen Gruppen und Verbände, das immer wieder neu hergestellt und austariert werden muß
(checks and balances)

- Ethische Optionen

Der Handlungsspielraum bei der Ausgestaltung der Gesellschaftsordnung, der Wirtschafts- und Sozialordnung kann am ehesten als Sequenz ethischer Optionen zur sozial- und umweltverträglichen Gestaltung der gesellschaftlichen Prozesse aufgefaßt werden (Bild 61).

An jeder Verzweigung dieser Kette ethischer Optionen,
– ausgehend vom Grundkonsens über die Grundwerte und -rechte und dem Meinungspluralismus zu den übrigen Werten und Bedürfnissen
– über die Demokratie (im Falle Deutschlands eine parlamentarische mit Verhältniswahlrecht)
– bis hin zur Sozialen und Ökologischen Marktwirtschaft,
bleiben Defizite und/oder schädliche Neben- und Nachwirkungen, die es mit Hilfe gesellschaftlicher „Organisation" zu beseitigen, mildern oder kompensieren gilt.

9.4 Die Gesellschaftsordnung ist der Wirtschaftsordnung vorgelagert

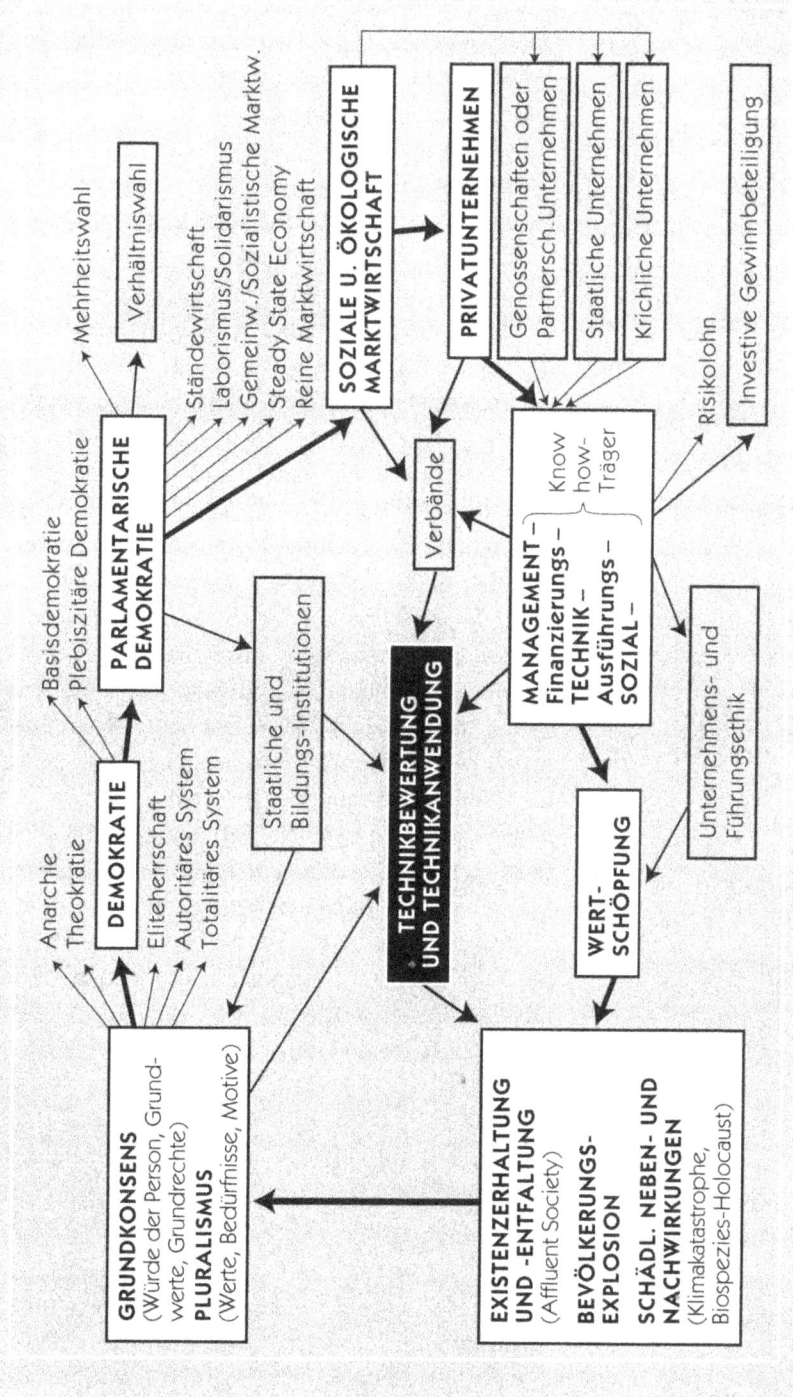

Bild 61

• Dilemmata und Überzeugungskonflikte

Dieser Organisations-Prozeß wird nicht ohne Dilemmata und Überzeugungskonflikte verlaufen:
Spannungen oder gar *Polarisierungen* zwischen
- Partizipation und Repräsentation
- Gemeinwohl und Eigeninteresse
- Leistungsprinzp und Bedürfnisprinzip
- Solidarität und Wettbewerb
- Nutzenmaximierung und Schadensminimierung
- Fernstenliebe und Nächstenliebe

können kaum vermieden werden. Deshalb ist im Zusammenhang mit demokratischer Gesellschaftsordnung häufig von „Gratwanderung" die Rede[5].

Übrigens stehen im Mittelpunkt unserer Staats-Philosophie und auch der christlichen Soziallehre nicht der Staat, die Gesellschaft oder das Gemeinwohl, sondern der einzelne Mensch. Das bedeutet nicht, daß Fragen nach dem Überleben der gesamten Menschheit in unserer Gesellschaftsordnung zu kurz kommen müssen.

• Fundamentalisten kritisieren Mehrheitsprinzip

Wir müssen erkennen, daß die repräsentative Demokratie, ja das Mehrheitsprinzip allgemein, umstritten ist: Viele „Grüne" lehnen es ab, wenn es um die Einführung neuer Technologien geht (dazu soll *„allgemeine Akzeptanz"* oder *„breiter Konsens"* Voraussetzung sein); einzelne Theologen bekämpfen es, wenn es um *„existenzielle Fragen der Menschheit"* geht; analoges gilt für manche Pazifisten, Feministinnen und (andere) Fundamentalisten bei den jeweils für sie wichtigen Fragen.

Diese Analyse zeigt, daß auf den Vorrang der prozessualen Normen in der parlamentarischen Demokratie nicht verzichtet werden kann (Ausnahme: die Menschenrechte, die Grundrechte).

• Verflechtung individual- und sozialethischer Überlegungen

Fassen wir zusammen: Ethisches Verhalten der einzelnen Staatsbürger und von Gruppen und Institutionen ist in hohem Maße schon durch die staatlichen Entscheidungs-, Verfügungs- und Konfliktschlichtungsordnungen – d.h. durch gesellschaftliche Organisation – beeinflußt, mitbestimmt und geprägt. Individualethische Überlegungen können daher von sozialethischen nicht abgetrennt werden. Das gilt analog auch für die Wirtschaft: eine Diskussion der Unternehmens- und Führungsethik ist ohne vorgelagerte Diskussion über die Wirtschaftsordnung nicht sinnvoll.

9.5 Ethik der Wirtschaftsordnung

Zu den Grundbedürfnissen der Menschen gehören nach der Existenzerhaltung, d.h. Befriedigung der physiologischen Bedürfnisse, in erster Linie die Sicherheitsbedürfnisse und das Streben nach Selbstbestimmung; es kommt daher nicht von ungefähr, daß bei der Gestaltung der Wirtschaftsordnung ein Bündel von Freiheiten angestrebt wird; Lampert nennt:
- *die Konsumfreiheit*
- *die Freiheit der Berufs- und Arbeitsplatzwahl*
- *die allgemeine Vertragsfreiheit*
- *die Gewerbefreiheit*
- *die Wettbewerbsfreiheit und*
- *das Recht auf Privateigentum (auch an Produktionsmitteln)*

• Wirtschaftsordnung mit Freiheiten

Diese Freiheiten können am ehesten gewahrt bzw. garantiert werden, wenn es gelingt, für weite Bereiche unseres Wirtschaftslebens ein Selbstorganisations- und Selbststeuerungsprinzip zu finden, das mit eben diesen Freiheiten in hohem Maße kompatibel ist. Ein solches Prinzip ist zweifelsohne das Marktprinzip:
- Es hilft, materielle Knappheiten zu überwinden und knappe Ressourcen am besten zu nutzen[6]
- Es steuert die Produktion in einer arbeitsteilig hochentwickelten Gesellschaft so, wie es den Bedürfnissen (Wünschen) der Menschen, ihren Interessen als Konsumenten entspricht[7]
- Es löst täglich Millionen von Konflikten unauffällig (der Käufer möchte möglichst wenig bezahlen, der Verkäufer möglichst viel bekommen[8])

• Hoher Grad an Selbstorganisation durch das Marktprinzip

• Vorteile des Marktprinzips

- Es ist ein Entdeckungsverfahren, ein Verfahren zur ständigen Durchsetzung von Reformen; die Gesellschaft erlangt dadurch mehr Wissen als bei zentraler Lenkung [9]
- Es ist – durch die gewaltenteilige Funktion des Wettbewerbs – das „genialste Entmachtungsinstrument der Geschichte" [10]
- Es ist demokratischer als die Demokratie, da es nicht die Unterwerfung der Minderheit unter die Mehrheit verlangt; Minderheiten sind durchaus mächtige Marktteilnehmer [11]

• Defizite des Marktprinzips

Das Marktprinzip kann allerdings nicht alle Aufgaben in der Volkswirtschaft lösen; es „versagt" bei folgenden Problemen:
- Komplementaritäten, z.B. Erwerb bzw. Preis von Grundstücken, die man zur Realisierung eines Straßenbau-Projektes braucht [12]
- Externen Effekten, z.B. Umweltschädigungen, Klimaveränderungen
- Befriedigung der Grundbedürfnisse aller, z.B. auch der Leistungsschwächeren und der Dritten Welt
- Berücksichtigung der Rechte, Werte, Bedürfnisse zukünftiger Generationen
- Errichtung und Pflege von Infrastrukturen
- Schaffung von Arbeitsplätzen für alle Erwerbsfähigen

Weil der Markt nicht alles kann, bleibt er nicht alleiniges Ordnungsprinzip.

• Bestandteile einer marktwirtschaftlichen Ordnung

Zur Sozialen Marktwirtschaft [13] gehören
- eine Wettbewerbsordnung
- das soziale Netz
- der Umweltschutz
- der Persönlichkeits-, der Verbraucherschutz
- eine Geldverfassung
- eine Finanzverfassung
- eine Unternehmens- und Betriebsverfassung
- die Tarifautonomie
- ein immer wieder neu auszutarierendes Machtgleichgewicht der Verbände

Neu hinzukommen müssen Anreiz-, Abgaben- oder Steuersysteme, die einen sparsamen Umgang mit Ressourcen sowie eine Minderung von Umweltschäden begünstigen.

Eines der verbreitetsten Mißverständnisse über die Soziale Marktwirtschaft ist nach *Otto Schlecht* die Vorstellung, „es handle sich um eine chaotische, auf Egoismus gründende Ordnung". In Wirklichkeit handelt es sich um ein System mit weitreichenden Freiheiten und so hoher Leistungsfähigkeit, daß viele Probleme in Eigenfürsorge gelöst werden können; allerdings muß ein Minimum an Regeln eingehalten werden. Schon *Rousseau* sagte, Freiheit in der Gesellschaft kann nicht bedeuten, daß jeder alles tun kann, sondern daß er nicht tun muß, was er nicht will.

• Mißverstandene Marktwirtschaft

Die Vorteile der Sozialen Marktwirtschaft seien abschließend nochmals zusammengefaßt:
- Sie nimmt den Menschen so, wie er ist (Selbstinteresse, Eigenfürsorge).
- Sie ist die einzige Wirtschaftsordnung, die das Subsidiaritätsprinzip verwirklicht.
- Sie läßt ein Höchstmaß individueller Freiheit bei gleichzeitiger Wahrung des sozialen Friedens zu.
- Sie steigert die Wertschöpfung.
- Sie verbindet zwei Prinzipien der zuteilenden Gerechtigkeit: „Jeder nach seinem Beitrag" (Leistungsprinzip) und „Jeder nach seinem Bedarf" (Transferleistungen).
- In ihr kann der (mit keinem System ganz zu vermeidende) Wettbewerb fair geregelt werden.

• Soziale Marktwirtschaft

9.6 Unternehmensethik

Nach der Gesellschafts- und Wirtschaftsordnung kommen wir nun zur dritten Ebene, die für eine Diskussion der Ethik in der Wirtschaft von Bedeutung ist: der Unternehmensebene

Analytisch fruchtbarer als der marxistische Ansatz mit seinem häufig konstruierten Gegensatz von Arbeit und Kapital ist es heute, das Unternehmen als einen Zusam-

• Das Unternehmen als ein Zusammenschluß von Personengruppen

menschluß von Personengruppen, die zu den benötigten Ressourcen direkt oder indirekt Zugang haben, zu sehen; z.B. einen Zusammenschluß von
- Erfindern, Forschern, Entwicklern, Konstrukteuren (Innovations-Know-how-Trägern)
- Arbeitern und Angestellten (Durchführungs-Know-how-Trägern)
- Managern (Organisations-, Informations- und Führungs-Know-how-Trägern)
- Eigenkapital- und Fremdkapitalgebern (Finanzierungs-Know-how-Trägern).

• Die Wertschöpfung als Zielgröße

Das Unternehmen hat – ganz egal, in welcher Wirtschaftsordnung wir uns befinden und von wem und aus welchen Motiven es gegründet wurde – ein definiertes Wertschöpfungsziel, z.B. ein Architekturbüro die Planung von Häusern und evtl. deren Bau, ein Kindergarten die Betreuung und (Mit-)Erziehung von Kleinkindern, eine Maschinenfabrik die Herstellung von bestimmten Kraft- und/oder Arbeitsmaschinen. Ziel ist also – volkswirtschaftlich gesehen – primär die Wertschöpfung und nicht die Schaffung von Arbeitsplätzen.

• Abgesicherte Ansprüche schmälern Entscheidungsspielraum

Ferner ist es wichtig zu erkennen, daß nicht nur die Arbeitnehmer und die Geldgeber Ansprüche an das Unternehmen haben, sondern daneben auch die Kunden, die Lieferanten, die Bewohner in der Nähe der Betriebe des Unternehmens, ja alle Mitglieder der Gesellschaft[14]. Viele dieser Ansprüche sind sogar gesetzlich oder vertraglich geregelt.

Es nimmt daher nicht Wunder, daß eine Reihe prominenter Marktwirtschaftler, z.B. *v. Hayek*, *Giersch*, *W. Engels* und *Homann* den Vorrang der Ethik der Wirtschaftsordnung so sehr betonen, daß sie keine zusätzliche Notwendigkeit oder auch keinen weiteren Spielraum für *Unternehmensethik* sehen. Manchmal ist gar vom „ethikfreien Raum" oder „amoralischen" (nicht unmoralischen!) Verhältnissen die Rede, wobei allerdings betont wird, daß selbstverständlich die geltenden Rechtsbestimmungen vom Arbeitsrecht bis zum Umwelt- und Wettbewerbsrecht einzuhalten sind.

• „Lächelnde Illegalität"

Nun ist letzteres weder selbstverständlich noch einfach: Nicht einmal im privaten Bereich werden die Rechtsvorschriften weitgehend eingehalten. *H. Clemm* spricht realistisch von „lächelnder Illegalität", insbesondere im Straßenverkehr, im Steuerrecht, in der Parteienfinanzierung und im Versicherungswesen (bei rund 1/5 aller privaten Haftpflichtfälle werden falsche, d.h. betrügerische Angaben gemacht).

Es gibt darüber hinaus eine ganze Reihe von Argumenten, die für eine eigenständige „Unternehmensethik" sprechen, wenn auch nicht losgelöst von Ordnungsfragen und allgemeinen ethischen Prinzipien.

Die sehr praxisnahe Diskussion über „business ethics" in den USA (Bild 62) beschäftigt sich beispielsweise mit den ethischen Fragen in folgenden Beziehungsfeldern der Unternehmen:

- Mit Staat und Regierung
- Mit Kunden
- Mit Beschäftigten
- Mit Lieferanten
- Mit der Gesellschaft allgemein und der Bevölkerung am betrieblichen Standort
- Bei Aktivitäten im Ausland
- Im Führungssystem

• „Business Ethics"

Auch *Ziegler*s Definition zur „Unternehmensethik" liefert Argumente:

• Definition von „Unternehmensethik"

„Unternehmensethik ist die Lehre des (von den Grundsätzen der personalen Gemeinwohlgerechtigkeit, Solidarität und Subsidiarität geleiteten) unternehmerischen Handelns, durch das man sich entscheidet,
- einerseits solche Produkte und/oder Dienstleistungen bereitzustellen, die Mittel der Selbstverwirklichung der Menschen sind, ohne Rohstoffe oder Energie zu verschleudern oder sonstwie die Um- und Nachwelt zu schädigen, und
- andererseits diese Produkte und/oder Dienstleistungen – zusammen mit anderen – so herzustellen, daß die Herstellung durch die Arbeit auch selber als ein Stück Leben und Selbstverwirklichung erfahren werden kann."

Im ersten Teil dieser Definition kommt zum Ausdruck, daß schon das Bereitstellen von preiswerten Produkten

Ethische Fragen können in folgenden Beziehungsfeldern des Unternehmens auftreten
(zusammengestellt nach Enderle, 1983*)

Bei Aktivitäten im Ausland
- Beachtung der Landesgesetze
- Einflußnahme auf den politischen Prozeß
- Investitionen
- Zuwendungen an Personen oder Organisationen

Mit Staat und Regierung
- Beachtung aller Gesetze (z.B. des Kartellrechts) u. Sicherheitsvorschriften
- Zuwendungen an Parteien u. Organisationen
- Zuwendungen an Regierungsbeamte

Mit der Gesellschaft allgemein und am betrieblichen Standort
- Beachtung von Umweltschutz und Energieeinsparungen
- Werbekampagnen und Nutzung der Massenmedien
- Beiträge zum Gemeinwohl, z.B. zur Gesundheit und Weiterbildung der Bevölkerung; Unterstützung kultureller Veranstaltungen etc.
- Beiträge zur sozialen und wirtschaftl. Entwicklung der Standortgemeinde

Mit Kunden
- Produktnutzen, -qualität und -sicherheit
- Verpackungs- und Preisgestaltung
- Kundendienst und Gewährleistungsverhalten
- Finanzielle Zuwendungen, Geschenke, Incentives

Mit Lieferanten
- Verfahren der Lieferantenauswahl (Einholung von Angeboten und Gleichbehandlung)
- Finanzielle Zuwendungen, Geschenke u. Incentives

Ethische Fragen können in folgenden Beziehungsfeldern des Unternehmens auftreten

Mit Beschäftigten
- Gleichbehandlungsgrundsatz; Engagement für die Einstellung von Frauen und Angehörigen von Minderheitsgruppen
- Fairness bei Behandlung und Bezahlung
- Besetzung offener Stellen durch Mitarbeiter des Hauses
- Weiterbildung der Mitarbeiter

Im Führungssystem
- Nutzung vertraulicher Informationen
- Interessenkonflikte bei leitenden Angestellten (persönl. Finanztransaktionen – Darlehen, Handel mit Wertpapieren)
- extreme Beschäftigungsverhältnisse und Annahmen von Geschenken
- ordnungsgemäße Buchführung
- Führung geheimer Bestechungsfonds
- Einsatz von Maklern, Beratern und Vertretern insbes. im Ausland
- Preispolitik zwischen verbundenen Unternehmen
- Wettbewerbliches Verhalten
- Verhältnis der Unternehmensleitung zu den Kapitaleignern; Unternehmenspolitik hinsichtlich Firmenübernahme

*Enderle bezieht sich wiederum auf die Foundation of The Southw. Grad. School of Banking; A Study of Corporate Ethical Policy Statements, South. Methodist University, Texas 1980

Bild 62

9.6 Unternehmensethik

und Dienstleistungen, mit anderen Worten die Wertschöpfung der Unternehmen, eine ethische Komponente enthält.[15]

Neu hinzu kommen allerdings die Ressourcen- und Umweltschonung. Während das Marktprinzip die Ressourcenschonung in hohem Maße schon selbstregulierend eingeleitet hat, kann dies für den Umweltschutz nicht behauptet werden, weil bisher eine Internalisierung der Umweltkosten, z. B. durch Verkauf von Emissionsgenehmigungen an Meistbietende (Umweltzertifikate) oder ähnliches nicht gelungen ist.

• Ressourcen- und Umweltschonung

In weiten Bereichen des Umweltschutzes werden vielmehr alternative Steuerungsprinzipien angewendet, nämlich
- Anreizsysteme (z. B. steuerliche Privilegierung von Katalysator-PKW)
- Abgaben (z. B. Energiesteuern)
- Gebote (z. B. Einhaltung von Grenzwerten)
- Verbote (z. B. der Einleitung bestimmter Stoffe ins Wasser)

• Instrumente des Umweltschutzes

Inzwischen ist das Netz des Umweltrechtes in der Bundesrepublik Deutschland so dicht (rund 800 Bundes-Gesetze, -Rechtsverordnungen und -Verwaltungsvorschriften; zusätzlich je Bundesland bis zu 300 weitere Rechtsvorschriften), sind die Bestimmungen so dynamisch (Stand der Technik muß nachgerüstet werden), daß ethisches Verhalten von Unternehmen wohl in erster Linie in der Einhaltung dieser Vorschriften besteht.

• Das wachsende Geflecht des Umweltrechts

Moralisches Verhalten beginnt eben nicht erst dort, wo freiwillig über das vorgeschriebene oder übliche hinaus zusätzlich etwas, z. B. für den Umweltschutz, geleistet wird, und auch nicht erst dann, wenn Opfer, z. B. in Form eines Gewinnverzichts, gebracht werden.[16]

• Freiwillige Selbstverpflichtung

Natürlich sollen die Unternehmen möglichst viel freiwillig tun. Dies ist auch in weit höherem Maße der Fall als von der Öffentlichkeit wahrgenommen: Im Rahmen der Innovationsprozesse wird ohnehin all das verwirklicht, was der Markt (also letztlich der Verbraucher) honoriert; darüberhinaus wird – je nach Einstellung des Managements – Wünschenswertes (z. B. die Reduzierung der Schadstoffemissionen von Verbrennungskraftmaschinen) über das vorgeschriebene Maß hinaus angepackt, solange dies die Existenz des Unternehmens nicht gefährdet. Die Spielräume für letzteres sind jedoch gering.[17]

- Rechte und Pflichten abwägen

Kommen wir nun zum zweiten Teil der Definition Zieglers: er betrifft die menschengerechte Arbeitsgestaltung oder – wie andere formulieren – die „Humanisierung der Arbeitswelt". Diese zweite Komponente der Unternehmensethik ist bei uns in Deutschland (im geographischen und geschichtlichen Vergleich) relativ gut verwirklicht; es gibt nach oben bei den Ansprüchen allerdings keine Grenzen; Anspruchsrechte oder Forderungen sind daher mit anderen gesellschaftlichen Zielen abzuwägen.

Nach der Darstellung der *Ziele* der Unternehmensethik – Wertschöpfung, Ressourcen- und Umweltschonung, menschengerechte Arbeitsgestaltung – soll nunmehr die Verankerung der Ethik im Unternehmen behandelt werden.

- Entscheidungskorridore

Wer die Wirtschaft kennt, wird ohne nähere Erläuterung akzeptieren, daß ethische Belange mehr in der Planung (Bild 63) als in deren Durchführung zu finden sind. Greifen wir daher abschließend den Aspekt des Handlungsspielraumes bzw. der Freiheitsgrade im Unternehmen nochmals auf. Es gibt in unserer Wirtschaft fast immer etwas Spielraum, wenn auch nicht beliebig viel. Wir sollten uns daher möglichst nicht hinter dem Argument der „Sachzwänge" oder „Sachgesetzlichkeiten" verschanzen. Hilfreich zur Beschreibung der Situation ist das aus der Szenariotechnik bekannte Bild der Korridore, d.h. bestimmter Grenzen, innerhalb derer sich die Entwicklung abspielen kann. *Schreyögg* hat sehr anschaulich gezeigt, daß die klassische Planungstheorie die Unternehmensethik auf die Phase der Zielbestimmung einengte, während Ethik „potentiell an jeder Stelle im Planungsprozeß" von Bedeutung sein kann (Bild 64).

- Möglichkeiten zur Entartung

Ohne die Beachtung ethischer Kriterien durch alle die Wirtschaft Mitgestaltenden (und dazu gehören auch die Konsumenten) kommt es zu Entartungen.[18]

Eine Diskussion der Tugenden (die übrigens, wie die Kardinaltugenden, immer in der Mehrzahl auftreten), über die alle am Wirtschaftsprozeß Beteiligten verfügen sollten, ist daher auch heute noch oder wieder sinnvoll.

9.6 Unternehmensethik

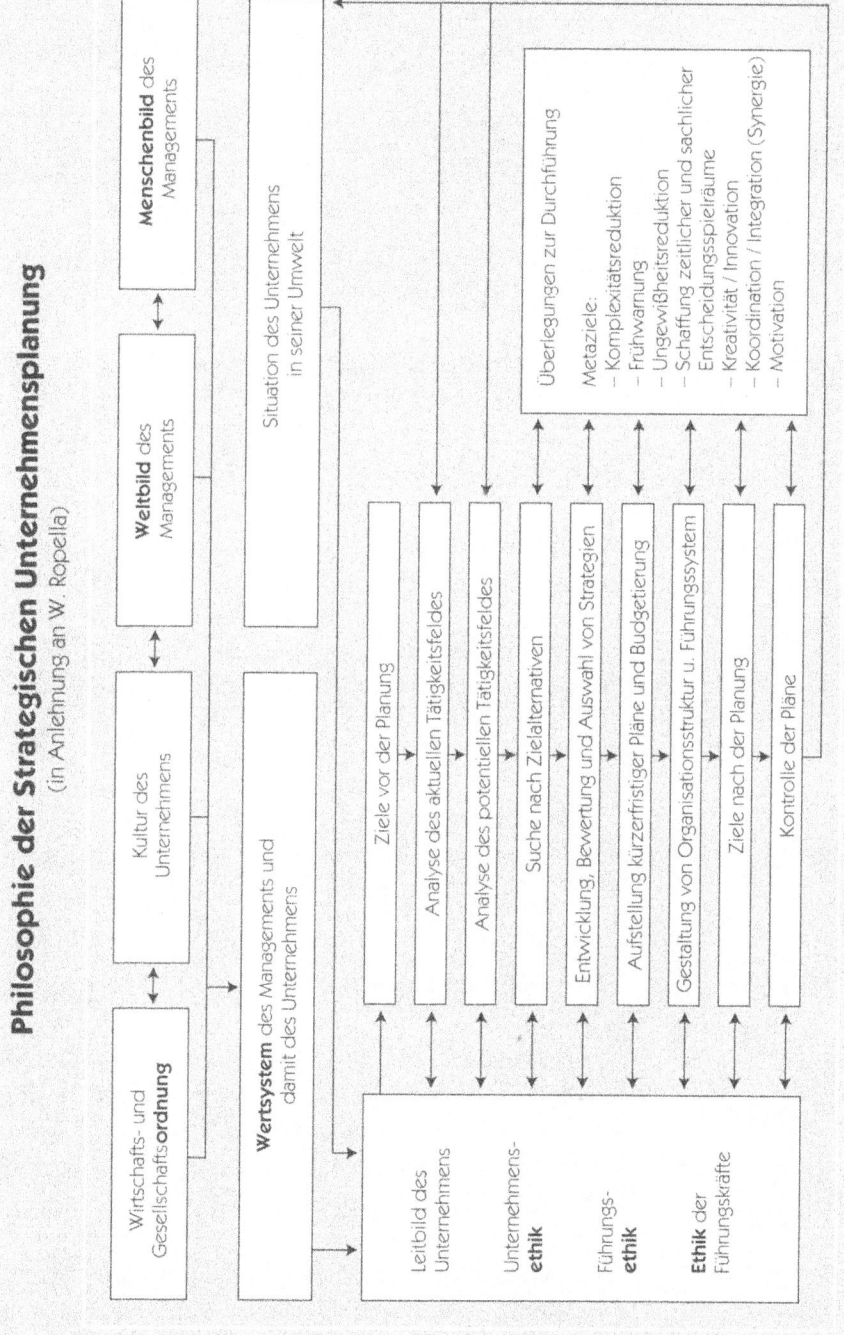

Bild 63

Unternehmensethik im Planungsprozeß
(nach Georg Schreyögg)

Klassische Planungstheorie	Planung als organisatorischer Prozeß

• Festlegung von Zielen
• Suche nach geeigneten Mitteln
  – Analyse der Umweltzustände
  – Aufspüren von Alternativen
• Auswahl der optimalen Mittelkombination
	Anstoß und Vorformulierung von (Teil-)Plänen in verschiedenen Abteilungen mit eigenen Perspektiven und **Interpretations- und Handlungsspielräumen**. Die Subsysteme halten sich flexibel, eperimentieren, prüfen auf Konsensfähigkeit, reagieren auf Kritik.

▼	▼
Der Zweck programmiert die Mittel. Unternehmensethik ist demnach beschränkt auf die Phase der Zielbestimmung	Ethik ist potentiell an jeder Stelle im Planungsprozeß von Bedeutung.
Hauptdefizit: • Ziele können nicht autark festgelegt werden. • Mittel haben auch andere Folgen als die bezweckte Wirkung!	Probleme: • Unvorhersehbarkeit der ethikrelevantenThemen • Vorbereitung der Planungsbeteiligten auf die Verantwortungsprobleme

Bild 64

9.7 Führungsethik

Die Probleme bei der Umsetzung der in den vorausgehenden Kapiteln aufgezeigten Ziele durch Manager und Ingenieure entsprechen denen bei der Konkretisierung von Verhaltenskodizes bzw. Leitsätzen für Manager und Ingenieure.

• Forderungen an Manager

Versuche zur Konkretisierung solcher Verhaltenskodizes wurden in den Abschn. 5.1 und 5.2 behandelt. Hier sollen exemplarisch nur die wichtigsten Forderungen an Manager herausgegriffen werden:

- Situationsgerecht führen, die Selbständigkeit der Mitarbeiter fördern
  * Aufgabe und Ziele entsprechend der Kompetenz des Mitarbeiters stellen
  * Die persönliche und fachliche Weiterbildung der Mitarbeiter fördern
  * Andere Menschen nicht leiden lassen (Gesundheit oder gar Leben von Mitarbeitern nicht gefährden)
  * Gerechte Verträge mit Kunden und Lieferanten hinsichtlich Qualität, Preis und Wartung schließen und einhalten
- Gegenüber Konkurrenten fair sein
- Die Mitarbeiter, die Öffentlichkeit, die Geldgeber wahrheitsgetreu, klar und rechtzeitig informieren
- Einen Interessenausgleich zwischen Unternehmen und Gesamtgesellschaft suchen
- Verantwortung gegenüber Mitarbeitern, Kapitalgebern, Kunden, Lieferanten, Staat, Öffentlichkeit übernehmen
- Gute Zusammenarbeit zwischen Arbeitgeber und Arbeitnehmer anstreben
- Verantwortliche Funktionen auch bei politischen und sozialen Institutionen übernehmen
- Mit Energie und Rohstoffen haushälterisch umgehen

Abschließend sei nochmals vor ethischem Rigorismus gewarnt:

* Warnung vor Rigorismus

1. Eindeutige Normen gibt es nur im Negativen: „Aus einer theologischen Prämisse lassen sich allenfalls negative Normen (Du sollst nicht töten! Du sollst nicht stehlen! Du sollt nicht lügen!) ableiten, nicht aber – *ohne Zwischenschaltung einer Güterabwägungslehre* – positive Normen"[19] (im Sinne eindeutiger Handlungsanweisungen).
2. Güterabwägung bedeutet Inkaufnahme negativer Folgen oder Risiken.
3. Kein Oberprinzip (z. B. Verursacherprinzip, Vorrang der schlechten vor der guten Prognose) löst ethische Dilemmata.

Weil Güterabwägung immer Inkaufnahme negativer Folgen oder Risiken enthält, soll hier noch der Begriff der Grenzmoral erwähnt werden. Nach *Koslowski* ist Grenzmoral „das unterste gesellschaftlich gerade noch tolerierte

* Grenzmoral

ethische Verhalten, die Grenze des ethisch noch allgemein akzeptierten und praktizierten Verhaltens". *Koslowski* führt aus, daß die Grenzmoral in der Konkurrenzwirtschaft schon wegen der „öffentlichen Meinung und der Abwanderungsmöglichkeit zu anderen Anbietern" besser ist als in Zentralverwaltungswirtschaften.

- Zusammenhang zwischen Ertragssituation und Grenzmoral

Es gibt auch einen Zusammenhang zwischen Ertragssituation und Grenzmoral: Unternehmen, die mangels Ertrag in ihrer Existenz bedroht sind, werden zur Grenzmoral, wenn nicht gar zu kriminellem Handeln tendieren. In umgekehrter Richtung argumentierend verlangt *Koslowski*, daß Branchenführer und marktbeherrschende Unternehmen durch das „Vorbild wirtschaftsethischen Verhaltens den Erosionsprozeß der Grenzmoral verlangsamen und stoppen". Die größten Unternehmen hätten auch das größte Eigeninteresse an der Geltung wirtschaftsethischer Regeln, weil sie in größtem Umfang zu Geschädigten einer gesenkten Grenzmoral würden.[20]

9.8 Wie ethisch ist unsere Wirtschaft wirklich?

- Unterschiedliche Standpunkte

Bei einer Beurteilung der gegenwärtigen ethischen Verfassung der Wirtschaft lassen sich mindestens drei unterschiedliche Standpunkte vertreten:

1. *In der Wirtschaft geht es weniger ethisch zu als z.B. in der Familie, im Freundeskreis sowie in den übrigen gesellschaftlichen Bereichen (im Bildungsbereich, im Kulturleben).*
2. *In der Wirtschaft geht es genauso ethisch oder unethisch zu als anderswo in der Gesellschaft; die Gesellschaft hat die Wirtschaft, die sie verdient. Die Akteure in der Wirtschaft verhalten sich im Berufsleben wie im Privatleben.*
3. *Das ethische Niveau eines Kultursachbereiches hängt auch von dessen Organisationsgrad ab. Unsere Wirtschaft ist z.T. besser organisiert als andere Bereiche der Gesellschaft. Daher geht es in der Wirtschaft moralischer zu als in den meisten anderen Bereichen der Gesellschaft.*

Wahrscheinlich ist der erste Standpunkt der verbreitetste, er hält einer ernsthaften Prüfung aber nicht stand. Die meisten Tatsachenargumente lassen sich m. E. für den zweiten Standpunkt finden; als Kontrastprogramm zur vorherrschenden Meinung sollen jedoch im folgenden einmal alle Argumente, die für den dritten Standpunkt sprechen, gesammelt werden:

1. Das Marktprinzip sorgt dafür, daß überhaupt nur Leistungen erbracht werden, die von einer ausreichenden Gruppe der Gesellschaft gewünscht und bezahlt werden (Wertschöpfung).
2. Der Wettbewerb sorgt dafür, daß knappe Ressourcen bestens genutzt werden (das gilt noch nicht in ausreichendem Maße für die knappe Resource „Umwelt", weil wir versäumt haben, sie mit einem Preis zu versehen). Wer die Wirtschaft von innen kennt, wird bestätigen, daß der Umgang mit Investitionsmitteln, mit Roh-, Hilfs- und Betriebsmitteln, mit Zeit, mit Abwässern und Abfällen dort kontrollierter verläuft als beispielsweise in der Freizeit und im Privatbereich der Bürger.
3. Gesetze, Rechtsverordnungen und Verwaltungsvorschriften und deren immer perfektere Überwachung sorgen zusätzlich zur Eigeninitiative in der Wirtschaft für
   - Arbeitssicherheit
   - Strahlenschutz
   - Datenschutz
   - Lärmminderung
   - Immissionsschutz
   - Abfallvermeidung, -verwertung und -entsorgung
   - Schutz vor gefährlichen Stoffen.
4. Viele Konflikte zwischen den Wirtschaftsteilnehmern (z. B. die Preisfindung) werden entweder vom Markt gelöst oder durch ausgeklügelte Schlichtungsverfahren und -institutionen gemildert (z. B. im Tarifpartnerbereich, bei internationalen Verträgen zwischen Firmen, bei Konsumentenbeschwerden).
5. Die Wirtschaft greift Erfindungen (Inventionen) nicht nur auf, sondern führt sie zur Anwendungsreife (Innovation) und sorgt so für die ständige Durchsetzung von Reformen. Die Gesellschaft erlangt dadurch mehr Wissen als bei zentraler Lenkung.

• Die Stärken unserer Wirtschaft

6. Zusätzlich zu der in unserer Gesellschaft weiter als je zuvor getriebenen Gewaltenteilung sorgen das Marktprinzip und der Wettbewerb für eine Verlängerung der Gewaltenteilung in die Wirtschaft hinein (natürlich gestützt auf bzw. unterstützt durch entsprechende Gesetze, Überwachung und Institutionen, wie z. B. den Kartellbehörden). Auch die Verantwortungsdelegation vom Vorgesetzten auf Mitarbeiter ist ein Beitrag zur weiteren Dezentralisierung von „Macht" und damit zur Sicherung vor (Macht-)Mißbrauch und vor Irrtumsanfälligkeit.

• Die Schwächen unserer Wirtschaft

Wenn man das Positive so herausstellt, muß man, um den häufigsten Mißverständnissen vorzubeugen, auch die negative Seite der Medaille betrachten:

1. Natürlich ist unsere Wirtschaftswelt weit davon entfernt, die Selbstverwirklichung eines jeden einzelnen Staatsbürgers an jedem Ort und zu allen Zeiten sicherzustellen; das wäre nämlich das Paradies auf Erden. Zu fragen ist, ob ein derartiges ethisches Ideal überhaupt verfolgt werden sollte. Wohl nicht, denn es handelt sich nicht um eine brauchbare, d. h. richtungsweisende Vision, sondern eher um eine Illusion.
2. Natürlich gibt es Kriminalität auch in der Wirtschaft. Zu bewerten wäre also ihre Häufigkeit und ihr Ausmaß im Vergleich zu anderen Gesellschaftsbereichen, und da schneidet die Wirtschaft eher besser ab.
3. Natürlich muß sich die Wirtschaft immer wieder neuen Anforderungen anpassen. Mit jeder neuen Erkenntnis über die Wirkungszusammenhänge, z. B. bei Umweltschäden, ändert sich die Verantwortung. Anpassungsprozesse brauchen aber Zeit und meist auch Geld.
4. Natürlich streben Unternehmen und Manager nach Erfolg und Gewinn – aber nicht nur danach. Soziale Anerkennung und damit Wertorientierung steht (solange die Existenz des Unternehmens bzw. der Person nicht bedroht ist) gleichrangig daneben. Auf die Frage, ob die Wert- und Gemeinschaftsorientierung nicht prinzipiell vorrangig sein müßte, würde ich eher mit nein antworten, denn auch für den Menschen würde man ein Prinzip „Sinngebung vor Gesundheit" wohl nicht allgemein akzeptieren können.

9.8 Wie ethisch ist unsere Wirtschaft wirklich?

5. Natürlich ist eine Doppelmoral (eine Ethik für den Sonntag, eine zweite für den Betrieb) nicht zulässig; ethische Verantwortung reicht aber nicht weiter als Einsicht und Einfluß, und ethische Güterabwägung ist nicht Prinzipienverrat. Güterabwägung bedeutet aber immer auch Inkaufnahme negativer Folgen oder Risiken. „Null-Risiko" ist also eine weitere Illusion; „so wenig Risiko wie möglich" ebenfalls keine exakte ethische Norm, da die Risikobewertung wegen der vielen Risikodimensionen (Eintrittswahrscheinlichkeit, Schadenshöhe, örtliche und zeitliche Reichweite des Risikos, Unsicherheit bei der Risikoabschätzung) nur subjektiv zu leisten ist.
6. Natürlich lösen die Volkswirtschaft und die in ihr agierenden Unternehmen die zweite Aufgabe – die Schaffung und menschengerechte Gestaltung von Arbeitsplätzen – nicht ganz so gut wie die Hauptaufgabe „Wertschöpfung" (siehe Zitat *Ziegler*).

Wegen vielfältiger Wechselwirkungen zwischen Individual- und Sozialethik, zwischen Wirtschaftsordnung, Institutionen in der Wirtschaft und den Teilnehmern am Wirtschaftsprozeß wird der alte Streit über die Vorherrschaft entweder einer Gesinnungs- bzw. Pflichtenethik oder einer Erfolgs-, Nützlichkeits- bzw. Verantwortungsethik kein Ende haben.

Der einzelne Bürger findet sich in vielen Rollen – besser Identitäten – wieder: Als Staatsbürger, Gemeindemitglied, Familienangehöriger, Erwerbstätiger (z. B. Manager, Ingenieur, Lehrer), Verkehrsteilnehmer, Freizeitgestalter, Konsument etc. Gefordert werden muß, daß der einzelne Bürger seine Erkenntnisse und Erfahrungen aus all diesen Teilidentitäten in einem Welt-, Gesellschafts- und Menschenbild zur Deckung bringt und daraus ein einheitliches Ethos entwickelt und auch noch für neu hinzukommende Erkenntnisse aufgeschlossen ist.

Von diesem Ethos klar zu unterscheiden sind die Einflußmöglichkeiten des Individuums in jeder einzelnen Rolle in der Gesellschaft. Da unser Wirt-

• Einheitliches Ethos aus den Erfahrungen aller Lebensbereiche entwickeln

schaftssystem letztlich über die Nachfrage der Konsumenten gesteuert wird, kommt auch der Konsumentenrolle des Individuums eine hohe Bedeutung zu.

9.9 Exkurs: Wirtschaftsethik und Entwicklungsländer

• Wertschöpfung ist Beitrag zur Entwicklung

Wenn wir Gedankengänge der vorausgehenden Kapitel auf Entwicklungsländer übertragen, so kann zunächst festgehalten werden, daß jede wirtschaftliche Betätigung in Entwicklungsländern, die einen Beitrag zur Wertschöpfung und zur Bedürfnisbefriedigung leistet, grundsätzlich etwas Positives und nicht etwas Negatives ist.

• Bereitschaft zur Partnerschaft

Neben der Forderung nach echter Bedürfnisbefriedigung und Wertschöpfung ist die Bereitschaft zur Partnerschaft ein weiteres Kriterium für die ethische Bewertung unternehmerischer Tätigkeit in Entwicklungsländern.

• Leitlinien, Verhaltenskodizes

Worin diese Partnerschaft oder auch die Fairneß gegenüber dem Gastland und den dortigen Wirtschaftsteilnehmern besteht, darüber haben sich zahlreiche internationale Institutionen Gedanken gemacht, so die OECD[21] in ihren „Leitsätzen für Multinationale Unternehmen" 1976, die ILO[22] in ihren „Grundsätzen für Multinationale Unternehmen im Arbeits- und Sozialbereich" 1977, die UNCTAD[23] in ihrem „Kodex für den Wettbewerb" 1980. Hinzu kommen eigenverantwortliche Kodizes, z.B. die „Leitsätze für Auslandsinvestitionen" und die „Verhaltensregeln für die Wettbewerbspraxis, die Verkaufsförderung, die Marktforschung sowie Wohlverhaltensregeln in bezug auf Erpressung und Bestechung" der Internationalen Handelskammer oder in der Bundesrepublik die „Empfehlungen für unternehmerisches Verhalten in Entwicklungsländern" der Arbeitsgemeinschaft Christlicher Unternehmer.

• Verbote in Leitlinien

Die Leitlinien, wie private Unternehmer sich in Entwicklungsländern verhalten sollen, beginnen meist mit konkreten Verboten:

- Die Wirtschafts-, Steuer- und Währungsgesetze des Gastlandes nicht übertreten!
- Die Vorschriften des Umwelt-, Verbraucher- und Arbeitsschutzes nicht mißachten!
- Keine Rassendiskriminierung!
- Keine internationalen Kartellabsprachen!
- Keine Preisdiskriminierungen! Keine Lieferverweigerungen (z.B. bei Ersatzteilen)!
- Keine ungerechtfertigen Beschränkungen im Export oder bei der Nutzung von Patenten und Warenzeichen!
- Keine Behinderung von Gewerkschaftstätigkeit!

Offensichtlich ist es einfacher, das „Lassen" zu normieren als das „Tun".[24]

Es gibt viele Varianten unternehmerischer Tätigkeiten in Entwicklungsländern; unterscheiden sollten wir z.B. zwischen Schwellenländern mit eigener Infrastruktur und Industrie, Ländern mit etwas Rohstoffen oder etwas Infrastruktur oder Gewerbe und den ganz armen Entwicklungsländern.

• Unternehmerische Tätigkeiten in Entwicklungsländern

Für den entwicklungspolitischen Effekt ist ferner von Bedeutung, ob es bei der Tätigkeit um Konsumgüter, Investitionsgüter oder Dienstleistungen geht.

Die Formen wirtschaftlicher Betätigungen in Entwicklungsländern reichen von der Kooperation über die Lizenzgabe bis hin zu Investitionen in Joint-ventures (Gründung von Firmen gemeinsam mit inländischen Unternehmern) und in Tochtergesellschaften.

Quer durch die sich aus dieser Differenzierung ergebenden Betätigungsfelder werden von den Unternehmern folgende Aktivitäten erwartet:

• Erwartete Aktivitäten

- Langfristig investieren!
- Inländische Arbeitskräfte und inländische Materialien einsetzen!
- Inländische Fachkräfte und Manager aus- und weiterbilden!
- Jahresberichte veröffentlichen!
- Unternehmen gegenüber Staat, Wirtschaftspartnern und Mitarbeitern verantwortlich führen!
- Fairen Wettbewerb praktizieren!
- Wo möglich Finanzierung durch einheimischen Kapitalmarkt in Anspruch nehmen!

- Den erwirtschafteten Gewinn reinvestieren!
- Exportfähige Produkte herstellen!
- Aufbau von Dienstleistungsunternehmen unterstützen!
- Bei Arbeitsbedingungen und sozialen Einrichtungen sozio-kulturelle Gegebenheiten beachten!

• Gründe für Defizite bisheriger Entwicklungsanstrengungen

Das Ergebnis der bisherigen Entwicklungshilfeanstrengungen vieler Nationen, Institutionen und Gruppen, die den Transfer von Lebensmittel, von Kapital und Krediten bis hin zum Transfer von Know-how und Technik vermitteln, wird allgemein als enttäuschend empfunden[25]: In vielen Ländern fehle ein am Allgemeinwohl orientiertes Berufs- und Arbeitsethos, nicht nur bei Arbeitnehmern, sondern auch bei Unternehmern, Beamten und Politikern. Zuallererst aber fehle es am ordnungspolitischen Willen und an Durchsetzungskraft, um Inflation, Korruption, Kapitalflucht und Gewaltanwendung zu vermeiden. Frühere Entwicklungshilfekonzepte hätten zu wenig auf die ordnungspolitischen Voraussetzungen für die wirtschaftliche Entwicklung Rücksicht genommen. Zu häufig würden die Konzepte gewechselt: Von „Entwicklung der Schwerindustrie" über „Industrialisierung zur Importsubstitution", „Sickerstrategie", „armutsorientierte Entwicklung", „Basic-Need-Strategie" bis hin zu „wachstums- und marktorientierter Anpassung" und „Self Reliance" (Hilfe zur Selbsthilfe).

• Neue Weltwirtschaftsordnung

Mitte der 70er Jahre erreichte die Forderung der Entwicklungsländer nach einer Neuen Weltwirtschaftsordnung mit überwiegend dirigistischen Elementen (z.B. Integriertes Rohstoffprogramm, Internationale Meeresbodenbehörde) einen Höhepunkt. Die Situation der Entwicklungsländer hat sich in der Zwischenzeit nicht generell verbessert; insbesondere in Teilen Afrikas und in Lateinamerika sind die Probleme größer geworden.

Wenn Mitte der 70er Jahre die Verlagerung bestimmter arbeits- oder auch energieintensiver Industrien, z.B. der Metallerzeugung, Papier- und Zementherstellung, Maschinen-, Elektro-, Fahrzeug- und Textilindustrie in Entwicklungsländer propagiert wurde, so muß heute festgestellt werden, daß diese Industrien sich zum Teil erheblich in Richtung auf höhere Kapitalintensität gewandelt haben.

Diese Zusammenhänge zeigen, daß Entwicklungshilfekonzepte und -institutionen sich dem „beweglichen Ziel" stets neu anpassen müssen. Da ohne vernünftige Rahmenbedingungen den Maßnahmen von Einzelpersonen und Einzelunternehmen kein dauerhafter Erfolg beschieden sein kann, kommt den Politikern – auch in den Entwicklungsländern, man denke z. B. an die Kapitalflucht – eine hohe Verantwortung zu. Die offenkundigste „Sünde" gegen vernünftige Rahmenbedingungen ist der Protektionismus im weitesten Sinne; eine Art Protektionismus ist allerdings auch die Erhaltung unwirtschaftlicher Arbeitsplätze in Industrieländern.

• Entwicklung ein „bewegliches Ziel"

Besonderes Augenmerk sollten die Politiker auch der Landwirtschaft in Entwicklungsländern zuwenden: Genossenschaften und Kreditinstitutionen, funktionsfähige Agrargütermärkte, eine die landwirtschaftliche Produktion anregende Preispolitik und u. U. Landreformen können geeignete Maßnahmen zur Entwicklung kleinbäuerlicher und mittelständischer Landwirtschaften sein.

• Landwirtschaft

Zu den Rahmenbedingungen, die in geeigneter Form auch in Entwicklungsländern verwirklicht werden müssen, zählen vor allem
– eine leistungsfähige Wettbewerbsordnung
– ein solides Finanz- und Währungssystem und
– eine praxisnahe Berufsbildung
Die konstitutiven und regulierenden Prinzipien der Sozialen Marktwirtschaft sind auch für Entwicklungsländer grundlegend, insbesondere die Vertragsfreiheit, die Rechtssicherheit und das Subsidiaritätsprinzip. Ferner zählt der Auf- und Ausbau der Infrastuktur zu den Aufgaben der Politik.

• Rahmenbedingungen

Die Forderung nach Rahmenbedingungen im Sinne der Sozialen Marktwirtschaft ist nicht bloße Theorie. Inzwischen konnten mit marktwirtschaftlichen Entwicklungskonzepten bzw. Konzepten mit marktwirtschaftlichen Elementen Erfolge erzielt werden, dies nicht nur in Thailand, Malaysia, Südkorea, Taiwan, Indonesien, Hongkong und Singapur, sondern auch in Kenia, Togo, Ghana, Botswana sowie in Mexiko.

Analytiker[26] sehen heute vor allem folgende Teufelskreise in Entwicklungsländern wirken:

• Teufelskreise in Entwicklungsländern

1. Die geringe Kapitalausstattung verhindert ein produktives Arbeiten und damit höhere Einkommen, Ersparnisse und Nachfrage, was wiederum die Investitionen hemmt.
2. Die Menschen leben wegen ihrer Armut ungesund und können sich Ausbildung und soziale Sicherung nicht leisten; daher bleiben sie arm.
3. Zur sozialen Absicherung bleibt dann nur eine große Kinderschar; die „Bevölkerungsfalle" wirkt fort.
4. Damit bleibt auch der Teufelskreis zwischen armutsbedingtem Ressourcenabbau in den Entwicklungsländern und reichtumsbedingter Energie- und Rohstoffverschwendung in den Industrieländern erhalten.

• Auswege

Von Stockhausen sieht drei Modelle als Ausweg:
- Kompensationszahlungen der Industrieländer an die Entwicklungsländer zum Umwelterhalt
- Einführung einer Welt-Ressourcensteuer oder
- Ausgabe von Emissionszertifikaten

Lachmann setzt auf

• Umgestaltung der Entwicklungshilfe

- mehr Markt
- mehr Handel (hierzu soll auch die neue Welthandelsorganisation WTO beitragen) und
- eine Weltsozialpolitik

Letztere führe durch direkte Transfers an die Armen der Welt zu einer höheren Arbeitsproduktivität: die Armen fragen arbeitsintensive Produkte nach; die höhere Beschäftigung erhöht durch „Learning by doing" die handwerklichen Fähigkeiten usw.

Die Verzerrungseffekte der bisherigen Entwicklungspolitik, wie
- negative Anreizeffekte in den Empfängerländern,
- von außen aufoktroyierte Strukturpolitik,
- Nehmermentalität lokaler Eliten,
- Gefährdung heimischer Arbeitsplätze,
- Korruption,
- Eigeninteresse der Bürokratien in den Industrieländern,

könnten so vermieden werden.

„Die Entwicklungshilfe muß nicht ausgeweitet, sondern nur umgestaltet werden!"

Zusammenfassung von Kapitel 9:
Für die Vergabe von Entwicklungshilfe gibt es zahlreiche ethische und auch ökonomische Begründungen. Da die bisherige Entwicklungshilfe wenig erfolgreich war, suchen Politiker und Wirtschaftler nach neuen Konzepten: geeignete (marktwirtschaftliche) Rahmenbedingungen, eine gerechtere Gestaltung der internationalen Wirtschaftsbeziehungen (mehr Handel mit Entwicklungsländern), die Einführung einer staatlichen Entwicklungshilfe als Weltsozialpolitik sowie Entwicklungshilfe als Umweltvorsorgepolitik werden als zukünftige Instrumente vorgeschlagen. Den Unternehmen kommt dabei neben der Wertschöpfungs- und Beschäftigungsfunktion die Aufgabe zu, Einkommen für Arbeitnehmer und Staat zu sichern und darüber hinaus zukünftige Arbeitskräfte auszubilden.

- Entwicklungshilfe + Weltsozialpolitik + Umweltvorsorgepolitik

Anmerkungen zu Kapitel 9

1 Siehe Kapitel 3
2 *Ulrich P.*, 1987, S.23
3 Nach *Rapp* der maßgebliche Bezugspunkt für Kritiker der Technik
4 *„Wechselseitige Abhängigkeiten zwischen Wirtschafts-, Staats- und Gesellschaftsordnung machen die Soziale Marktwirtschaft zum Pendant rechtsstaatlicher Demokratie"*, schreibt *Otto Schlecht* und fügt hinzu: *„Es ist kaum vorstellbar, Menschen, denen man komplexe politische Entscheidungen in der Demokratie als mündige Staatsbürger abverlangt, in wirtschaftlichen Dingen der permanenten Bevormundung durch einen zentral lenkenden Staat auszusetzen."*
5 In der FAZ vom 7.10.1987 hieß es: *„Nach der Enttäuschung über die linken Mythen und die Faschismen der Rechten sind wir nicht mehr bereit, politischen Heilserwartungen Glauben zu schenken; was der Politik bleibt, ist eine Gratwanderung zwischen Mythosverachtung und Rationalitätsverdrossenheit."*
6 *W. Lachmann*, 1988a: hoher Effizienz- und Versorgungsgrad
7 *Ota Sik*
8 *Wolfram Engels* 1984
9 Z.B. *Hayek*
10 *Franz Böhm*
11 *Matthias Schreiber*
12 *Wolfram Engels*, 1984
13 Nach *Müller-Armack* ein *„der Ausgestaltung harrender, progressiver Stilgedanke"*

14 Wenn diese Ansprüche nicht mehr alle gleichzeitig erfüllt werden können, dürfte es schwer fallen, eine Rangfolge ethisch zu begründen. Diese Problematik wird regelmäßig bei Unternehmenskonkursen sichtbar.
15 *Peter Ulrich: „Wohlverstandenes Wirtschaften enthält schon in sich die ethische Qualität des Werteschaffens."*
16 *W. Röpke*, einer der Väter der Sozialen Marktwirtschaft formulierte: *„Selbstdisziplin, Gerechtigkeitssinn, Ehrlichkeit, Fairneß, Ritterlichkeit, Maßhalten, Gemeinsinn, Achtung vor der Menschenwürde des anderen, feste sittliche Normen – das sind alles Dinge, die die Menschen bereits mitbringen müssen, wenn sie auf den Markt gehen und sich im Wettbewerb miteinander messen. Sie sind die unentbehrlichen Stützen, die beide vor Entartung bewahren."*
17 Das wird auch von Theologen anerkannt: so formulierte *Kerber* – wenn auch in anderem Zusammenhang: *„Ein Unternehmen kann sich Maßnahmen (zur Humanisierung der Arbeitswelt) nur leisten, wenn seine Stellung am Markt dadurch nicht gefährdet wird. Wenn sie gesetzlich vorgeschrieben werden und damit für alle Unternehmen des betreffenden Bereichs gelten, ist die Wettbewerbsfähigkeit gesichert. Auf freiwilliger Basis können sie aber nur innerhalb enger Grenzen verwirklicht werden."*
18 *E.H. Plesser: „Aus Sparsamkeit wird Geiz, aus Arbeitseinsatz Ausbeutung, aus Nüchternheit unmenschliche Kälte, aus Gewinnstreben hemmungslose Raffgier, aus Mut Tollkühnheit, aus Flexibilität Zynismus, aus dynamischer Taktik durchtriebene Verschlagenheit."* Und aus fairem Wettbewerb ein Kampf um die nackte Existenz (von Personen oder Institutionen), so müßten wir hinzufügen.
19 *L. Roos*
20 Ähnlich *K. Homann* (1992): *"Ein einzelner Unternehmer, der (in der Marktwirtschaft) ein neues Produkt oder Produktionsverfahren entwickelt, zwingt alle Konkurrenten, sich ebenfalls anzustrengen. Hier macht das gute Beispiel Schule ... Wer ... (bei einer schlecht funktionierenden, defizitären Rahmenordnung) aus moralischen Motiven als einzelner Kostenerhöhungen z.B. durch verstärkten Umweltschutz in Kauf nimmt, muß – langfristig – aus dem Markt aussteigen! ... Hier macht das schlechte Beispiel Schule ... : In der modernen Gesellschaft liegt die Moral nicht länger in den Motiven der Akteure, sondern in den Regeln. Aus diesem Grund ist in der Moderne die Ordnungsethik dominant gegenüber der Handlungs- oder Tugendethik ... Sanktionsbewehrte Gesetze, steuerliche oder sonstige Anreize, Gewinnaussichten, Drohung mit wirtschaftlichen Verlusten sind die bevorzugten Steuerungsinstrumente."*
21 Organisation for Economic Co-operation and Development
22 International Labor Organisation
23 United Nations Conference on Trade and Development
24 *Wilhelm Busch* brachte das auf die allgemein verständliche Formel: *„Das Gute – dieser Satz steht fest – ist stets das Böse, was man läßt!"*
25 Bund Katholischer Unternehmer (BKU), Jahrestagung 1987: „Arbeit statt Almosen"
26 *Von Stockhausen; Lachmann* (1994)

10 Leitbilder zur umweltverträglichen Gestaltung des industriellen Fortschritts

Das meiste, was gesellschaftlich von Bedeutung ist, wurde in entwickelten Ländern in Form von Gesetzen, Rechtsverordnungen, Verwaltungsvorschriften und Normen als Verbote, Gebote, Anreizsysteme, Richtlinien, Kriterien und Pflichten bereits geregelt. Dies gilt auch für die Technik – insbesondere für deren umweltverträgliche Gestaltung und Anwendung.

Neben den vielen tausend Regeln dieser Art können weitere Leitsätze kaum oder nur in Einzelfällen zusätzliche konkrete Weisungen vermitteln. Unsere ethische Verpflichtung muß daher zunächst lauten:

Halte die legitim zustandegekommenen Regeln nach bestem Wissen und Gewissen ein!

• Regelungen zur umweltverträglichen Technikgestaltung

Konkrete zusätzliche Orientierung zur umwelt- und sozialverträglichen Technikgestaltung und -anwendung können über die allgemeinen ethischen Maximen und die geltenden Rechtsvorschriften und Normen hinaus in erster Linie Leitbilder vermitteln.

• Zusätzliche Orientierung durch Leitbilder

Leitbilder sind nach Brockhaus „idealhafte, richtungsweisende Vorstellungen". Ihr Orientierungs- und Instruktionsgehalt wird aus einer Beschreibung *Dierkes'* klar: „Leitbilder knüpfen an vorhandene Technikelemente an, verbinden sie aber mit Vorstellungen – Visionen – weiterer technischer Entwicklungspotentiale und entwerfen auf dieser Grundlage eine Art *Zielkorridor* gesellschaftlich-technischer Entwicklungen, der für die Konstruktionsarbeit dadurch stimulierend wirkt, daß von ihm Problemwahrnehmungen und Lösungsmodi abgeleitet werden."

• Definition von „Leitbildern"

• Leitbilder für umweltverträgliche Technikgestaltung

Der Versuch, möglichst konkrete Leitbilder zu finden, soll im folgenden am Beispiel der Verantwortung, insbesondere der Ingenieure, für die Umweltverträglichkeit der Technik unternommen werden. Zur Diskussion einiger wichtiger Wechselwirkungen der Umweltproblematik ist in Bild 65 ein stark vereinfachtes „Wirkungsgefüge wichtiger Ursachen der Umweltschädigung" vorgestellt. Eine Zurückverfolgung der einzelnen Einflußfaktoren zu deren Hauptursachen führt zu leitbildartigen Ansatzpunkten für die Eindämmung der potentiellen Ursachen der Umweltschädigung (s. nochmals Bild 57).

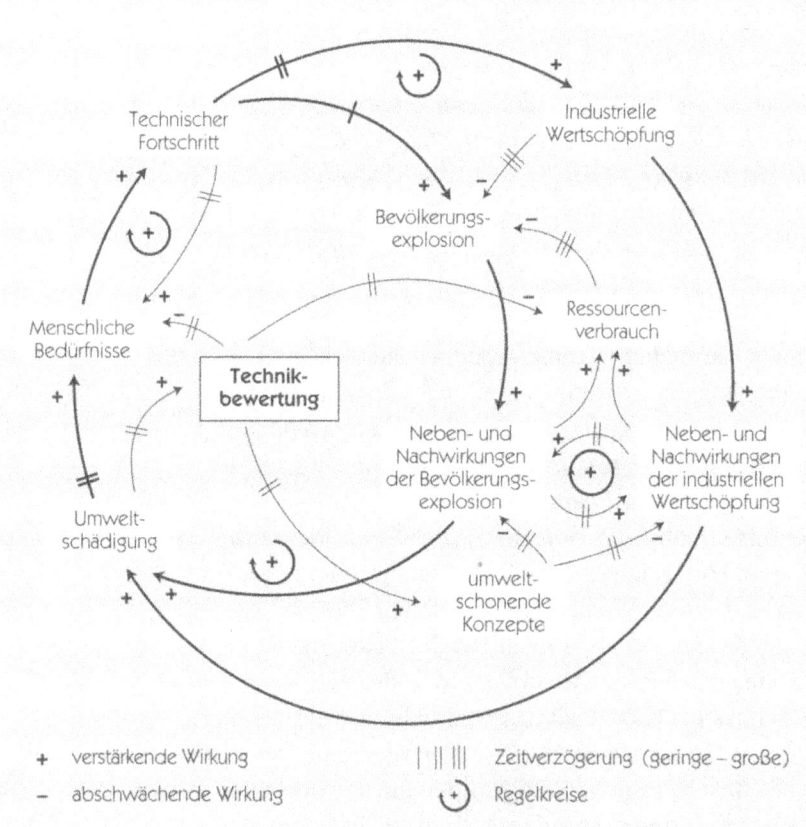

Bild 65

Im großen und ganzen lassen sich folgende Arten von Leitbildern bzw. Konzepte für eine umweltschonende Technikgestaltung unterscheiden (s. auch Bild 66):

- Lebensstile

  Den unter der Überschrift „Neuer Lebensstil" diskutierten Verhaltensänderungen kann hier nicht näher nachgegangen werden; erwähnt seien lediglich Stichworte wie „Askese", „Neue Bescheidenheit", „Neue Gemächlichkeit", „Sanfter Tourismus".

- Politische Konzepte

  Anstelle von Verboten und Geboten, ohne die man allerdings nicht auskommen wird, sollten die Gebietskörperschaften viel häufiger mit Anreizsystemen arbeiten; eine weitere wichtige politische Maßnahme stellt die Internalisierung externer Kosten, hier eben besonders der Kosten für die Umwelt bzw. den Umweltschutz, dar; sie ist als Prinzip kaum noch umstritten, umso mehr jedoch die Art ihrer Umsetzung, da alle Vorschläge auch mit Nachteilen behaftet sind.

- Verfahrens-Leitbilder

  Ein Verfahrens-Leitbild ist z.B. die „Technikbewertung", zu deren Ausführung auch „Risikoanalysen" und „Ökobilanzen" erforderlich werden, die man ihrerseits als Verfahrens-Leitbilder oder -Konzepte auffassen kann.

- Inhaltliche Leitbilder

  Hierunter fallen vor allem das „Recyclinggerechte Konstruieren" als Voraussetzung für fortschrittliches Stoffrecycling, der „Integrierte Umweltschutz", die „Rationale Energienutzung", die „Angepaßte, Mittlere, Sanfte Technologie", die „Bionik" oder „Biokybernetik" und – als eine Art Ober-Leitbild – das „Nachhaltige Wirtschaften".

- Unternehmenskultur

  Um die Gesamtheit der Zusammenhänge wenigstens in einem Begriff anzusprechen, wird zu Recht, wenn auch wiederum unscharf, auf das Kulturkonzept zurückgegriffen. Kultur ist laut Brockhaus „die Gesamtheit der typischen Lebensformen größerer Gruppen einschließlich der sie tragenden Geistesverfassung, besonders der Werteinstellungen". Auf Institutionen, insbesondere Wirtschaftsunternehmen angewendet, wird daraus das Konzept der „Organisations- bzw. Unternehmenskultur".

• Arten von Leitbildern

• Lebensstile

• Politische Konzepte

• Verfahrens-Leitbilder

• Inhaltliche Leitbilder

• Unternehmenskultur

Leitbilder und Konzepte für eine umweltschonende Technikgestaltung

Lebensstile	Politische Konzepte	Verfahrens-Leitbilder	Inhaltliche Leitbilder
Askese	Internalisierung externer Kosten	NACHHALTIGE ENTWICKLUNG	
Neue Bescheidenheit	Internationale Konventionen, z.B. zum Klima- und Artenschutz	Technikbewertung	Recyclinggerechtes Konstruieren, Stoffrecycling
Neue Gemächlichkeit		Risikoanalyse	
		Ökobilanzierung	Integrierter Umweltschutz
Sanfter Tourismus	Verbote		
			Rationelle Energienutzung
Neuer Lebensstil	Gebote		
	Anreizsysteme		Sicherheitstechnik
			Angepaßte Technologien, Bionik, Biokybernetik
		UNTERNEHMENSKULTUR	

Bild 66

Zu jedem einzelnen Leitbild oder Konzept gibt es eine umfassende Literatur. Es kann nicht Aufgabe dieses Buches sein, den Dialog zu jedem einzelnen Instrument wiederzugeben oder auch nur zusammenzufassen. Zur Orientierung möge eine Skizzierung der wichtigsten Leitbilder genügen.

10.1 Sustainability, Sustainable Development, Nachhaltige Entwicklung, Nachhaltiges Wirtschaften

Als übergeordnete Leitvorstellung kann das aus dem angelsächsischen Raum kommende Konzept „Sustainability" aufgefaßt werden. Das Verbum „sustain" ist auch in der englischen Allgemeinsprache üblich und bedeutet u.a. stützen, tragen, erhalten, aufrechterhalten.[1]

10.1 Sustainability, Sustainable Development

Es geht um die (dauernde) Erhaltung der Menschheit bzw. der Biosphäre. Ähnliche Begriffe und Konzepte aus dem englischen Sprachraum sind *Survival* (z.B. Environmental Survival), *Stewardship* und *Stable Future*.

• Dauernde Erhaltung der Menschheit bzw. der Biosphäre

Im Deutschen finden wir den Begriff Nachhaltigkeit (z.B. nachhaltiges Wirtschaften) oder – weil dieses Wort nicht der deutschen Allgemeinsprache angehört – andere Übertragungen wie zukunftsfähiges oder zukunftssicheres Wirtschaften, langfristig tragbares oder durchhaltbares Wachstum, naturverträgliche oder naturgerechte Entwicklung oder Dauerhaftigkeit.

• Begriff der Nachhaltigkeit

Im Duden-Sinnwörterbuch wird als erste Bedeutung von nachhaltig „tiefgreifend", „lange nachwirkend" und als zweite Bedeutung „einschneidend", „unaufhörlich" aufgeführt. Es ist diese letzte Wortbedeutung, auf die es hier ankommt. In der Forstwirtschaft bedeutet „Nachhaltigkeit" den „langfristigen und umfassenden Substanzerhalt des natürlichen Produktionspotentials"[2].

• Vorbild Forstwirtschaft

Die Analogien zu anderen Konzepten wie „Integriertem Umweltschutz" und „Stoffrecycling" sind unverkennbar; auch Analogien zur „Bionik" werden sichtbar, wenn z.B. Christiane *Busch-Lüty* (S. 9) eine „Annäherung an *natürliche* Ordnungsprinzipien der Vielfalt, Gemächlichkeit, Selbstorganisation, Resilienz, Fehlerfreundlichkeit u.a." empfiehlt.

Grossmann (S. 29) betont, daß der Begriff der Nachhaltigkeit, neben dem statischen (andere sprechen vom quantitativen) Erhalt auch noch den Erhalt der Funktionsfähigkeit und vor allem der Widerstandsfähigkeit (Resilienz-Konzept) der Ökosysteme gegen unerwartete Einwirkungen enthält.

• Resilienz-Konzept

Dürr (S. 61) ergänzt: „Die Nachhaltigkeit geht über den statisch klingenden Begriff der Dauerhaftigkeit hinaus und bedeutet auch mehr als nur eine langfristige Überlebens- oder Reproduktionsfähigkeit, weil sie die Lebendigkeit, die Produktions- und Entwicklungsfähigkeit mit einschließen soll. Nachhaltigkeit verlangt eine Erhaltung der hochdifferenzierten Ordnungsstruktur der Biosphäre auf der Erdoberfläche."

• Reproduktionsfähigkeit

• Entwicklungsfähigkeit

In der deutschen Literatur über nachhaltiges Wirtschaften finden sich Stichworte wie

- Umweltökonomische Gesamtrechnung (Ökosozialprodukt)
- Ökobilanzen zur ökologischen Bewertung von komplexen Systemen bis hin zu Konsumprodukten
- Ökologische Berichterstattung von Institutionen (z.B. Unternehmen)
- Naturgerechte Technik
- Emmissionsarme sowie energie- und materialsparende Technologien
- Ressourcenerhalt und -wiederherstellung (z.B. Aufforstung) bzw. -absicherung (Resilienz)
- Biologische Landwirtschaft, Ökologischer Landbau
- Ökologischer Stadtumbau
- Vorwiegend immaterielle Lebensqualität
- Ressourcensubstitution durch Informationsverarbeitung und -verwendung

Ausführliche Darstellungen zu den Konzepten „Sustainable Society" bzw. „Sustainable Future" z.T. mit Bibliographien geben *Burrows*, *Brown* und *Milbrath*.

• Leitsätze zur nachhaltigen Entwicklung

Eine Zusammenfassung des Leitbildes „Sustainable Development" in Form von Leitsätzen könnte wie folgt lauten:
- Sichere beim technischen Handeln die Überlebens- und Reproduktionsfähigkeit der natürlichen Umwelt einschließlich deren weiteren Entwicklungsfähigkeit![3]
- Erhalte neben der Funktionsfähigkeit vor allem auch die Widerstandsfähigkeit (Resilienz) des Ökosystems gegen unerwartete Einwirkungen![4]
- Nähere neue Technologien soweit möglich natürlichen Ordnungs- oder Regelungsprinzipien (Leitbild „Biokybernetik") und natürlichen Techniken (Leitbilder „Bionik", „Naturgerechte Technik", „Biologischer Landbau", etc.) an!
- Maximiere die Wertschöpfung und minimiere den Ressourcenverbrauch und die Schädigung des Ökosystems![5]
- Verwirkliche die Leitbilder „Recyclinggerechtes Konstruieren", „Integrierter Umweltschutz", „Rationelle Energienutzung" etc.!

10.2 Technikfolgenabschätzung und Technikbewertung

10.2.1 Möglichkeiten und Grenzen der Technikbewertung

Der Begriff „technology assessment" wurde 1965 von Emilio Daddario, dem damaligen Vorsitzenden des Wissenschafts- und Forschungsausschusses des US-Repräsentantenhauses geprägt. Unter „technology assessment" (im Deutschen finden wir Begriffe wie Technikfolgenabschätzung, Technikfolgenschätzung, Technikfolgenbewertung, Technikbewertung, Frühwarnung vor Technikfolgen u.ä.) versteht man nach VDI 3780 „Technikbewertung – Begriffe und Grundlagen":

„...das planmäßige, systematische, organisierte Vorgehen, das

- *den Stand einer Technik und ihre Entwicklungsmöglichkeiten analysiert*
- *unmittelbare und mittelbare technische, wirtschaftliche, gesundheitliche, ökologische, humane, soziale und andere Folgen dieser Technik und möglicher Alternativen abschätzt*
- *aufgrund definierter Ziele und Werte diese Folgen beurteilt oder auch weitere wünschenswerte Entwicklungen fordert*
- *Handlungs- und Gestaltungsmöglichkeiten daraus herleitet und ausarbeitet,*

so daß begründete Entscheidungen ermöglicht und gegebenenfalls durch geeignete Institutionen getroffen und verwirklicht werden können."

Der Begriff Technikfolgenabschätzung bezeichnet eher die beiden ersten Stufen der Aufzählung, der Begriff Technikbewertung auch noch die nachfolgenden Stufen.

Die Ziele der Technikbewertung, die in der Fachliteratur aufgeführt werden, sind je nach Interessenslage verschieden:

- schädliche Nebenfolgen für natürliche und soziale Umwelt des Menschen weitgehend vermeiden,
- die Technik- und Wissenschaftsförderung der Regierungen kontrollieren,

• Technology Assessment

• Definition von Technikbewertung

• Ziele der Technikbewertung

- die Parlamente beraten,
- die Mitwirkung der Bürger am politischen Prozeß verbreitern,
- ethische Richtlinien (Verhaltenskodizes) erarbeiten,
- die Wirtschaft kontrollieren,
- den technischen Fortschritt eindämmen, kontrollieren oder steuern,
- die Akzeptanz der Technik erhöhen.

Die hier aufgeführten Ziele oder Aufgaben und die dahinterstehenden Motive überlappen sich teilweise, z.T. sind sie wohl auch konträr. Weil das so ist, eignet sich die Technikbewertung besser zur Aufklärung betroffener Mitbürger und Politiker als zur Zielvorgabe.

Dies führt uns zur Frage nach der Qualität der bisherigen Technikbewertungsversuche und dem anzustrebenden Anspruchsniveau.

• Einwände gegen das Technikbewertungskonzept

Gegen das Technikbewertungskonzept gibt es eine Reihe von Einwänden:
- die Ergebnisse jeder Studie gründeten auf Annahmen, Abgrenzungen und Bewertungen; sie seien daher wertbeladen und subjektiv (Bild 67);
- bisher wurden gefährliche Experimente vermieden; das Technikbewertungskonzept fordere sie geradezu heraus;
- gemessen am Anspruch gäbe es ein Theorie-, Methoden- und Datendefizit.

• Wertbezogenheit der Technik

Einige dieser Einwände lassen sich relativieren: Der VDI-Ausschuß „Grundlagen der Technikbewertung" hat

---

Technikbewertung, eine vieldimensionale Aufgabe
(nach Rapp)

Bei mindestens 3 Dimensionen sind wir auf Prognosen, d.h. auf unsichere Annahmen angewiesen:
- der Art der zu erwartenden technischen Neuerungen
- den sozialen und ökologischen Folgen dieser Neuerungen
- den Wertesystemen der Zukunft

Bild 67

im Teil 2 seiner Richtlinie (VDI 3780) „die Bedeutung von Wertesystemen für die Technik" allgemein herausgearbeitet. Im Teil 3 der Richtlinie wird die Rolle der „Werte im technischen Handeln" einzeln dargelegt. Die Tatsache der Wertbezogenheit der Technik kann also grundsätzlich in das Konzept einbezogen werden; daher auch der Begriff Technikbewertung im Unterschied zur Technikfolgenabschätzung.

Es bleibt aber der Einwand, daß Technikfolgen auch durch noch so ausgefeilte Methoden nicht generell vorhersehbar sind und auch nicht in absehbarer Zeit vorhersehbar werden: Das Datendefizit wäre sicher auf längere Sicht stufenweise – nicht zuletzt mit automatischer Meßwerterfassung und elektronischen Datenverarbeitungsanlagen der 5. Generation – zu überwinden. Jede Hoffnung auf eine Überwindung des Theorie- oder Methodendefizits würde aber die nahezu unendliche Komplexität unseres gesellschaftlichen Kosmos verkennen (Bild 68).

• Theorie- und Methodendefizit

Wir werden die Kluft zwischen dieser Komplexität und unserem wissenschaftlichen Können auch durch noch so umfassende Technikbewertungsmethoden nie ganz überbrücken können.

Die Grenzen unseres Bewertungsvermögens lassen sich auch nicht durch eine „Spezialethik der Technik" oder eine „neue Technikphilosophie" beliebig verschieben oder gar aufheben. Dennoch ist das Konzept „Technikbewertung" positiv zu sehen, vor allem in Fällen, wo es um eine „Güterabwägung über voraussehbare schädliche Nebenfolgen von Technik mit grundsätzlich sinnvoller Zielsetzung" geht. Das gilt übrigens auch für sanfte, mittlere, angepaßte und alternative Technik.

• Grenzen nicht beliebig erweiterbar

10.2.2 Probleminduzierte und technikinduzierte Technikbewertung

Leider fehlt es in der öffentlichen Diskussion des Technikbewertungs-Prozesses häufig an den nötigen Differenzierungen. Zu unterscheiden sind:

• Stufen der Technikbewertung

Bild 68

- das *Erforschen der Wirkungszusammenhänge*, z.B. bei der Klimaproblematik
- das *Abschätzen der Folgen* bestimmter Handlungen und Unterlassungen von Personen und Institutionen
- das *Bewerten* dieser Folgen, aber auch der möglichen Handlungsalternativen von Individuen, Gruppen und Institutionen

• Beispiel Klimaforschung

Machen wir uns die Zusammenhänge am Beispiel der Klimaproblematik deutlich: Auf die Gefährdung des Klimas durch anthropogene (Spuren-)Gase haben Wissenschaftler schon vor vielen Jahren aufmerksam gemacht. Praktische Konsequenzen für Individuen und Unternehmen konnten sich aber erst ergeben, als die Wirkungszusammenhänge deutlicher wurden. Heute unterscheiden

10.2 Technikfolgenabschätzung und Technikbewertung

wir bei der Klimaproblematik die (auch nicht ganz voneinander unabhängigen) Teilprobleme „Ozonloch" und „Treibhauseffekt". Beim Treibhauseffekt diagnostizieren die Wissenschaftler inzwischen sechs Hauptverursacher: Kohlendioxid, Methan, Fluorchlorkohlenwasserstoffe, troposphärisches Ozon, Distickstoffoxid und stratosphärischen Wasserdampf. Verfolgen wir die Ursachenkette weiter zurück, so kommen wir nach nochmals drei bis vier Verzweigungen auf konkrete Produktfelder; diese gilt es nunmehr entsprechend den Erkenntnissen der Wirkungsforschung so zu gestalten, daß klimarelevante Gase möglichst nicht mehr in die Atmosphäre gelangen.

Das bedeutet aber, daß wir es bei der Lösung oder zumindest Milderung der Klimaproblematik mit mehreren tausend Produktfeldern zu tun haben (wenn wir von sechs Ebenen mit je 4 Verzweigungen ausgehen: mit $4^6 =$ 4096). Beim Klimaproblem und bei ähnlich gelagerten Problemkomplexen ist es daher illusorisch, von den Entwicklern, den Herstellern und deren Zulieferern, den Händlern oder den Anwendern einzelner Produkte nach dem Prinzip der vorausschauenden Technikbewertung die Erforschung der Wirkungszusammenhänge zu fordern; diese Forschung kann nur auf gesellschaftlicher Ebene – d.h. im Auftrage des Staates – geleistet werden, am besten übernational.

• Vorausschauende Technikbewertung auf gesellschaftlicher Ebene

Man mißverstehe dies nicht als Plädoyer gegen vorausschauende Technikbewertung oder gegen Technikbewertung in der Industrie. Eine vorausschauende Technikbewertung wäre – im Gegensatz zur probleminduzierten Technikbewertung wie im Beispiel „Treibhauseffekt" – eine technikinduzierte. Technikinduziert und vorausschauend war z.B. die Arbeit der Enquete-Kommission des Deutschen Bundestages zur Gentechnik. Ziel und Haupthoffnung dieser Arbeit ist es, negative Folgen der Gentechnik zu vermeiden, ohne ganz auf deren potentiellen Nutzen (Bild 69) verzichten zu müssen. Die Industrie ist beim Technology Assessment (hier als Oberbegriff für Wirkungsforschung, Folgenabschätzung und Bewertung verstanden) immer dann gefordert, wenn es um *monokausale Wirkungen* (etwa bei Pharmaka) oder um *zurechenbare Kausalzusammenhänge* (wie nach den heutigen Erkennt-

• Enquete-Kommission des Deutschen Bundestages zur Gentechnik

• Technikbewertung in der Industrie

Potentielle Anwendungsbereiche der Gentechnologie
(Enquete-Kommission „Chancen und Risiken der Gentechnologie" des
10. Deutschen Bundestages, 1987)

Biotechnologische Verfahren
- Umwandlung und Herstellung von Rohstoffen für die Chemie und den Energiesektor
- Herstellung und Konservierung von Nahrungs- und Genußmitteln
- Herstellung von Diagnostika, Impfstoffen und Medikamenten
- Abwasserreinigung und andere Umweltschutzverfahren

Pflanzenproduktion
- Veränderung pflanzlicher Inhaltsstoffe
- Züchtung herbizid-resistenter Nutzpflanzen
- Bekämpfung von Krankheitserregern und Schädlingen wie Viren, Bakterien, Pilze
- Biologische Stickstoffixierung
  Größere Abhängigkeit vom mineralischen Stickstoffdünger
- Verbesserung von Photosyntheseeffizienz
- Veränderung von Bodenmikroorganismen
- Anpassung an Umweltfaktoren

Tierproduktion
Züchtung **„transgener Nutztiere"**:
Verbesserung der Nutztiere hinsichtlich Qualität und Quantität des Produktes (Fleisch, Milch, Wolle), Reproduktionsrate, Wachstum, Streßresistenz und geringere Krankheitsanfälligkeit

Umwelt
- Abbau und Umwandlung umweltbelastender Chemikalien
- Schädlingsbekämpfung: gentechnische Veränderung mikrobieller Nützlingsfunktionen

Gesundheit
- Körpereigene und körperfremde Substanzen zur Therapie und Vorbeugung von Krankheiten (z.B. Insulin, Blutgerinnungsfaktoren)
- Impfstoffe
- Diagnostika, z.B. DNA-Sonden, monoklonale Antikörper
- Gewinnung von Interferonen

Humangenetik
- Genomanalyse, z.B. für gentechnische Beratung und pränatale Diagnostik, Öko- und Pharmakogenetik
- Somatische Gentherapie (z.B. bei fehlenden Wachstumshormonen oder Blutgerinnungsfaktoren)
- Gentechnische Eingriffe in die Keimbahn des Menschen

Bild 69

nissen bei den Waldschäden) geht. Seit beispielsweise bekannt ist (Bild 70), daß die Stickoxide eine maßgebliche Rolle im Ursachengefüge für Waldschäden spielen, gehört deren Minimierung zu den erstrangigen Aufgaben z. B. der Motorenentwickler; hinzu kommt als übergeordnete Aufgabe die Minimierung des Energieverbrauchs oder gar

10.2 Technikfolgenabschätzung und Technikbewertung

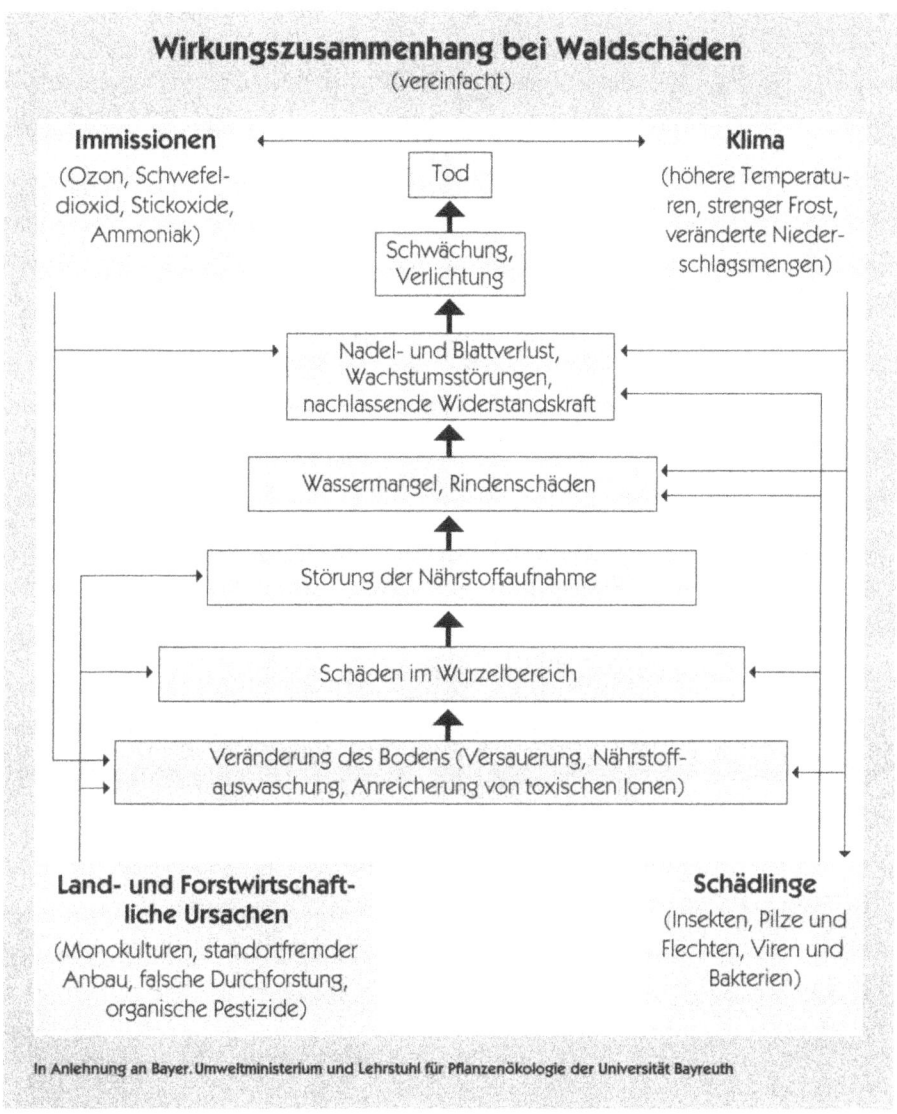

Bild 70

des Transportaufkommens, eine Aufgabe, die nicht nur Ingenieure und mehr als eine Institution betrifft.

Bei den für die Umweltzerstörung im Vordergrund stehenden Problemkomplexen Klima und „Biospezies Holocaust" (so nennt *Markl* die beschleunigte Vernichtung von Tier- und Pflanzenarten) war und ist zuerst die Wirkungsforschung auf gesellschaftlicher Ebene zu leisten; erst deren Ergebnisse haben Rückwirkungen auf die Akteure

• Rolle der Konsumenten

in der Wirtschaft, aber natürlich auch auf die Technikanwender; das sind vielfach die Konsumenten. Bild 13 zeigte am Beispiel der in der Kältetechnik verwendeten FCKW die inzwischen entwickelten bzw. geplanten Ersatzstoffe und -technologien.

- Anreizsysteme

Auch beim Verfolgen von Lösungs- oder Milderungsstrategien steht häufig nicht das einzelne Unternehmen im Vordergrund, sondern der Staat (z.B. durch Anreizsysteme für die rationelle Energienutzung), die Wissenschaft (z.B. bei der Entwicklung klimaschonender Kältemittel) oder ganze Wirtschaftsbranchen (z.B. mit Hilfe von Forschungsvereinigungen zur gemeinsamen Entwicklung umweltschonender Prozesse und Produkte).

- Forschungsvereinigungen

- Undifferenziertes Wirtschafts- und Unternehmensbild

Diese Feststellung ist natürlich wiederum nicht als eine Entlassung der Unternehmen aus ihrer Verantwortung zu verstehen. Es gilt allerdings, diese Verantwortung zu konkretisieren; ein undifferenziertes Wirtschafts- und Unternehmensbild führt nämlich zu den bekannten Pauschalforderungen nach grundsätzlicher Eindämmung des technischen Fortschritts und genereller Verhinderung jedes – auch qualitativen – Wirtschaftswachstums und verbaut uns damit auch die Sicht auf bessere Wege.

- Verbaute Lösungswege

10.2.3 Technikbewertung in der Industrie

Die Antwort auf die Frage, inwieweit Technikbewertung von der Industrie durchgeführt werden sollte, fällt je nach Branche oder Problemkomplexität unterschiedlich aus:

- Monokausale Beziehung
- Produktfolgenabschätzung

Dort, wo eine schädliche Wirkung auf eine Ursache zurückgeführt werden kann (monokausale Beziehung), z.B. bei Medikamenten, ist unmittelbar das einzelne Unternehmen für die Produktfolgen verantwortlich.

Dort, wo schädliche Neben- und Nachwirkungen nicht oder nur undeutlich zugeordnet werden können, kann auch die Verantwortung nicht eindeutig zugeteilt werden; allerdings muß schon beim begründeten Verdacht auf einen „zurechenbaren Kausalzusammenhang" eine Mitverantwortung gesehen und auch wahrgenommen werden, wenn nicht von Einzelunternehmen, so vielleicht doch von der betroffenen Branche; z.B. kann die

- Mitverantwortung bei zurechenbarem Kausalzusammenhang

Motorenindustrie bei der Erforschung der Abgaswirkungen auf den Menschen mitarbeiten (dieser Aufgabe hat sich die Forschungsvereinigung Verbrennungskraftmaschinen im VDMA angenommen).

Bei sehr komplexen Problemen, wie der Frage nach den Ursachen der Waldschäden, kann eine Erforschung der Wirkungsketten nur noch gesamtgesellschaftlich, d. h. im Auftrage des Staates durch entsprechend breitgefächerte Aufträge unternommen werden; typisch für diese Art von Problemstellungen ist auch meist ihr grenzüberschreitender Charakter; sie müssen daher auch international angegangen werden.

Die Forderung nach Technikbewertung durch die Industrie kann also nicht so weit gehen, die Verantwortung für Güterabwägungen oder Entscheidungen, die auf gesellschaftlicher Ebene durchgeführt werden müssen, einzelnen Branchen oder gar einzelnen Firmen alleine aufzubürden.

• Stufen der industriellen Verantwortung

Je nach Problemart und Problemkomplexität ist für eine Aufgabenstellung ein einzelnes Wirtschaftsunternehmen, eine ganze Branche oder eben die Gesellschaft als Ganzes zuständig und damit verantwortlich oder zumindest mitverantwortlich. Für Technikbewertung beim Parlament ist die Industrie sicher nicht primär zuständig; bei Gesetzgebungsaktivitäten, die in irgendeiner Weise den technischen Fortschritt betreffen, wird sie dennoch gehört werden. Auch werden bei vielen Technikbewertungsprozessen sinnvollerweise kompetente Mitarbeiter aus der Industrie einbezogen werden.

Die Methoden der Technikbewertung werden auf jeden Fall auch in Industrieunternehmen im Rahmen der langfristigen Unternehmensplanung Anwendung finden, unabhängig davon, ob die beteiligten Personen die Begriffe „Technikfolgenabschätzung" oder „Technikbewertung" in ihrer Abteilungsbezeichnung tragen oder nicht.

• Technikbewertung im Rahmen der langfristigen Unternehmensplanung

Der Forderung nach einer umwelt- und ressourcenschonenden Technik wird im Zuge der Forschungs- und Entwicklungstätigkeiten schon heute in höherem Maße Rechnung getragen, als die breite Öffentlichkeit das wahrnimmt (z. B. bei der Energieeinsparung in und mit Produkten und Prozessen, bei der Betriebssicherheit von Produkten und Prozessen und beim recyclinggerechten Konstruieren (s. auch Abschn. 10.5 bis 10.7).

- Skepsis bei ordnungspolitischen Veränderungen

Vorschläge in Richtung tiefgreifender ordnungspolitischer Veränderungen müssen mit Vorsicht und Skepsis betrachtet werden: Wie immer bei Programmen von Parteien, Verbänden oder anderen Institutionen wird man selbstverständliche und berechtigte Forderungen neben unakzeptablen und nicht realisierbaren Vorschlägen finden. Die meisten ordnungspolitischen Forderungen laufen aber auf weitere Parallelhierarchien in der Wirtschaft oder gar im Staat hinaus. Sie würden unser sowieso durch extreme Gewaltenteilung und zahllose „checks and balances" gekennzeichnetes System eher lähmen als verbessern.

- Leitsätze zur Technikbewertung

Eine Zusammenfassung des Leitbildes „Technikbewertung" in Form von Leitsätzen könnte wie folgt lauten:

Auf gesellschaftlicher Ebene

– Grenze ein „technikinduziertes" Problem oder eine problematische Technik so ab, daß wichtige Systemzusammenhänge nicht verlorengehen!
– Kläre die Wirkungszusammenhänge zwischen den Elementen des abgegrenzten Teilsystems durch Sammlung von Daten und Informationen bzw. Wirkungsforschung!
Lege dazu die Quellen, Verfahren, Schrittfolgen und auch eventuelle Interessensbindungen beteiligter Wissenschaftler und Fachleute offen!
– Schätze danach die unmittelbaren und mittelbaren technischen, wirtschaftlichen, gesundheitlichen, ökologischen, humanen, sozialen und anderen Folgen der wesentlichen Handlungsalternativen ab!
– Bewerte diese Folgen aufgrund der definierten Ziele und Werte der Gesellschaft und leite daraus weitere wünschenswerte Entwicklungen, Handlungsalternativen oder Entscheidungen ab![6]

Auf Unternehmensebene
- Analysiere die Systemstrukturen mindestens eine Ebene oberhalb der Aufgabenstellung!
- Sammle Fakten und Hypothesen über Systemstrukturen und Wirkungszusammenhänge und bringe sie in das Entwicklungs- bzw. Planungsteam ein!
- Arbeite sowohl bei der Situationsanalyse als auch bei der Entscheidungsfindung mit Alternativen, z.B. Szenarien für den günstigsten, ungünstigsten und wahrscheinlichsten Fall, und wäge das Pro und Kontra jeder Alternative ab!
- Bedenke bei der Gewichtung des Pro und Kontra, also der persönlichen subjektiven Güterabwägung, etwaige Loyalitäts- oder Überzeugungskonflikte und lege sie soweit wie nötig offen!
- Akzeptiere die Gültigkeit legitim zustandegekommener Entscheidungen!

• Leitsätze zur Technikbewertung in der Industrie

10.2.4 Beispiel: Vergleich Magnetschwebe-Bahn mit Rad/Schiene-Bahn

Die Möglichkeiten und Grenzen der Technikbewertung sollen an einem Beispiel aufgezeigt werden; dabei gilt es, die Stufen einer systematischen Vorgehensweise zu verdeutlichen:
1. Eingrenzung der Aufgabenstellung
2. Klärung der Wirkungszusammenhänge
3. Abschätzung der Folgen
4. Bewertung

Seit Jahren ist die Einführung der deutschen Magnetschwebetechnik „Transrapid" in den Schienenverkehr sowohl wirtschaftlich als auch ökologisch umstritten. Nachdem in Abschn. 5.4 bereits eine allgemeine Diskussion des Wettbewerbs Straße – Schiene versucht wurde, sollen hier die Vor- und Nachteile des Transrapid-Projektes Hamburg-Berlin mit der bei der Deutschen Bahn AG eingeführten ICE-Technik verglichen werden.

• Transrapid wirtschaftlich und ökologisch umstritten

• Daten zum Transrapid-
Projekt Hamburg – Berlin

Die wichtigsten Daten zum Transrapid-Projekt sind:
- Streckenlänge: 284 Kilometer
- geplante Bahnhöfe: Hamburg-Hauptbahnhof, Hamburg-Billwerder/Moorfleet, Schwerin, Berlin-Spandau, Berlin-Westkreuz
- Kosten für den Fahrweg: 5,6 Milliarden DM, Übernahme durch den Bund
- Kosten für die Züge und Betriebseinrichtungen: 3,3 Milliarden DM, Übernahme durch die private Betreibergesellschaft
- Fahrtdauer: 55 Minuten (Zehn-Minuten-Takt)
- Höchstgeschwindigkeit: 400 km/h
- Baubeginn: 1996
- Start des Probebetriebes: 2003 oder 2004
- Prognostizierte Passagierzahl jährlich: 14,5 Millionen Personen (entspricht einer Verkehrsleistung von 4,1 Milliarden Personenkilometer)
- Fahrtkosten: 0,28 Pfennig/Personenkilometer zuzüglich Mehrwertsteuer: zusammen 90 bis 100 DM pro Fahrt

Zur Klärung der „Wirkungszusammenhänge" – hier der Vor- und Nachteile beider Alternativen – sollten möglichst viele objektive Sachverhalte und Daten gesammelt werden. Wir fanden folgende allgemeine Strukturdaten:
- Spezifische Streckeninvestitionskosten (ungefähre Angaben) in Mio. DM je Kilometer (zweigleisige Strecke)[7]:

Rad/Schiene (max. 300 km/h)
Flachland	Mittelgebirge
13,6	21,6

Magnetschwebebahn (max. 400 km/h)
Flachland	Mittelgebirge
21,8	23,0

- Energieverbrauch und Lärmemission: siehe Bild 71[8]
- Beschleunigung von 0 auf 300 km/h:
  Transrapid in 2 Minuten bzw. nach 5 km
  ICE in 8 Minuten bzw. nach 30 km
- Steigfähigkeit:
  Transrapid max. 10 %
  ICE max. 4 %
- Durchschnittlicher Normalpreis für eine Bahnfahrt im IC:

Energieverbrauch und Lärmemission

Energieverbrauch in Wattstunden pro Platzkilometer (Sekundärenergie),
Lärmemissionen in Dezibel (dB/A)

Geschwindigkeit	Energieverbrauch	Konventioneller Zug	ICE	Transrapid
160 km/h	Beharrungsfahrt*	22,9	19,4	17
	Fahrspiel**	25,5	22,9	19
	Lärm***	86 - 93	80 - 86	74 - 77
250 km/h	Beharrungsfahrt*	–	37,5	25
	Fahrspiel**	–	42,0	30
	Lärm***	–	86 - 92	82 - 83
400 km/h	Beharrungsfahrt*	–	–	49
	Fahrspiel**	–	–	60
	Lärm***	–	–	92 - 96

*   Fahrt mit konstanter Geschwindigkeit
** Fahrt über 80 km von Haltepunkt A nach Haltepunkt B
*** Vorbeifahrts-Geräuschpegel in 25 m Abstand

Quelle: Informationszentrale der Elektrizitätswirtschaft e.V.

Bild 71

1. Klasse: 36 Pfennig/Kilometer
2. Klasse: 24 Pfennig/Kilometer

Für den ICE gibt es Festpreise je nach befahrener Strecke.

Diese Daten sind zwar nicht vollständig und auch nicht unumstritten, geben aber einen ersten Überblick, der noch relativ frei von subjektiver Auswahl oder Bewertung ist. In den Phasen „Folgenabschätzung" und „Bewertung" überwiegen dagegen die subjektiven Elemente. Hier kann der öffentliche Diskurs nur verkürzt in Form von Pro- und Kontra-Argumenten zum Transrapid wiedergegeben werden:

Kontra:
– Die Fahrgastprognosen sind zu optimistisch; das Finanzierungskonzept steht auf „wackeligen Beinen"; die Risikobeteiligung der Industrie und der Banken ist „unbefriedigend" (*Wissenschaftlicher Beirat beim Bundesminister für Verkehr*)

• Argumente kontra Transrapid

- Einrichtungen für betriebliche Zwecke, wie Betriebshöfe oder Ausweichstellen, erscheinen stark unterkalkuliert; auch bestehen erhebliche Zweifel, ob die vorgesehene Trassierung im Berliner Raum möglich ist *(Wissenschaftlicher Beirat)*
- Falls innerstädtisch sehr viele unterirdische Bauten notwendig sind, ist mit einer Kostenexplosion zu rechnen
- Die Erlösplanung mit 28 Pfennig/Personenkilometer zuzügl. Mehrwertsteuer ist zu optimistisch: die Deutsche Bahn AG als vorgesehener Betreiber geht von 23 Pfennig/Personenkilometer inclusive Mehrwertsteuer aus
- Es ist nicht auszuschließen, daß ausländische Bahngesellschaften in Zukunft Kapazitäten auf der vorhandenen Bahnstrecke Hamburg-Berlin anmieten und als Konkurrenten zur Magnetbahn mit günstigen Preisen und besserem Komfort für den durchgebundenen Verkehr auf der europäischen Relation von Stockholm nach Prag Marktanteile auf sich ziehen *(Wissenschaftlicher Beirat)*
- Auf den Steuerzahler kommen Dauersubventionen in Milliardenhöhe zu
- Als Referenzstrecke ist die Verbindung Berlin-Hamburg aufgrund der Größe des Projektes ungeeignet
- Einige Funktionen wie Mehrzugbetrieb, Begegnungs- und Tunnelfahrten, Wintertauglichkeit, Instandhaltung sind bisher nur theoretisch und nicht im Versuch nachgewiesen worden *(Wissenschaftlicher Beirat)*
- Bei auftretenden Betriebsstörungen oder notwendigen Reparaturen ist es nicht möglich auf Alternativrouten auszuweichen; der Fahrbetrieb muß unterbrochen werden; die Magnetbahn ist in solchen Fällen auf die Rückversicherung der Bahn angewiesen *(Wissenschaftlicher Beirat)*
- Aufgrund der komplexen Konstruktion der Weichen ist die Netzbildungsfähigkeit eingeschränkt
- Das neue Verkehrssystem läßt sich in die bestehenden Systeme nur schlecht integrieren
- Bei Betrieb eines ICE zwischen Hamburg und Berlin müßte keine neue Strecke gebaut werden; die bestehende Bahnstrecke kann für 2,5 Milliarden DM ausge-

baut werden. Die ICE-Fahrzeit wäre nur 20 Minuten länger *(Wissenschaftlicher Beirat)*
- ICE-Züge können den Geschwindigkeitsnachteil gegenüber der Magnetbahn zum Teil durch die bessere Zentralität der Haltepunkte und deren hochwertige Verknüpfung mit Einrichtungen des Fern- und Nahverkehrs ausgleichen *(Wissenschaftlicher Beirat)*
- Auf dem Gebiet der Bundesrepublik lassen sich nur wenige Strecken finden, auf denen eine Magnetbahn merkliche Zeitvorsprünge gegenüber einer Hochgeschwindigkeitseisenbahn erzielt
- Es besteht die Gefahr, daß der Transrapid sich auf lukrativen Strecken zwischen Ballungsgebieten die „Rosinen herauspicken" wird; dies geht zu Lasten der Bahn, die mit diesen Erlösen andere weniger lukrative Strecken (Nebenstrecken) mittragen muß
- Die technischen Möglichkeiten hinsichtlich der Geschwindigkeit sind bei der herkömmlichen Rad-Schiene-Technik noch lange nicht ausgeschöpft; durch neue Fahrwerke in Einzelradlagerung, die sich bereits in Erprobung befinden, kann die Geschwindigkeit deutlich erhöht werden; zudem wird durch diese Entwicklung der Verschleiß wie auch die Lärmemission vermindert *(Wissenschaftlicher Beirat)*
- Gütertransport im herkömmlichen Sinn ist mit der Magnetschwebebahn nicht sinnvoll, da der spezifische Energieverbrauch verglichen mit der Güterbahn zu hoch ist; vorstellbar ist allenfalls der Transport sehr hochwertiger Güter

Pro:
- Auch die erste Bahnstrecke Nürnberg-Fürth vor mehr als 150 Jahren war eine Insellösung; Vorleistungen sind bei großen Innovationen immer notwendig; ohne Visionen gibt es keinen Fortschritt
- Die Magnetschwebebahn kann einen Beitrag zur Lösung der Verkehrs- und Infrastrukturkrise leisten; der vorhandene Schienenweg wird entlastet; dadurch ergibt sich Spielraum für die Optimierung des Regionalverkehrs sowie für den vermehrten Einsatz von Güterzügen

• Argumente pro Transrapid

- Die Strecke kann strategisch sinnvoll verlängert werden
- Der Transrapid ist leiser und verbraucht bei gleicher Geschwindigkeit weniger Energie als der ICE; er ist schneller und weist wesentlich kürzere Brems- und Beschleunigungswege auf; aufgrund der hohen Beschleunigung ist es möglich, bei gleicher Fahrzeit wesentlich mehr Bahnhöfe zu bedienen
- Er kann sehr große Steigungen überwinden; deshalb kann bei einer zukünftigen Streckenführung durch Mittelgebirge häufig auf teure Kunstbauten wie Brücken und Tunnel verzichtet werden
- Der Transrapid ist entgleisungssicher
- Das System ist verschleiß- und wartungsärmer als das ICE-System (keine Radreibung)
- Durch eine Aufständerung der Trasse ist der Landschaftsverbrauch bzw. die Landschaftszerschneidung (Trennwirkung) nicht so gravierend wie bei der Bahn
- Ohne hohe Subventionen wäre auch der Airbus niemals verwirklicht worden
- In der Bauphase werden über 10.000 Arbeitsplätze geschaffen bzw. gesichert, davon allein 4.000 im Stahlbau
- Durch den Betrieb entstehen etwa 2.800 Dauerarbeitsplätze
- Die weltweit modernste Bahntechnik kann eingesetzt werden
- Es besteht die Möglichkeit, die Leistungsfähigkeit des Standortes Deutschland und der deutschen Ingenieurskunst zu zeigen; dies wird weit über die Landesgrenzen hinaus Ausstrahlung haben und auch andere Industriezweige positiv beeinflussen
- Eine Referenzstrecke im Inland ist notwendig, um die Funktionsfähigkeit des Systems zu demonstrieren und damit den Export zu ermöglichen; der Fall „Südkorea" zeigt, wie wichtig eine derartige Erprobung ist (die Entscheidung fiel dort zugunsten des französischen TGV, nicht zuletzt wegen der zehnjährigen Betriebserfahrung mit dieser Technik)
- Es wird in erheblichem Umfang privates Kapital eingesetzt; die Privatwirtschaft zeigt hier ein bei Verkehrsinvestitionen bisher noch nie dagewesenes Engagement

– Noch besteht gegenüber der japanischen Entwicklung
ein zeitlicher Vorsprung; der Transrapid hat keine Konkurrenz, wenn er jetzt gebaut wird

Die Güterabwägung zwischen dem Pro und Kontra kann
– wie die Qualität der Argumente zeigt – nur subjektiv
vorgenommen werden. Der Autor verhehlt nicht, daß er
für das Transrapid-Projekt optiert, ohne die Gegenargumente zu verteufeln, die Risiken zu ignorieren oder gar
die Möglichkeit des Scheiterns zu leugnen.

Wichtig an diesem Beispiel ist auch die Erkenntnis, daß
Pro- und Kontrastandpunkte zum Transrapid oder anderer technischer bzw. wirtschaftlicher Projekte nicht als
Dummheit oder „Denken oder gar Handeln wider besseres Wissen" interpretiert werden müssen, sondern aus der
„Pluralität" der Zusammenhänge, Folgen, Gewichtungen
und Bewertungen erklärt werden können.[9]

- „Meinungspluralismus" oder politische Dummheit

10.3 Risikoanalysen

10.3.1 Begriffe und Grundlagen

Die Inhalte der Begriffsfamilien
– Risiko, Gefahr, Schaden etc.
– Sicherheit, Zuverlässigkeit, Schutz etc. und
– Chance, Wagnis etc.
waren in Abschn. 7.3.5 kurz angeklungen.

Nunmehr gilt es die Konzepte und Methoden zur Vermeidung, Milderung oder Kompensation von Risiken etc. darzustellen.[10] Im wesentlichen, finden wir zwei Konzepte:

1. Die Analyse der Wirkungs- oder Systemzusammenhänge, wobei unterschiedliche Ziele verfolgt werden können. Unfall- und Schadensanalysen gehen von bereits eingetretenen Fällen aus. Zukunftsgerichtet sind Zuverlässigkeits- und die Risikoanalysen. Die Zuverlässigkeitsanalyse interessiert sich in erster Linie dafür, ob ein System (eine Anlage, eine Maschine, ein Gerät) oder ein Prozeß die geforderte Funktion erfüllt, z.B. die gewünschte Verfügbarkeit eines Systems oder die Qualität eines Prozeßablaufs; die Risikoanalyse zielt auf die möglichen Schäden. Zuverlässigkeitsanalyse und Risi-

- Analyse der Wirkungs- oder Systemzusammenhänge

- Zuverlässigkeitsanalyse

- Risikoanalyse

koanalyse verwenden zwar die gleichen Methoden, untersuchen aber unterschiedliche, jedoch nicht voneinander unabhängige Phänomene. Dementsprechend tritt der Begriff Bewertung vor allem im Zusammenhang mit Risiken auf, denn diese können nur subjektiv beurteilt werden (siehe auch Abschn. 7.3.5).

2. Aus den Analysen ergaben und ergeben sich im Lauf der Technikgeschichte Prinzipien und Methoden zur Vermeidung, Minderung oder Kompensation der Risiken, Gefahren, Schäden etc., die je nach Hauptzielrichtung als Zuverlässigkeitstechnik, Sicherheitstechnik oder Schadensverhütung bezeichnet werden. Die meisten dieser Prinzipien und Methoden wurden zwar in bestimmten Teilbereichen der Technik gefunden bzw. entwickelt; häufig sind sie jedoch auf andere Bereiche übertragbar, so daß heute mit Fug und Recht die Sicherheitstechnik als eine eigene technische Disziplin betrachtet werden kann.

- Zuverlässigkeitstechnik, Sicherheitstechnik, Schadensverhütung

10.3.2 Analysemethoden

Eine Darstellung der sicherheitstechnischen Grundlagen verdanken wir *Meyna*. Bild 72 nennt wichtige Analyseverfahren und deren Anwendungsbereiche.

- Ereignisbaumanalyse

Die wichtigste induktive Methode ist die Ereignisbaumanalyse (andere Bezeichnungen: Ereignisablauf- oder Störfallablaufanalyse): „Als Ausgangspunkt dient der Ausfall einer oder mehrerer Systemkomponenten; induktiv wird dann der mögliche Verlauf dieses Ereignisses und das Verhalten anderer Systemkomponenten untersucht. Im Normalfall wird unterstellt, daß eine Komponente entweder funktioniert oder ausfällt"[11]. In Bild 73 ist ein vereinfachtes Störfallablaufdiagramm wiedergegeben. Die für verfeinerte Störfallablaufdiagramme verwendeten Symbole sind in DIN 25419 genormt.

- Fehlerbaumanalyse

Die wichtigste deduktive Methode ist die Fehlerbaumanalyse (andere Bezeichnung: Gefährdungsbaumanalyse): „Sie ist ein Spiegelbild der Ereignisbaumanalyse. Statt von einem singulären Ereignis (etwa Ausfall einer Pumpe oder Bedienungsfehler) auszugehen, betrachtet sie vom Gesamtsystem ausgehend alle erfaßbaren Se-

Wichtige Risikoanalyseverfahren und ihre Anwendungsgebiete
(Meyna, S. 667)

Analyseverfahren	Einsatzgebiete	Voraussetzungen
induktive Analyseverfahren	Qualitative und quantitative Analyse von Störfallabläufen für Anlagen und Systeme aller Art einschließlich gemeinsam verursachter Ausfälle. Vorzugsweise höhere Systemebene.	Eintrittshäufigkeiten der auslösenden Ereignisse und Verfügbarkeiten der Schutzsysteme (aus den Verzweigungen) müssen bekannt sein.
deduktive Analyseverfahren analytisch simulatorisch	Für kleine, mittlere und große Anlagen und Systeme aller Art einschließlich gemeinsam verursachter Ausfälle, deren Verfügbarkeit berechnet werden soll.	Fehler- bzw. Gefährdungsbaum; Reparatur- und Ausfallzeiten müssen vorliegen.
Markoffscher Prozeß mit diskretem Parameterbereich	Für kleine und mittlere Anlagen und Systeme einschließlich der Beschreibung des menschlichen Fehlverhaltens bei Arbeitsprozessen.	Zustandsdiagramm des Mensch-Maschine-Systems und die Übergangswahrscheinlichkeiten $P_{ij}(n, n+1)$ müssen vorliegen.
Markoffscher Prozeß mit fiktiven Systemzuständen	Für kleine und mittlere Anlagen und Systeme. Vorzugsweise auf einer höheren Systemebene, deren Übergangsraten nicht konstant sind.	Dichteverteilung der Ausfall und Reparaturzeiten müssen sich durch die spezielle Erlangverteilung approximieren lassen.
Risikoanalyse	Berechnung des Risikos (stetig oder diskret) für Anlagen und Systeme aller Art.	Häufigkeit und Schadensausmaß (stetig oder diskret) eines bestimmten Ereignisses müssen vorliegen.

Bild 72

quenzen, die zu einem Gesamtausfall führen. Deduktiv werden die sequentiellen Ausfälle von Einzelkomponenten bestimmt, die notwendig sind, um ein solches Versagen herbeizuführen"[12]. Die für Fehlerbaumanalysen verwendeten Symbole sind in DIN 25424 genormt.

Für bestimmte Systeme, z.B. wenn Komponenten nicht voneinander unabhängig sind, eignen sich zustandsanaly-

- Zustandsanalytische Verfahren

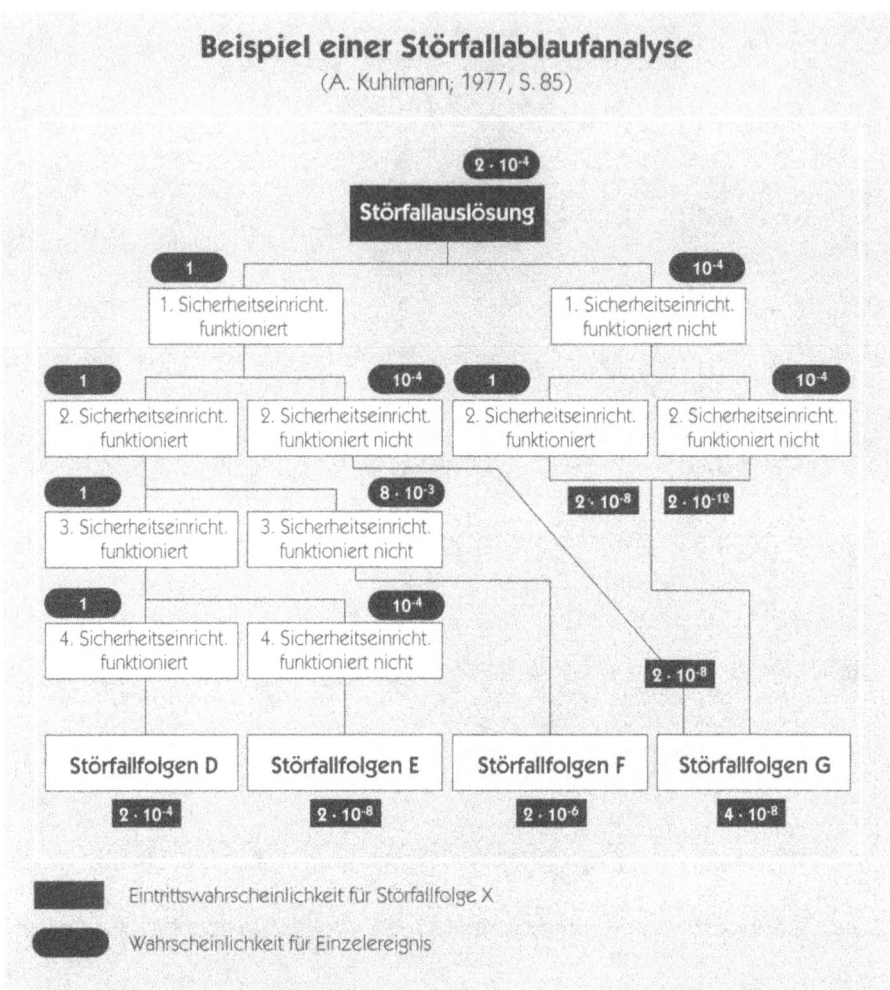

Bild 73

tische Verfahren (Markoffsche Modellbildung). Ausgehend von beschreibbaren Zuständen des Systems werden die Wahrscheinlichkeiten des Übergangs von einem Zustand zum anderen ermittelt[13].

Die Fachliteratur beschäftig sich auch ausführlich mit den Problemen und Unsicherheiten der Methoden[14]. Dem Problem der Datenunsicherheit versucht man vor allem durch Abschätzung der Fehlerraten zur sicheren Seite hin zu begegnen.

10.3.3 Risikobewertung

Der Begriff „Risikobewertung" (englisch: risk assessment) umfaßt den gesamten Prozeß von der Risikoidentifizierung über die Risikoabschätzung und Risikovermeidung oder -verringerung bis zur Risikoakzeptanz (s. Bild 74).

An diesem Prozeß sind, wenn es sich beispielsweise um eine Industrieanlage handelt, die verschiedensten Institutionen, vom Hersteller über den Betreiber bis hin zu den Genehmigungs- und Aufsichtsbehörden und der allgemeinen Öffentlichkeit, beteiligt (s. Bild 75).

Für technikrelevante Entscheidungen in Politik, Wissenschaft und Wirtschaft, die immer auch ethische Entscheidungen sind, sollten wir schon deswegen möglichst auf quantitative Angaben zurückgreifen, weil eine Güterabwägung allein auf der Basis qualitativer Kriterien noch willkürlicher ausfallen müßte. Die Problematik der Maßstäbe für die Risikobewertung deckt sich mit derjenigen für die Technikbewertung. Hier sei auf die VDI-Richtlinie

- Quantitative Bewertung erwünscht

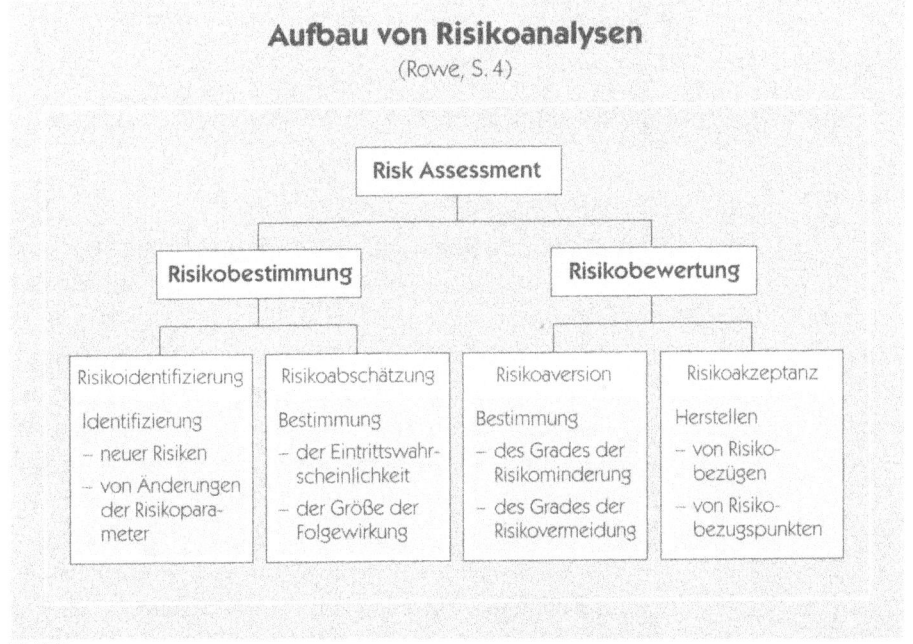

Bild 74

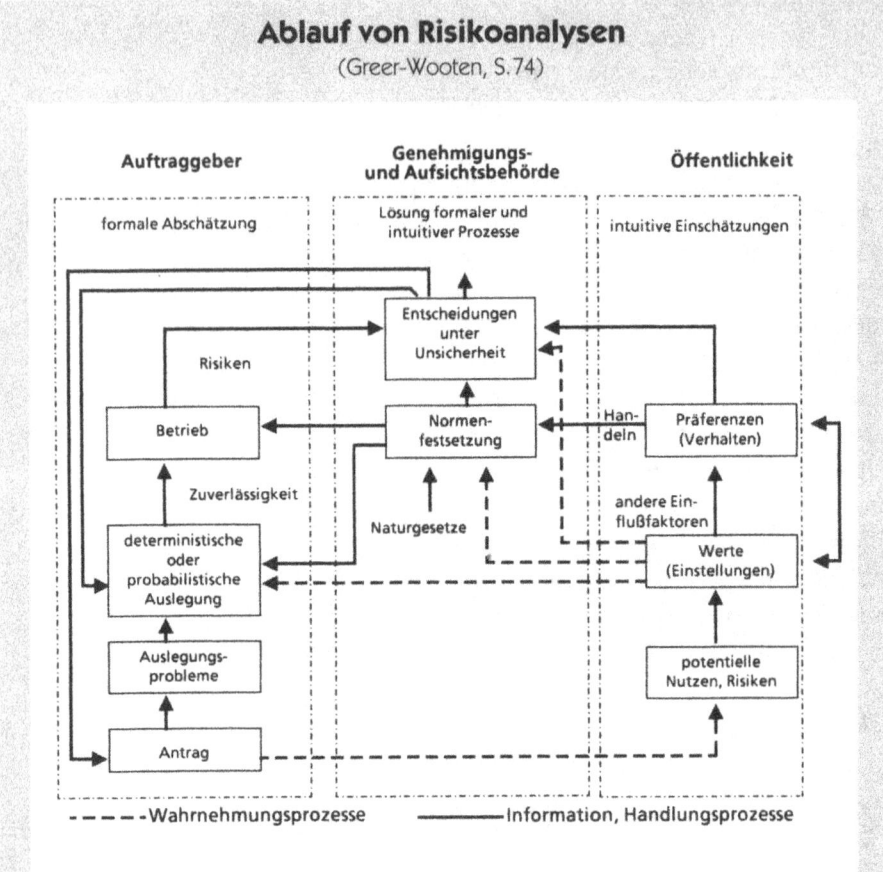

Bild 75

• Häufig sind alle Handlungsalternativen mit Risiken behaftet

3780 „Technikbewertung – Begriffe und Grundlagen" und auf die Abschn. 4.1 (Werte), 7.3.5 und 10.8 dieses Buches verwiesen.

Ethische Güterabwägung ist ein Abwägen des Pro und Kontra von Handlungsalternativen (einschließlich der Möglichkeit der Unterlassung); die Urteile – die ja meist bei unvollständiger Systemkenntnis und immer subjektiv zu treffen sind – werden häufig eher knapp (z.B. 60 : 40 oder 51 : 49) als deutlich (80 : 20) oder gar eindeutig (100 : 0) ausfallen. Die Inkaufnahme von Restrisiken oder das Entstehen neuer Risiken bei der Milderung alter ist dabei häufig unvermeidbar: Niemand wird z.B. gebärende

Mütter wieder im Kindbett sterben lassen, weil infolge medizintechnischer Geburtshilfe im Laufe der Zeit die Häufigkeit von Gebärschwierigkeiten ansteigt.

> Eine Zusammenfassung des Leitbildes „Risikoanalyse" in Form von Leitsätzen könnte wie folgt lauten:
> – Grenze ein technikbeeinflußtes Risiko so ab, daß wichtige Systemzusammenhänge nicht verlorengehen!
> – Kläre die Wirkungszusammenhänge zwischen den Einflußgrößen Mensch-Maschine-Umwelt!
> – Analysiere dazu die möglichen Ereignisketten vom Komponentenausfall bzw. Störfall ausgehend bis zum eventuellen Systemversagen (Ereignis- oder Störfall-Ablaufanalyse) und/oder verfolge vom Gesamtsystem ausgehend alle denkbaren Sequenzen, die zum Systemausfall führen können, zurück (Fehlerbaum- bzw. Gefährdungsbaum-Analyse)!
> – Schätze mit Hilfe eines auf der Basis der Risikoanalysen erstellten Risikomodells die Risiken technischer Handlungsalternativen ab und verschaffe Dir gleichzeitig eine Vorstellung von der Genauigkeit dieser Abschätzungen!
> – Versuche festgestellte Risiken durch Sicherheitstechniken (siehe dort) zu beseitigen, zu mildern oder zu kompensieren!
> – Gib für die Bewertung des Restrisikos brauchbare Kriterien an!

• Leitsätze zur Risikoanalyse

10.4 Ökobilanzierung

Ein Konzept zur ganzheitlichen Betrachtung der von Produkten, Anlagen und Verfahren ausgehenden Umweltbelastungen ist die Ökobilanzierung. Die Vorstellungen über die dazugehörigen Verfahrensweisen und die Inhalte von Ökobilanzen gehen jedoch weit auseinander.

10.4.1 Sachbilanz, Wirkungsbilanz, Bilanzbewertung

• Vergleich unterschiedlicher Produkte oder Verfahren

Das deutsche Umweltbundesamt hat die methodischen Ansätze hierzu untersucht: Es versteht unter Ökobilanzen einen möglichst umfassenden Vergleich der Umweltauswirkungen zweier oder mehrerer unterschiedlicher Produkte, Produktgruppen, Systeme oder Verhaltensweisen. Ziel derartiger Vergleiche ist es letztlich, umweltbelastende Produkte und Prozesse durch ökologisch günstigere Varianten zu ersetzen.

Das Konzept Ökobilanzierung beruht auf einer Stufenfolge von Schritten (Bild 76), die am Beispiel einer Produkt-Ökobilanz erläutert werden:

• Vertikalanalyse

Die Vertikalanalyse ermittelt den gesamten Lebensweg eines Produkts von der Rohstofferschließung und -aufbereitung über die Produktion und Distribution (einschließlich Transport) bis hin zum Ge- und Verbrauch und zur Entsorgung.

• Horizontalanalyse

Die Horizontalanalyse betrachtet alle mit diesem Lebensweg verbundenen Umweltauswirkungen, d.h. die Luft-, Wasser- und Bodenbelastungen durch Schadstoffe, den Verbrauch von Rohstoffen, Energieträgern und Wasser, die Flächenbelegung und die Abfallströme.

• Sachbilanz

Vertikal- und Horizontalanalyse bilden zusammen die Sachbilanz.

• Wirkungsbilanz

Die Wirkungsbilanz beschreibt die möglichen Wirkungen der gesamten Umweltbelastungen. Sie macht Aussagen auf der Basis experimenteller Wirkungsuntersuchungen und/oder theoretischer Simulationsmodelle. Beispiel für eine Wirkungsuntersuchung ist der LD-50-Test zur Bewertung der Ökotoxizität von Stoffen; numerische Modelle werden z.B. für das Klimasystem aufgestellt.

• Bilanzbewertung

In der Bilanzbewertung werden die Ergebnisse der Wirkungsbilanz zusammen mit den Ergebnissen der Sachbilanz auf der Basis eines an „gesellschaftlichen Werten und Prioritäten orientierten Problemverständnisses" bewertet.

Eine Methode zur Bewertung an sich unvergleichbarer Auswirkungen auf die Umwelt haben *Ahbe, Braunschweig* und *Müller-Wenk* (1990) vom Schweizerischen Bundesamt für Umwelt, Wald und Landschaft erarbeitet.

10.4 Ökobilanzierung

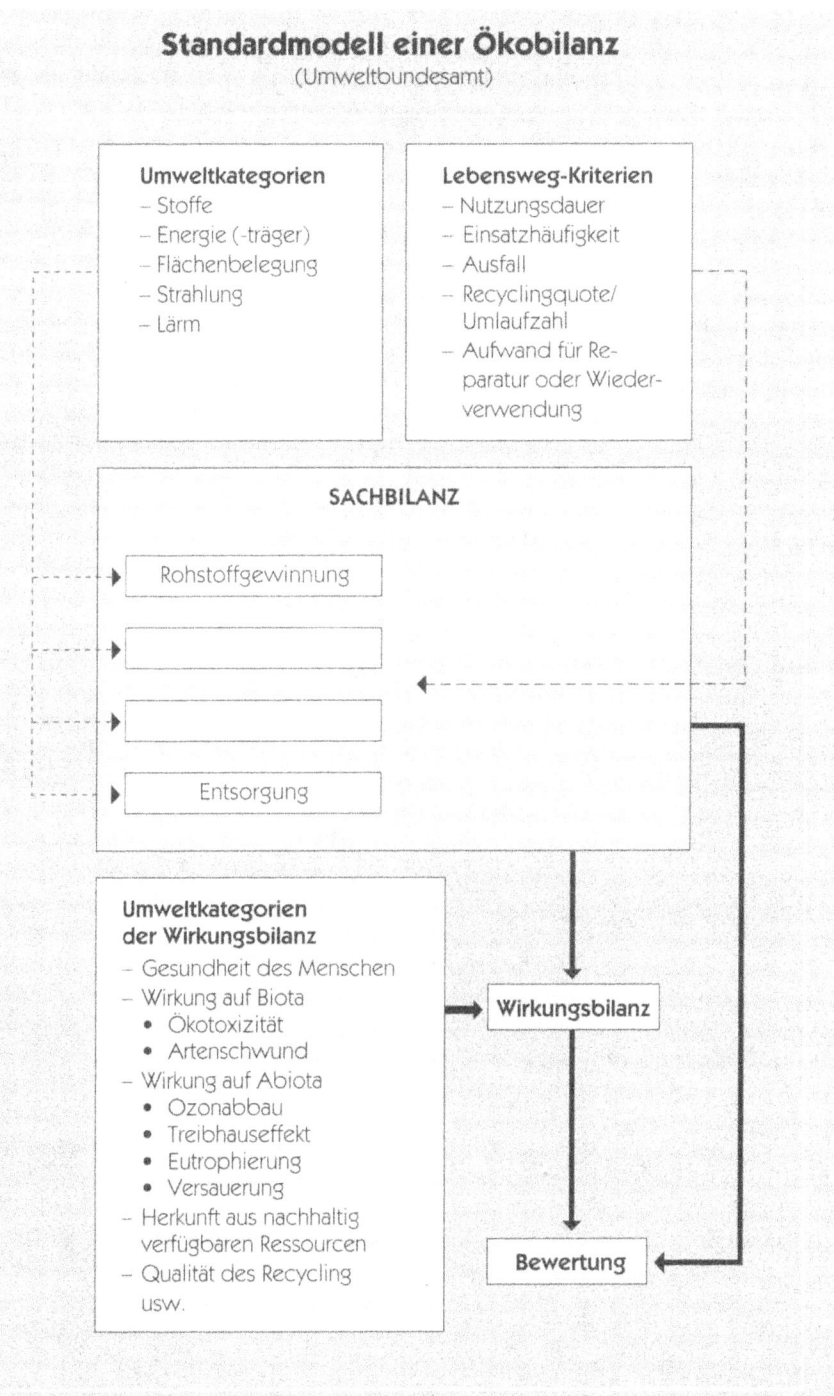

Bild 76

- Ökobilanzen überschreiten Unternehmensgrenzen

Maßstab für die vergleichende Beurteilung sind dabei Öko(malus)punkte je Gramm Stoffstrom, die im wesentlichen von der maximal tolerierbaren Belastung der gesamten Schweiz abgeleitet werden (Bild 77).

Ökobilanzen nach dem Modell des Deutschen Umweltbundesamtes können in den seltensten Fällen von einzel-

Bewertung der Umwelteinwirkungen mit Hilfe von Ökofaktoren – Beispiel Schweiz
(Ahbe; Braunschweig; Müller-Wenk)

Stoff	Maximal tolerable Belastung A (in t)	Derzeitige Belastung B (in t)	B/A (in %)	Ökofaktor $1/A \times B/A \times 10^{12}$ [1/g]
Luft				
NO_x	67200	191000	284	42,3
SO_x	54400	68000	125	23,0
CO_x	34700000	43400000	125	0,036
H-C	146900	308000	210	14,3
HCl	–	5700	–	42,3
FCKW (Summe)	1075	5200	484	4500
Wasser				
DOC*	88000	89000	101	11,5
COD**	264000	267000	101	3,38
Phosphor	2300	4000	174	756
Chlorid	4420000	511000	12	0,0262
Nitrat	251000	57000	21	0,905
Sulfat	4420000	1500000	34	0,0766
Ammonium	22000	5000	23	10,3
Energie				
Brutto-Energie	1004000 TJ	1004000 TJ	100	1 pro MJ
Abfall				
Siedlungsabfälle	4500000	4500000	100	0,222
Sonderabfälle (verbrennbar)	8000	130000	163	20,3

* DOC: Dissolved Organic Carbon
** COD: Chemical Oxygen Demand

Bild 77

nen Unternehmen durchgeführt werden, da der zu erhebende Datenumfang weit über die Unternehmensgrenzen hinausreicht. Viele Unternehmen verarbeiten Zulieferteile, angefangen bei veredelten Rohstoffen bis hin zu ganzen Baugruppen. Um nun die eigenen Produkte ökologisch bilanzieren zu können, müßten dann auch die zugehörigen Ökobilanzen aller Zulieferteile vorliegen. Erinnert sei dabei an die vom Bundesumweltminister in Auftrag gegebene Ökobilanzierung von Getränkeverpackungen, für die drei Jahre benötigt wurden und deren Ergebnisse interpretationsfähig bzw. -bedürftig sind.

Eine andere Auslegung des Begriffes Ökobilanz zielt auf Input-Output-Analysen der betrieblichen Stoffströme. Mit einer anschließenden Schwachstellenanalyse sollen Mängel aufgespürt und abgestellt werden.

• Betriebliche Input-Output-Analysen

10.4.2 Beispiel: Pkw-Antriebssysteme

Die Fahrzeugindustrie entwickelt seit Jahrzehnten alternative Antriebssysteme. Auch von speziellen Öko-Modellen oder -Motoren ist immer wieder die Rede. Es liegt daher nahe, das Prinzip der Ökobilanzierung auf moderne Antriebsalternativen anzuwenden. Beim Pkw sind dies im wesentlichen:
- Ottomotor mit geregeltem Katalysator
- Dieselmotor mit Oxidations-Katalysator
- Elektromotor mit Batterie als Energiespeicher
- Hybrid-Antrieb aus Ottomotor und Elektromotor
- Hybrid-Antrieb aus Dieselmotor und Elektromotor

• Pkw-Antriebsalternativen

Wichtig ist auch hier (wie bei der Technikbewertung) die Eingrenzung der Aufgabenstellung. Neben der Beschränkung auf die genannten Antriebsalternativen wird in diesem Beispiel als weitere Vereinfachung eine Beschränkung der Ökobilanz auf die Emissionen aus dem Betrieb der Fahrzeuge vorgenommen[15]: Unberücksichtigt bleibt also z.B. die Produktion der Fahrzeuge und deren Entsorgung (Wiederverwertung) und etwaige Unterschiede bei Produktion, Transport und Lagerung der Energieträger sowie Unterschiede bei den Infrastrukturketten (z.B. für Batteriewechsel).

• Beschränkung der Ökobilanz auf den Fahrzeugbetrieb

• Strom aus Kohle- oder Kernkraftwerken?

In Bild 78 sind Emissionswerte heutiger Pkw (etwa der Kategorie Golf) zusammengestellt. Wichtig ist bei Fahrzeugen mit Elektro-Motor die Unterscheidung in die Fälle „Stromerzeugung aus Steinkohle" und „Stromerzeugung aus gegenwärtigem Kraftwerksmix". Hintergrund dieser „Alternativen" ist die Überlegung, daß bei hohem Anteil der Elektroantriebe am Verkehrsaufkommen die Stromversorgung nicht mehr aus vorhandenen Kraftwerken sichergestellt wäre, sondern zusätzliche Kraftwerke gebaut werden müssen. Diese müßten in erster Linie Kohlekraftwerke sein.

• Eine Meßzahl für Partikel fehlt

Nun ließe sich mit Hilfe der Schweizer Ökopunkte bereits eine Bilanz aufstellen, wenn auch für Partikel eine Bewertungsgröße angegeben wäre. Ein solcher Ökofaktor kann z.B. aus dem Grenzwert Euro II (0,15 g Partikel/Kwh) für Lastkraftwagen in Anlehnung an die Schweizer Methode mit 6,8 Punkte/g Partikel hergeleitet werden (hier nicht ausgeführt). Die mit Hilfe dieses Wertes und den genannten Ökopunkten aufgestellte Ökobilanz ist in Bild 79 wiedergegeben.

• Ökorangfolge reagiert sensibel auf Veränderungen

Man erkennt, daß die Bilanzergebnisse überraschend eng beieinander liegen. Geringe Unterschiede bei den Ausgangswerten bzw. deren Mittelung oder bei der Ökobewertung (z.B. von CO_2) verändern sehr leicht die Öko-Rangfolge alternativer Fahrzeugantriebe.

• Leitsätze zur Ökobilanzierung

Eine Zusammenfassung des Leitbildes „Ökobilanzierung" könnte wie folgt lauten:
– Vergleiche mit Hilfe von Ökobilanzen die Umweltauswirkungen mehrerer Handlungsalternativen, z.B. die Entscheidung zwischen unterschiedlichen Produkten, Systemen, Verfahren oder Verhaltensweisen!
– Erfasse dazu in einer Sachbilanz sämtliche Stoff- und Energieströme über den gesamten Lebensweg!
– Ermittle danach eine Wirkungsbilanz hinsichtlich der Auswirkung dieser Ströme auf die Umwelt!
– Bewerte abschließend die Sach- und Wirkungsbilanz auf der Basis bestimmter gesellschaftlicher Werte und Prioritäten! (siehe auch Leitbild „Technikbewertung")

10.4 Ökobilanzierung

Emissions-Vergleich heutiger PKW mit unterschiedlichen Antriebsarten
(Forschungsstelle für Energiewirtschaft)

Antriebsart	Ottomotor mit G-Kat	Dieselmotor mit Ox-Kat	Hybrid-Antrieb: E-Motor und Ottomotor		Elektromotor mit Batterie		Hybrid-Antrieb: E-Motor und Dieselmotor	
Motorleistung kW Elektromotor Verbrennungsm.	– 40	– 44	7 40		12-23 –		7 44	
Höchstgeschwindigkeit km/h	150	150	145		100		150	
Beschleunigung 0-80 km/h s	9	9	12		30		10	
Leergewicht kg	855	900	1150		1420		1190	
Kraftstoffverbrauch l/100 km	8,7	6,5	3,5		–		2,5	
Stromverbrauch kWh/100 km	–	–	16 *		35*		16*	
Emissionen im ECE-Abgastest g/km			a	b	a	b	a	b
CO_2	239	214	208 (112)	260 (164)	245	360	194 (112)	247 (165)
CO	2,15	2,14	0,90 (0,04)	0,90 (0,04)	0,1	0,1	0,87 (0,04)	0,87 (0,04)
HC	0,31	0,3	0,13 (0,01)	0,13 (0,01)	0,02	0,02	0,12 (0,01)	0,12 (0,01)
NO_x	0,88	0,84	0,55 (0,19)	0,73 (0,38)	0,42	0,83	0,51 (0,19)	0,70 (0,38)
SO_2	0,1	0,22	0,19 (0,15)	0,37 (0,33)	0,33	0,72	0,25 (0,15)	0,41 (0,33)
Partikel	0,02	0,08	0,02 (0,01)	0,04 (0,03)	0,02	0,06	0,04 (0,01)	0,06 (0,03)

* 1 KWh Strom ≈ 0,25 l Kraftstoff
(...) Anteil der elektrischen Energie am Gesamtwert
a Stromerzeugung aus gegenwärtigem Kraftwerksmix
b Stromerzeugung aus Steinkohle

Bild 78

Ökobilanzierung heutiger Pkw mittels Ökopunkten Schweizer Art (1/km)

Antriebsart	Otto-motor mit G-Kat	Diesel-motor mit Ox-Kat	Hybrid-Antrieb: E-Motor und Ottomotor		Elektro-motor mit Batterie		Hybrid-Antrieb: E-Motor und Dieselmotor	
Ökopunkte (1/km)								
aus Energieverbrauch	65,7	54,3	58,2		69,6		52,7	
			a	b	a	b	a	b
Ökopunkte CO_2-Emissionen	8,60	7,70	7,50 (4,03)	9,36 (5,90)	8,82	12,96	7,0 (4,03)	8,89 (5,94)
Ökopunkte CO-Emissionen	0,08	0,08	0,032 ($\approx$0)	0,032 ($\approx$0)	$\approx$0	$\approx$0	0,031 ($\approx$0)	0,031 ($\approx$0)
Ökopunkte HC-Emissionen	4,43	4,29	1,86 (0,14)	1,86 (0,14)	0,29	0,29	1,72 (0,14)	1,72 (0,14)
Ökopunkte NO_x-Emissionen	37,22	35,53	23,26 (8,04)	30,88 (16,07)	17,77	35,10	21,57 (8,04)	29,61 (16,07)
Ökopunkte SO_2-Emissionen	2,3	5,06	4,37 (3,45)	8,51 (7,59)	7,59	16,56	5,75 (3,45)	9,43 (7,59)
Ökopunkte Partikel-Emissionen	6,4	25,6	6,4 (3,2)	12,8 (9,0)	6,4	19,2	12,8 (3,2)	19,2 (9,6)
$\sum$ Ökopunkte	124,73	132,56	101,62	121,64	110,47	153,7	101,57	121,58

a Stromerzeugung aus gegenwärtigem Kraftwerksmix
b Stromerzeugung aus Steinkohle
(...) Anteil der elektrischen Energie am Gesamtwert

Bild 79

10.5 Recyclinggerechtes Konstruieren und Stoffrecycling

• Gestaltungsprinzipien recyclinggerechter Produktgestaltung

Der Begriff des „Recycling" unterstellt, daß etwas – in einen Kreislauf – rückgeführt wird. Im Zusammenhang mit der Technikgestaltung handelt es sich um das Wiedereinbringen von Stoffen oder Produkten in Kreisläufe, die sowohl ressourcen- als auch umweltschonend sein sollen.

10.5 Recyclinggerechtes Konstruieren und Stoffrecycling

Um dieses Leitbild des „Umwelt- und Ressourcenschonenden Recycling" verwirklichen zu können, ist einerseits die „Recyclinggerechte Produktgestaltung" in Forschung, Entwicklung und Konstruktion, andererseits die Weiterentwicklung der Aufbereitungs- und Aufarbeitungstechnologie notwendig.

Dazu leisten folgende Gestaltungsprinzipien (VDI 2243) einen Beitrag:
- Bauteile mit möglichst nur einem, wiederverwertbaren Werkstoff gestalten!
- Dort wo mehrere Werkstoffe benötigt werden: eine Demontagemöglichkeit der wieder- bzw. weiterverwendbaren Werkstoffe einplanen!
- Dort wo nicht mehr getrennt werden kann: nur Werkstoffkombinationen wählen, die zusammen weiter verwendet werden können (Werkstoffverträglichkeiten von Altstoffgruppen z.B. bei Aluminiumlegierungen, Kunststoffen, Lacken etc. beachten)!
- Bauteile so gestalten, daß bei ihrer Fertigung kein oder nur wieder- bzw. weiterverwertbarer Abfall entsteht!
- Materialzugaben sowie Spann-, Meß- und Justierhilfen zur Auf- bzw. Nacharbeitung von Bauteilen vorsehen!
- Verbindungen von Bauteilen leicht lösbar und gut zugänglich, bei Verschleißteilen auch noch gut sichtbar, gestalten!
- Wiedermontage einfach (keine Spezialwerkzeuge) und sicher (ohne Möglichkeit zur Fehlmontage) gestalten!
- Bauteile, Aggregate oder Gesamtprodukt gut sichtbar, nicht entfernbar und maschinenlesbar in bezug auf Werkstoffe, Altstoffgruppen und Demontagemöglichkeiten kennzeichnen!

Ein weiterer Leitgedanke muß sein, Teile bzw. unvermeidliche Reststoffe oder Abfälle auf möglichst kurzem Wege in den Kreislauf zurückzubringen; von daher unterscheidet z.B. VDI 2243 entsprechend dem Produktlebenszyklus:
- Recycling von Produktionsabfällen
  Hierfür ist eine möglichst sortenreine Erfassung der Produktionsabfälle sowie eine Aufbereitung von Gemengen, z.B. bei Hilfs- und Betriebsstoffen anzustreben.

• Recycling von Produktionsabfällen

• Produktrecycling, Aufarbeitung	– Produktrecycling Vorherrschende Technologie des Produktrecyclings ist die *Aufarbeitung* bzw. Überholung; sie besteht meist aus fertigungstechnischen Prozessen (Demontage, Reinigung, Prüfen und Sortieren, Bauteileaufarbeitung, Wiedermontage), die Gestalt und Eigenschaften des Produktes für eine erneute Verwendung sicherstellen oder wiederherstellen (Werkstückrückgewinnung). Die erneute Verwendung von Produkten wird auch von den bekannten Maßnahmen der *Instandhaltung* gefördert. Sowohl bei der Instandsetzung als auch bei der Aufarbeitung kommt der *Industrialisierung der Demontage* eine Schlüsselfunktion zu.
• Altstoff- und Materialrecycling	– Altstoff- und Materialrecycling Die heutigen Verfahrensschritte – Zerkleinern in Shreddermühlen und nachfolgende Verfahrenstechniken zum Separieren der Werkstoffe – zeigen noch keine befriedigenden Ergebnisse. Daher werden als Voraussetzung zum sortenreinen Aufbereiten bestimmter Werkstoffe Demontagetechniken auch hier künftig an Bedeutung gewinnen. Für die Verwertung von *Metallschrott* sind bereits „Altstoffgruppen" definiert, die sich in der Praxis verwirklichen lassen. Die Verwertung von *Altkunststoffen* (Bild 80 und 81) gestaltet sich demgegenüber – meist aufgrund der mangelnden Sortenreinheit – problematisch.
• Durchgängiges Recycling verändert Kostengefüge	Es ist damit zu rechnen, daß die Kosten eines durchgängigen Recycling für viele technische Serienprodukte einen nicht unerheblichen Anteil an den Produkt-Gesamtkosten einnehmen werden (z.B. bei Elektronikgeräten oder Kraftfahrzeugen). Auch werden sich die Kosten einzelner Produktlebensphasen relativ zueinander verschieben. Wenn der Gesetzgeber den Hersteller zur Rücknahme seiner Produkte nach Gebrauchsende verpflichtet, werden die Entsorgungsmethoden und ihre Kosten endgültig in die Produktentwicklung einbezogen werden müssen.

10.5 Recyclinggerechtes Konstruieren und Stoffrecycling

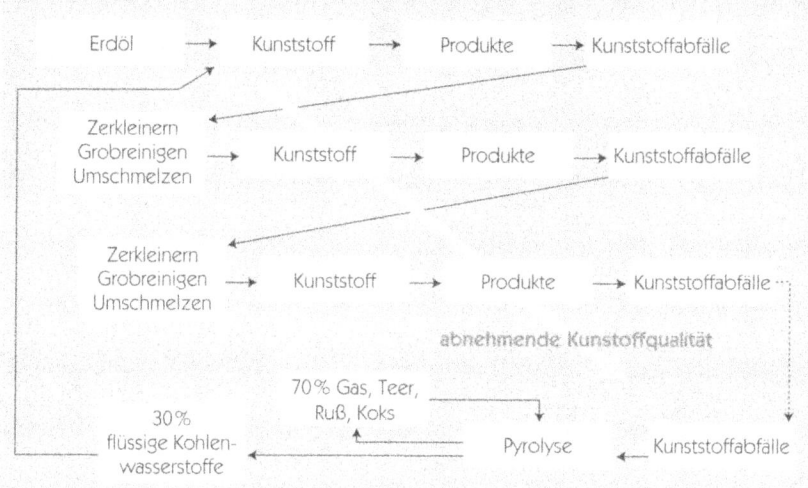

Bild 80

Eine Zusammenfassung des Leitbildes „Recyclinggerechtes Konstruieren" könnte (in Anlehnung an VDI 2243) wie folgt lauten:

Recycling bei der Produktion
- Wähle solche Fertigungsverfahren, bei denen möglichst kein Abfall entsteht!
- Verwende so wenig verschiedene Werkstoffe wie möglich!
- Rezykliere unvermeidbaren Produktionsabfall soweit möglich direkt in der Produktion!
- Bevorzuge Produktionsverfahren, bei denen sich Betriebsmittel, Hilfsstoffe und evtl. Emissionen problemlos rezyklieren lassen!

Produktrecycling
- Konstruiere leicht lösbare und gut zugängliche Verbindungen!
- Entwerfe verschleißgefährdete Teile so, daß ihr Abnutzungsgrad möglichst leicht erkennbar ist!

• Leitsätze zum recyclinggerechten Konstruieren

- Standardisiere Elemente, Bauteile und Baugruppen mit gleicher Funktion in Aufbau, Anschlußmaßen und Werkstoffen!
- Versehe Bauteile, die auf- bzw. nachgearbeitet werden sollen, mit Materialzugaben sowie Spann-, Meß- und Justierhilfen!
- Gestalte die Wiedermontage einfach (keine Spezialverfahren) und sicher (ohne Möglichkeit zur Fehlmontage)!

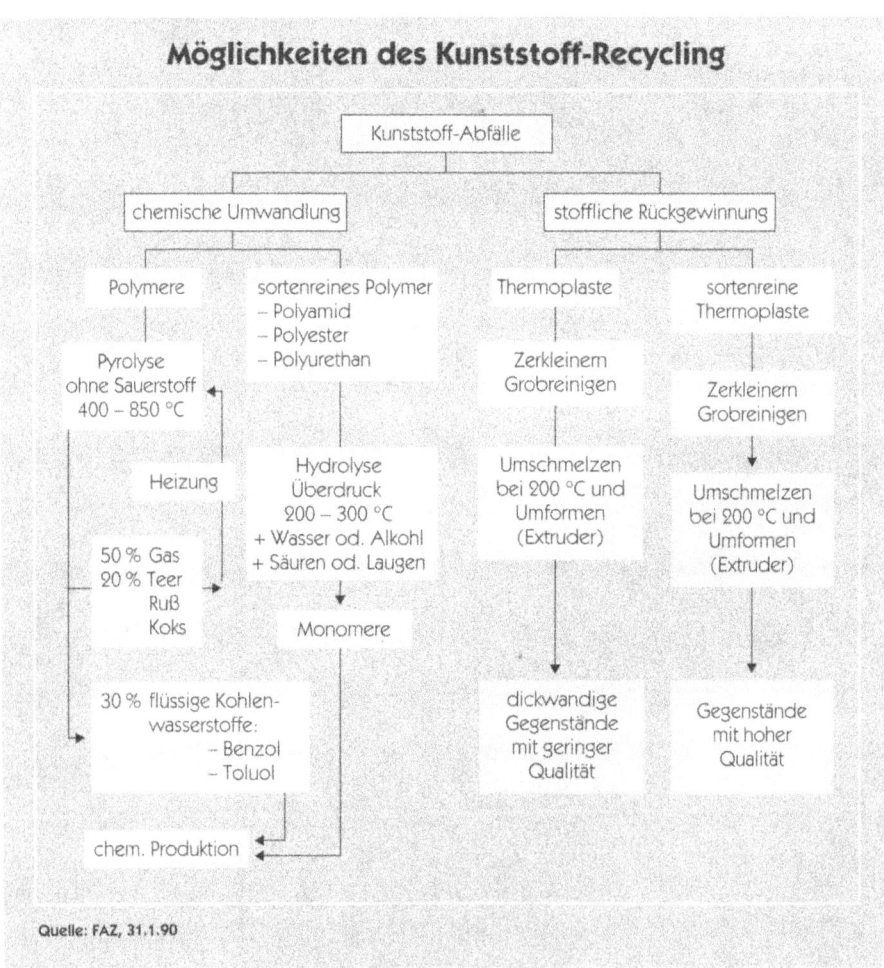

Bild 81

Stoff-/Materialrecycling
- Spezifiziere für die Bauteile grundsätzlich wieder- und weiterverwertbare Werkstoffe!
- Konzipiere als untrennbare Einheit nur Werkstoffkombinationen (auch Lacke und Beschichtungen), die sich wirtschaftlich und mit hoher Qualität verwerten lassen (Altstoffgruppen und Werkstoffverträglichkeit)!
- Plane bei der Konstruktion bereits die Rückgewinnung der Werkstoffe und die Entsorgungsmaßnahmen nach Gebrauchsende des Produktes ein (Planung des Produktlebenszyklus')!
- Unterstütze das Recycling durch eine gut sichtbare, nicht entfernbare und maschinenlesbare Kennzeichnung an Teilen, Gruppen und/oder am Gesamtprodukt hinsichtlich Werkstoffen, Altstoffgruppen und Demontagemöglichkeiten!

10.6 Integrierter Umweltschutz

Die Grundprinzipien des Umweltschutzes, die auch im geltenden Umweltrecht verankert sind, lauten „Vermeiden, Verwerten, Entsorgen". Die Reihenfolge ist auch als Rangfolge gedacht.

Mit den zunehmenden Risiken aus der Umweltveränderung wächst die Notwendigkeit, Schädigungen der Umwelt insbesondere durch Abgase, Abfall und Abwässer möglichst an der Quelle zu „bekämpfen". Es liegt nahe, auch bei bereits vorhandenen Produkten und Prozessen den Versuch zu unternehmen, durch Um- und Neugestaltung die Umweltbelastung ganz zu beseitigen oder doch wesentlich zu senken. Dieses Konzept wird als „Integrierter Umweltschutz" bezeichnet.

• Umweltschutz an der Quelle

Besondere Bedeutung haben diese – durchaus allgemeingültigen – Überlegungen in der Chemischen Industrie unter der Bezeichnung Produktionsintegrierter oder Prozeßintegrierter Umweltschutz erlangt. Dabei geht es

• Produktionsintegrierter oder Prozeßintegrierter Umweltschutz

nicht nur um Willensentscheidungen. Neue bessere Lösungen müssen fast immer erst gefunden werden.

Die beiden wichtigsten Komponenten des Produktionsintegrierten Umweltschutzes sind [16]
- die Vermeidung oder Verminderung von Reststoffen
- die Verwertung von Reststoffen.

- Mögliche Maßnahmen

Möglichkeiten zu vermeiden oder zu vermindern, sind:
- Neue Synthesewege
- Optimale Prozeßschritte und Reaktionsführung
- Verbesserte Katalysatoren
- Anlagen- und regeltechnische Prozeßoptimierung
- Rohstoffe mit höherem Reinheitsgrad
- Substitution bzw. Elimination von umweltbelastenden Hilfsstoffen
- Recycling von Hilfsstoffen (Waschwässer, Lösemittel, Katalysatoren)

- Verwertung von Reststoffen

Bei der Verwertung von Reststoffen kommt neben der Rückführung direkt in den Prozeß (z.B. nach Aufarbeitung durch Destillation oder Extraktion)
- der Einsatz als Rohstoff in anderen Prozessen, sei es betriebsintern oder bei Dritten oder
- die Verbrennung zur Energieerzeugung
in Frage.

In der in Fußnote 16 aufgeführten Literatur sind rund 50 Beispiele aus der Praxis der Chemischen Industrie dargestellt (siehe auch Bild 82).

- Produktintegrierter Umweltschutz

Analog zum Prozeß- oder Produktionsintegrierten Umweltschutz, insbesondere in der Chemischen Industrie, kann z.B. im Maschinen- und Fahrzeugbau auch von Produktintegriertem Umweltschutz gesprochen werden. Hierunter fällt eine Um- oder Neugestaltung von Produkten (z.B. Verbrennungsmotoren) etwa mit dem Ziel, bestimmte Abgase gar nicht oder vermindert entstehen zu lassen.

- Leitsätze zum „Integrierten Umweltschutz"

Eine Zusammenfassung des Leitbildes „Integrierter Umweltschutz" in Form von Leitsätzen könnte wie folgt lauten:
Vermeidung und Verminderung von Reststoffen
- Suche neue bessere Synthesewege!
- Wähle bessere Prozeßschritte und Reaktionsführung!

10.6 Integrierter Umweltschutz

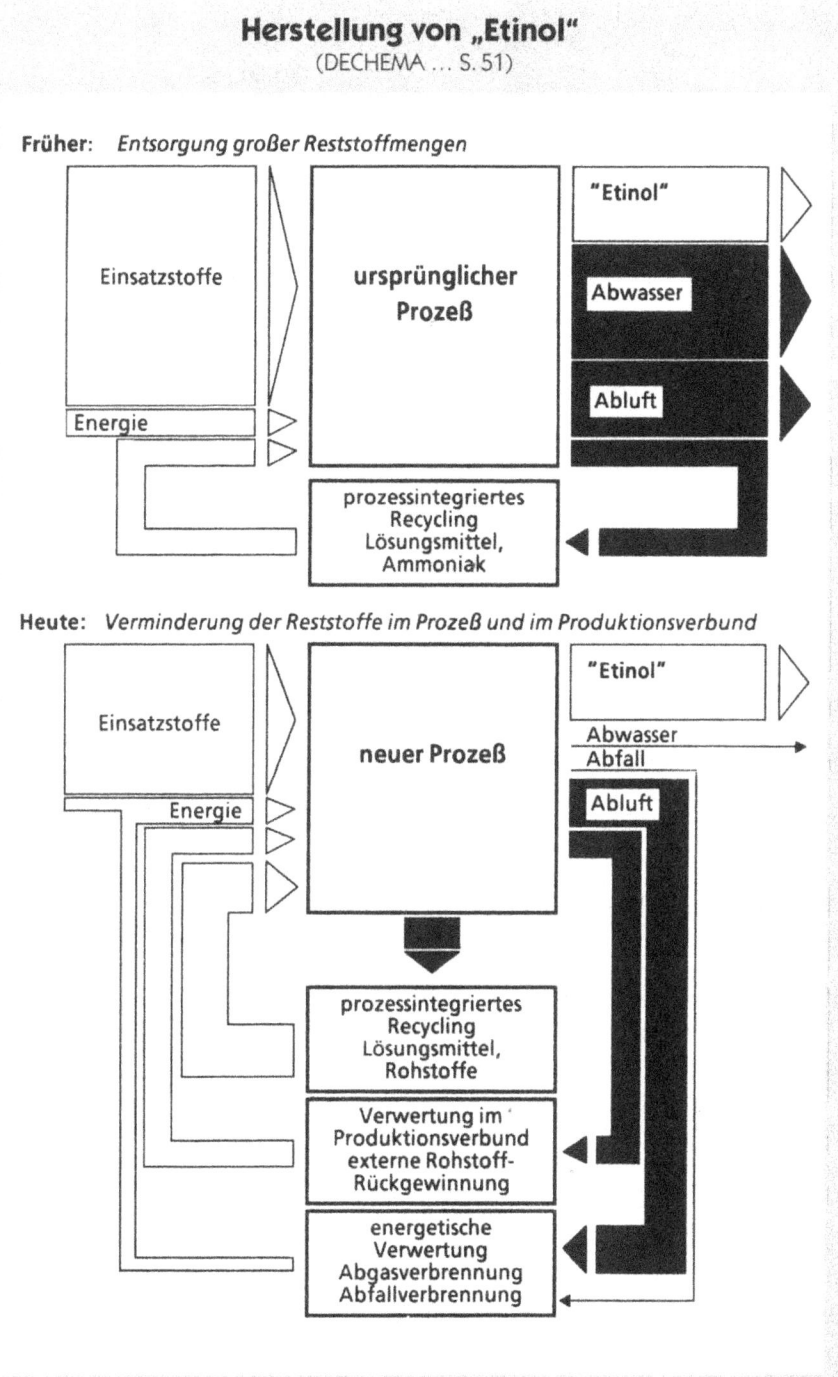

Bild 82

> – Entwickle geeignetere Katalysatoren!
> – Strebe nach optimaler Prozeßregelung!
> – Verwende ggf. Rohstoffe mit höherem Reinheitsgrad!
> – Substituiere umweltbelastende Hilfsstoffe soweit möglich!
> – Bringe Hilfsstoffe wie Waschwässer, Inertgase, Lösemittel, Katalysatoren möglichst wieder in den Kreislauf!
>
> *Verwendung von Reststoffen*
> – Führe Reststoffe wieder zurück in den Prozeß, notfalls nach Aufarbeitung durch Destillation, Extraktion, etc.!
> – Setze Reststoffe als Rohstoffe in anderen Prozessen ein, sei es betriebsintern oder bei Dritten!
> – Prüfe notfalls auch die Möglichkeit der umweltschonenden Verbrennung unter gleichzeitiger Nutzung zur Energieerzeugung!

10.7 Rationelle Energienutzung

Eine rationelle Energieverwendung muß zwei Ziele anstreben:
- *die Ressourcenschonung und*
- *die umweltverträgliche Technikgestaltung – vor allem im Hinblick auf die Klimaproblematik (s. Kap. 2)*

• Ansatzpunkte für eine rationellere Energieverwendung

Ansatzpunkte für eine rationellere Energieverwendung im Weltenergieversorgungssystem gibt es an vielen Stellen, z.B.
- bei der Extraktion und beim Transport fossiler Energieträger
- bei den oft vielstufigen Umwandlungsprozessen von der Primärenergie über Sekundärenergieformen bis zur schließlichen Nutzung als Kraft, Wärme oder Licht
- beim Nutzenergiebedarf für die einzelnen Anwendungszwecke; so kann z.B. der Nutzenergiebedarf für einen Personenkilometer oder Tonnenkilometer Verkehrslei-

10.7 Rationelle Energienutzung

stung durch Verringerung des Leergewichtes, des Luftwiderstandes und des Rollwiderstandes gesenkt werden
und durch vielfältige Konzepte z.B.
- durch Energierückgewinnung, wobei es sich in aller Regel um die Nutzung von Abwärme handelt
- durch Vermeidung von unnötigem Verbrauch insbesondere durch energiebewußtes Verhalten und verminderte Nachfrage energieintensiver Dienstleistungen
- durch Substitution von Mobilität durch Telekommunikation oder von fossilen Energieträgern durch regenerative.

Die technischen Verminderungspotentiale durch rationelle Energieverwendung sind in Bild 83 abgeschätzt.

Energieeinsparung ist neben der rationellen Energieverwendung auch durch energiebewußtes Verhalten und Verzicht auf Energiedienstleistung erreichbar. Ausgewählte Beispiele sind im Bild 84 aufgeführt. Die dort genannte Enquete-Kommission sieht über die hier aufgeführten Beispiele hinaus weitere Möglichkeiten energiebewußten Verhaltens. Die Gesamtsumme der hierdurch erreichbaren Energieeinsparungen wird auf 10 bis 15 % geschätzt, wobei jedoch nicht für alle Bereiche detaillierte Studien vorliegen.

• Energiebewußtes Verhalten
• Verzicht auf Energiedienstleistung

Die Nutzung erneuerbarer Energiequellen stellt nicht nur einen Beitrag zur Emissionsminderung dar; sie dient auch der Ressourcenschonung. Derzeit sind erneuerbare Energiequellen erst mit 2,5 % am Primärenergieverbrauch der Bundesrepublik Deutschland (ohne ehem. DDR) beteiligt. Ein Ausbau ist vor allem für Niedrigtemperaturanwendungen denkbar. Dadurch eingesparte Energieträger mit hoher Flammtemperatur (Öl, Gas) können dann gezielt Prozessen vorbehalten werden, bei denen Hochtemperaturenergie benötigt wird.

• Nutzung erneuerbarer Energiequellen

Zu den erneuerbaren Energiequellen, die neben der Wasserkraft und den Wärmepumpen eine gewisse Anwendungsnähe erreicht haben, zählen:
- die Windenergie
- Solarkollektoren und solare Nahwärmesysteme
- die Photovoltaik
- die Biomasse

Technische Potentiale rationeller Energienutzung in Westdeutschland

(Enquete-Kommission „Vorsorge zum Schutz der Erdatmosphäre" des Deutschen Bundestages, 1990)

Sektor / Energieanwendung (Energieverbrauch in PJ für 1987)		technisches Einsparpotential in %	Bemerkungen
Raumwärme	(2370)		Erhöhter Wärmeschutz, ohne aktive Sonnenenergienutzung
– im Gebäudebestand		70 bis 90	
– bei Neubauten		70 bis 80	
Warmwasserbereitung	(230)	10 bis 50	je nach Warmwasserbereitungssystem (geringerer Wert bei Strom); Potentialangaben gegenüber dem Durchschnitt heutiger Neugeräte
Elektrogeräte	(250)		
– Kühlschränke		60	
– Gefriergeräte u. Truhen		ca. 60 bis 70	
– Waschmaschinen		ca. 30 bis 40	
– Trockner		50	
– Geschirrspüler		30	
Fahrzeuge	(1990)		Potentialangaben gegenüber heutigen Fahrzeugen; bei LKW vor allem im Nahverkehr hohe Einsparpotentiale
– PKW	(1230)	ca. 50 bis 60	
– Busse, LKW, Bahn		ca. 15 bis 25	
– Flugzeuge	(190)	ca. 50 bis 60	
Kleinverbrauch	(1295)	ca. 45 bis 60	meist Prozeßwärmeanwendungen; hoher Raumwärmeanteil
Industrie	(2200)		nur technische Effizienzsteigerungen, kein Produktstrukturwandel unterstellt; hohe Brennstoffeinsparungen in der Glas- und Textilindustrie
Grundstoff/Investitionsgüter			
– Brennstoffe	(1507)	15 bis 20	
– Strom	(475)	ca. 12	
Konsumgüter/Nahrungsmittel			
– Brennstoffe	(276)	30 bis 40	
– Strom	(99)	ca. 10	
Umwandlungssektor			hohe Einsparungspotentiale gelten für Gas- und Braunkohleanlagen
– Raffinerien	(188)	20 bis 25	
– neue GuD-Anlagen		20 bis 30	

Bild 83

• Technisches Potential erneuerbarer Energiequellen

Die technischen Nutzungspotentiale der erneuerbaren Energiequellen sind in Bild 85, getrennt nach Systemen zur Stromerzeugung und Systemen zur Wärmeerzeugung, angegeben.

Bei den Systemen zur Strom- und Wärmegewinnung ist jedoch anzumerken, daß sie zum Teil in Konkurrenz zueinander stehen und ohne zusätzliche Speicherung nur

10.7 Rationelle Energienutzung

Beispiele für energiebewußtes Verhalten
(Enquete-Kommission „Vorsorge zum Schutz der Erdatmosphäre"
des Deutschen Bundestages, Band 3/II)

Ausgewählte Beispiele	Betroffener Energieverbrauch in PJ	Verringerungen der Endenergienachfrage in PJ
Temperaturabsenkungen bei der Raumheizung um 1 bis 2 °C (6 % Energieeinsparung je °C)	1500	90 bis 180
Reduktion beheizter Wohnfläche bei Abwesenheit und Kälteperioden (10 % der Haushalte mit 20 % Einsparung)	1000	20 bis 40
Verminderung des Warmwasserbedarfs um 10 bis 20 %; Freiluftwäschetrocknen anstelle des Trockners in 5 bis 10 % der Fälle	150	15 bis 30
Reduktion des privaten Straßen- und Flugverkehrs (10 bis 15 % von 690 Mrd. Personenkilometern)	1100	110 bis 165

Bild 84

begrenzt zum Einsatz kommen können. Doppelzählungen sind in der Summe (Bild 85) bereinigt.

Eine Zusammenfassung des Leitbildes „Rationelle Energienutzung" in Form von Leitsätzen könnte wie folgt lauten:

Ressourcenschonende Energieerzeugung, -umwandlung und -nutzung

– Betrachte alle Ansatzpunkte für eine rationellere Energienutzung
  • von der Extraktion und dem Transport der Energieträger
  • über die Umwandlungsprozesse
  • bis hin zu den einzelnen Energie-Nutzungsformen (Kraft, Wärme oder Licht)!

• Leitsätze zur „Rationellen Energienutzung"

Technisches Potential erneuerbarer Energiequellen

(Enquete-Kommission „Vorsorge zum Schutz der Erdatmosphäre"
des Deutschen Bundestages, Band 3/II)

Systeme	Stromerzeugung		Systeme	Wärmeerzeugung	
	untere Variante	obere Variante		untere Variante	obere Variante
	Strom (Mrd. kWh)			Wärme (PJ)	
Photovoltaik[1]	20	100	Solarkollektoren	185	375
Windenergie[2]	200	250	Solare Nahwärme	443	443
Summe[3]	100	100	Wärmepumpen	295	370
Wasserkraft	21	38	Biomasse	304	367
Biomasse (KWK)	15	17	Summe[4]	1227	1555
Summe	136	155	Summe[5]	920	1166

1 Potential einschließlich netzseitiger Restriktionen
2 Potential an allen verfügbaren, windgünstigen Standorten, ohne Netzrestriktionen
3 Summe aus Photovoltaik und Wind unter Berücksichtigung von Netzrestriktionen
4 Summe der Einzelpotentiale
5 Bereinigte Werte unter Berücksichtigung von Substitutionsbeziehungen

Bild 85

- Nutze die Möglichkeiten der Energierückgewinnung, insbesondere bei mechanischer Energie (z.B. Bremsenergie) und Wärme (z.B. Abwärme)!
- Vermindere den Energiebedarf durch technische Effizienzsteigerung, z.B.
  - verbesserten Wärmeschutz (Leitbild „Energiesparendes Bauen")
  - Verringerung der Reibung (bei Fahrzeugen z.B. Verringerung des Luft- und Rollwiderstandes)
  - Verfahrenssubstitutionen (z.B. Dünnbandgießen statt Kaltwalzen)
  - geeignetere Prozeßführung und Regelung (siehe auch Leitbild „Integrierter Umweltschutz")
  - Gewichtseinsparung

- Erhöhung der Recyclingquoten, insbesondere energieintensiver Grundstoffe wie Stahl, Aluminium, Kupfer, Papier und Glas (siehe auch Leitbild „Recyclinggerechtes Konstruieren")
- Vermindere die Energienachfrage auch durch Verhaltensänderung bzw. Reduzierung der Ansprüche bezüglich
  - Raumtemperatur
  - Geschwindigkeiten
  - Komfort (z.B. Leitbild „Sanfter Tourismus")

Klimaschonende Energietechnik
- Versuche soweit wie möglich ressourcenschonende Energietechniken einzusetzen!
- Vermeide darüberhinaus Prozesse und Produkte, die klimarelevante Gase wie CO_2, Methan, FCKW, N_2O, Ozon etc. freisetzen!
- Substituiere klimaschädliche Stoffe und Prozesse durch klimaschonende!
- Nutze soweit möglich erneuerbare Energiequellen!

10.8 Sicherheitstechnik, Fehlertolerante Technik

„Aus Schaden wird man klug", dieses Sprichwort gilt auch für die Technik; seit vielen Jahrzehnten werden Schäden an technischen Anlagen systematisch erfaßt und zur planmäßigen Verhütung gleicher oder analoger Schäden herangezogen.

Das „Allianz-Buch der Schadensverhütung" befaßt sich insbesondere mit Elektrischen Maschinen, Energietechnischen Anlagen, Kraft- und Arbeitsmaschinen, Chemieanlagen und Brandschutz.

Die Schadensforschung und – noch allgemeiner und umfassender – die Sicherheitsforschung[17] haben jedoch darüberhinaus zu allgemein gültigen Prinzipien und Methoden geführt, die man heute unter dem Stichwort Sicherheitstechnik zusammenfaßt. Aus der umfangrei-

• Schadensforschung
• Sicherheitsforschung

- „Risikogesellschaft"

- „Menschenrecht auf Irrtum"

chen Literatur[18] sollen hier nur zwei Beispiele wiedergegeben werden:
- der typische Verlauf eines Unfalls
- eine Liste von Sicherheitsprinzipien, die im wesentlichen in der Luft- und Raumfahrt und der Kernenergietechnik (Bild 86) entwickelt wurden

Damit sind die Probleme der „Risikogesellschaft" keineswegs erschöpfend beantwortet. *U. Beck* (1991) fordert, der potentielle Verursacher von Gefährdungen müßte – anstatt einem engmaschigen, aber trotzdem durchlässigen Netz von Kontrollen unterworfen zu werden – nachweisen, daß er keine Gefahr darstellt. Diese Forderung ist unrealistisch; sie übersieht, daß nicht alles vorhersehbar ist. Eine neuere Forderung Becks, es sollten nur Risiken eingegangen werden, die versicherbar sind, ist nicht so ohne weiteres von der Hand zu weisen.

Auch die Forderung nach einem „Menschenrecht auf Irrtum", z.B. von *Guggenberger* vorgetragen, ist bedenkenswert; in der Tat müssen wir die Technik so gestalten, daß das sogenannte „menschliche Versagen" nicht zu Katastrophen größten Ausmaßes führen kann. Neuere Stichworte hierzu lauten „Fehlertolerante Technik"[19] oder „Katastrophensichere Technik".

Sicherheitsprinzipien

- Hintereinandergeschaltete **Barrieren** zur Zurückhaltung gefährlicher Stoffe
- **Redundanz** von Sicherheits- und Notsystemen
- **Räumliche** Trennung von Sicherheits- und Notsystemen
- **Fail-safe**-Technologien, die bei Störfällen zur sicheren Seite hin arbeiten
- **Diversität**, z.B. mehrere unterschiedliche Methoden für Messungen und Überwachungen
- **Automatisierung** der Sicherheitssysteme zur Verringerung der Auswirkungen menschlichen Versagens

Bild 86

10.8 Sicherheitstechnik, Fehlertolerante Technik

In der Öffentlichkeit haben die Diskussionen über sogenanntes „Menschliches Versagen" in den letzten Jahren eine besondere Bedeutung erlangt. Insbesondere und teilweise zu Recht wird kritisiert, daß zumindest im sprachlichen Umgang manchmal der Eindruck entsteht, als müsse sich der Mensch der Technik anpassen und nicht die Technik dem Menschen. In der neueren Literatur wird im Rahmen der Sicherheitstechnik der Mensch einerseits als Schutzobjekt und Verantwortungsträger, andererseits aber auch als Element im Mensch-Maschine-Umwelt-System behandelt[20].

Manchem mag dies immer noch zu technokratisch erscheinen; ausgehend von einer Systemtheorie der Technik scheint uns diese Vorgehensweise aber im Sinne einer ethischen Güterabwägung unvermeidlich; nur durch systematisches und analytisches Vorgehen auch bei der Suche nach „Wegen zur Verringerung menschlichen Fehlverhaltens" (zu ergänzen wäre im Mensch-Maschine-Umwelt-System) lassen sich Handlungsalternativen und ihr jeweiliges Für und Wider ermitteln.

Ein Verhaltensmodell des Menschen in gefährlichen Situationen gibt Bild 87 wieder.

Kritische Fehlerbedingungen in Mensch-Maschine-Umwelt-Systemen enthält Bild 88.

Die Ergebnisse der Fehlerforschung haben in den letzten Jahrzehnten nicht zuletzt im Rahmen der Umweltgesetzgebung auch zu wirksamen Konzepten
- der Auswahl des Personals
- der Aus- und Weiterbildung des Personals
- der Inspektion und Instandhaltung von Anlagen und
- der Umsetzung organisatorischer Prinzipien wie
  - Sicherheitspolitik
  - Risikomanagement
  - Umweltmanagement
  - Einsetzung von Betriebsbeauftragten
  - Beauftragung unabhängiger Berater
  - Ausarbeitung von Gefahrenabwehr- und Störfallplänen
  - Durchführung von Übungen
  - Ausarbeitung von Betriebs- und Umwelthandbüchern
  etc.

geführt.

- Menschliches Versagen

- Mensch-Maschine-Umwelt-System

- Wirksame Konzepte

226   10 Leitbilder zur umweltverträglichen Gestaltung des industriellen Fortschritts

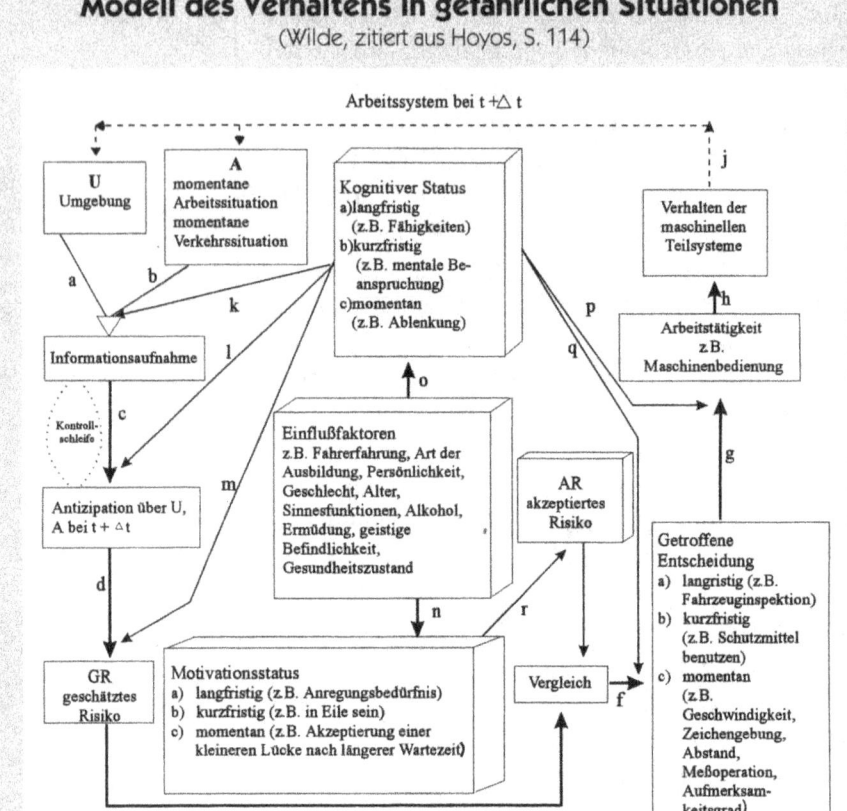

Bild 87

• Leitsätze zur Sicherheitstechnik

Eine Zusammenfassung der Leitbilder „Sicherheitstechnik" und „Fehlertolerante Technik" könnte wie folgt lauten:
– Verschaffe Dir einen Überblick über typische Verläufe von Unfällen!
– Berücksichtige bei der Technikgestaltung das Verhalten von Menschen in gefährlichen Situationen!
– Berücksichtige kritische system- oder personenbezogene Bedingungen im Mensch-Maschine-Umwelt-System, z. B. inadäquate Arbeits- und Betriebsverfahren, inadäquate Ausrüstung, Ausbildungs-

10.8 Sicherheitstechnik, Fehlertolerante Technik

Kritische Fehlerbedingungen in Mensch-Maschine-Umwelt-Systemen
(Steiniger, hier zitiert aus Utzelmann, S. 56)

äußere Fehlersymptome	Personenbezogene Bedingungen		Systembezogene Bedingungen	
	überwiegend akute Ursachen	überwiegend latente Hintergründe	überwiegend akute Ursachen	überwiegend latente Hintergründe
Wahrnehmungs- und Informations-Aufnahme	Wahrnehmungsmängel	Biorhythmische Störungen	Entscheidung unter Ungewißheit	inadäquater Arbeitsplatz
Manuelle Handhabung	Aufmerksamkeistsstörungen	Domestic Stress	Informationsmangel	Inadäquate Ausrüstung
Kommuunikation und Kooperation	Arbeitsbeanspruchung	Drogen	Aufgabenbelastung	Inadäquate Systemeigenschaften
Nichtbeachten von Verfahren und Vorschriften	Physische Beanspruchung	Soziale Spannungen	Physische Umweltbelastung	Inadäquate Arbeits- und Betriebsverfahren
Entscheidungsverhalten	Physische Beanspruchung	Persönlichkeitsfaktoren	Reduzierte Systembeding. (Ausfälle)	Trainingsdefizit
	Mangelnde Selbstkontrolle	Motivation	Mängel in regulärer Crew-Coordination	Defizit im Personaleinsatz
	Ermüdung	Begabungspotential	Situationskomplikationen	Umgebungsbedingungen
	Inkapazitäten	Prestigeprobleme	Rollenkonflikte	Arbeits- und Betriebsklima

Bild 88

defizite, Wahrnehmungsmängel, physische und psychische Beanspruchungen etc.!
- Verwende als Sicherheitsprinzipien
  - hintereinandergeschaltete *Barrieren* zur Zurückhaltung gefährlicher Stoffe
  - *Redundanz* von Sicherheits- und Notsystemen

> - *Fail-Safe*-Technologien, die bei Störfällen zur sicheren Seite hin arbeiten
> - *Diversität*, z.B. mehrere unterschiedliche Methoden für Messungen und Überwachungen
> - *Automatisierung* der Sicherheitssysteme zur Verringerung der Auswirkungen menschlichen Versagens!

10.9 Angepaßte bzw. Mittlere Technologien, Bionik, Biokybernetik

Die Begriffe Angepaßte oder Mittlere Technologien, manchmal auch Alternative oder Sanfte Technologien genannt, sind fast schon in Vergessenheit geraten; sie spielten in den 60er und 70er Jahren eine Rolle. Auch wenn Schlagworte veralten, so sollten die dahinterstehenden Konzepte, soweit sie brauchbare Elemente enthalten, bewahrt bzw. weiterentwickelt werden.

• „Small is beautiful"

Als Initiator oder „Erfinder" des Konzeptes „Mittlere Technologien" kann der inzwischen verstorbene Deutsch-Engländer *Schumacher* gelten; er wurde durch seinen Bestseller „Small is beautiful" (Titel der deutschen Version: „Rückkehr zum menschlichen Maß") bekannt und gründete 1965 in Großbritannien die „Intermediate Technology Development Group".

• Anpassung an geographischen Einsatz, Benutzer und Verwendungszweck

Das Konzept empfiehlt allgemein die Entwicklung und Verwendung der für den jeweiligen geographischen Einsatz (z.B. Entwicklungsland), den jeweiligen Benutzer (z.B. mittelgroßes Unternehmen) und den jeweiligen Verwendungszweck optimal angepaßten Technologie; nach Überzeugung der Vertreter dieser Schule ist dies in den wenigsten Fällen die „Großtechnologie" der „Großunternehmen" oder das „High Tech" der führenden Industrienationen. Die Mittlere Technologie sollte gleichzeitig „menschengemäß, umweltschonend und energie- und rohstoffsparend" sein, eine „dezentralisierte Technik auf Menschenmaß, die zu einem Gleichgewicht zwischen

10.9 Angepaßte bzw. Mittlere Technologien, Bionik, Biokybernetik

dem Menschen und seiner natürlichen Umgebung führt und auch eine hohe Flexibilität und Krisensicherheit beinhaltet" (Stiftung Mittlere Technologie).

Dieses Prinzip ist sicher erstrebenswert, soweit es nicht zur Ideologie gerät, z.B. wenn Großtechnologien pauschal ohne vorherige Alternativenbewertung bzw. Güterabwägung abgelehnt werden. Solche Pauschalierungen und Ideologisierungen sind schon deswegen unsinnig, weil Groß- und Kleintechnologien bei den heutigen Systemzusammenhängen auch begrifflich nicht mehr eindeutig getrennt werden können. Welche Technologie ist z.B. „größer"? Der Individualverkehr mit PKW's auf der Straße oder der Schienenverkehr mit IC's und ICE's der Deutschen Bahn AG? *Schumacher* selbst war übrigens nicht prinzipiell gegen Großtechnologie eingestellt, er wollte nur ihrem Überwiegen entgegentreten.

Im übrigen gelten auch für Angepaßte bzw. Mittlere Technologien die Kriterien der Risiko- und Technikbewertung (siehe Abschn. 10.2 und 10.3).

Unter die Überschrift „Angepaßte Technologien" passen auch Konzepte wie die Biokybernetik oder die Bionik. Bild 89 gibt acht Grundregeln der Biokybernetik nach *Vester* (S. 43) wieder.

• Biokybernetik
• Bionik

Bionik – eine Verschmelzung der Begriffe Biologie und Technik – bezeichnet ein Konzept, das Prinzipien aus der belebten Natur in die Technik einfließen lassen will.

Dieser Denkansatz hat für die Bautechnik und die Luftfahrt schon immer eine Rolle gespielt. Neuere Ansätze beschäftigen sich mit

• Beispiele zur Bionik

- strukturellen Problemen, z.B. (widerstandsarmen) Oberflächen oder Leichtbaustrukturen (Strukturbionik)
- biomechanischen Prinzipien, z.B. taktilen Fähigkeiten zur Weiterentwicklung von Handhabungsgeräten (Biomechanik)
- bioenergetischen Prozessen, z.B. kaltlichterzeugenden Tieren und Pflanzen (Biolumineszenz)
- biologischen Membranstrukturen, z.B. zur Stoffanreicherung oder Entgiftung (Membranbionik)

Die acht Grundregeln der Biokybernetik
(Vester, F.: Ausfahrt Zukunft)

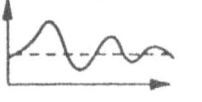

1 Negative Rückkopplung muß über positive Rückkopplung dominieren.

Positive Rückkopplung bringt die Dinge durch Selbstverstärkung zum Laufen. Negative Rückkopplung sorgt dann für Stabilität gegen Störungen und Grenzwert-Überschreitungen.

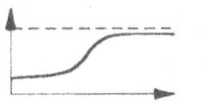

2 Die Systemfunktion muß unabhängig vom quantitativen Wachstum sein.

Der Durchfluß an Energie und Materie ist langfristig konstant. Das verringert den Einfluß von Irreversibilitäten und das unkontrollierte Überschreiten von Grenzwerten.

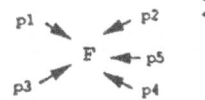

3 Die Systemfunktion muß funktionsorientiert und nicht produktorientiert arbeiten.

Entsprechende Austauschbarkeit erhöht Flexibilität und Anpassung. Das System überlebt auch bei veränderten Angeboten.

4 Nutzung vorhandener Kräfte nach Jiu-Jitsu-Prinzip statt Bekämpfung nach der Boxer-Methode.

Fremdenergie wird genutzt (Energiekaskaden, Energieketten), während eigene Energie vorwiegend als Steuerenergie dient. Profitiert von vorliegenden Konstellationen, fördert die Selbstregulierung.

5 Mehrfachnutzung von Produkten, Funktionen und Organisationsstrukturen.

Reduziert den Durchsatz. Erhöht den Vernetzungsgrad, verringert den Energie-, Material- und Informationsaufwand.

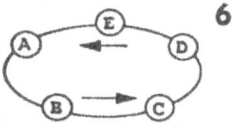

6 Recycling. Nutzung von Kreisprozessen zur Abfall- und Abwasserverwertung.

Ausgangs- und Endprodukte verschmelzen. Materielle Flüsse laufen gleichförmig. Irreversibilitäten und Abhängigkeiten werden gemildert.

7 Symbiose. Gegenseitige Nutzung von Verschiedenartigkeit durch Kopplung und Austausch.

Begünstigt kleine Abläufe und kurze Transportwege. Verringert Durchsatz und externe Dependenz, erhöht interne Dependenz, verringert den Engergieverbrauch.

8 Biologisches Design von Produkten, Verfahren und Organisationsformen durch Feedback-Planung.

Berücksichtigt endogene und exogene Rhythmen. Nutzt Resonanz und funktionelle Paßformen. Harmonisiert die Systemdynamik. Ermöglicht organische Integration neuer Elemente nach den acht Grundregeln.

Bild 89

- biologischen Synthesen organischer Stoffe
  (Chemobionik)
- biologischer Erfassung, Speicherung und Verarbeitung von Informationen
  (Rezeptorbionik, Biosensorik, Neurobionik, Informationsbionik)

> Eine Zusammenfassung des Leitbildes „Bionik" in Form eines Leitsatzes könnte wie folgt lauten:
> Auf der Suche nach technischen Problemlösungen schaue man zuerst in die Natur; für den Fall, daß sie bereits brauchbare oder übertragbare Lösungen anbietet, sind diese vorzuziehen, da ihre Naturverträglichkeit vermutet werden kann!

10.10 Organisations- bzw. Unternehmenskultur

Den meisten Menschen wird bei der Beschäftigung mit komplexen und komplizierten Fragestellungen wie dem Verhältnis von Mensch und Natur, Gesellschaft und Individuum, Technik und Ethik bewußt, daß es mit einzelnen Modellen, Prinzipien, Konzepten, Leitbildern etc. nicht getan ist.

Um die Gesamtheit der Zusammenhänge wenigstens in einem Begriff anzusprechen, wird häufig – wenn auch etwas unscharf – auf das Kulturkonzept zurückgegriffen. Kultur, das ist laut Brockhaus „die Gesamtheit der typischen Lebensformen größerer Gruppen einschließlich der sie tragenden Geistesverfassung, besonders der Werteinstellungen".

Auf Institutionen, insbesondere Wirtschaftsunternehmen, angewendet wird daraus das Konzept der Organisations- bzw. Unternehmenskultur.

In den 80er Jahren führte die Beschäftigung mit der japanischen Herausforderung zu den sogenannten „weichen" Erfolgsfaktoren (*Hüchtermann/Lenske*, S. 7) wie *Mentalität, Tradition, Teamgeist, Führungsstil, Betriebsklima*

• Kultur als Gesamtheit der Lebensformen und Werteinstellungen

• „Weiche Erfolgsfaktoren"

etc., „Faktoren, die auf kulturelle Unterschiede hindeuteten". Vollends bekannt wurde der Begriff „Unternehmenskultur" durch den Bestseller von *Peters/Waterman* „Auf der Suche nach Spitzenleistung".

Bei diesem Modell standen noch Einstellungen und Werte im Vordergrund, die primär den Geschäftserfolg sichern sollen. Neuerdings geht es bei dem Arbeitskonzept „Unternehmenskultur" immer häufiger um soziale und ethische Ansprüche an das Unternehmen, wobei es in der Betriebswirtschaftslehre nicht an Hinweisen fehlt, daß langfristiger Geschäftserfolg eben die Anpassung an gesellschaftlichen Bedarf beinhaltet.

In der vom Institut der Deutschen Wirtschaft herausgegebenen Schrift „Wettbewerbsfaktor Unternehmenskultur" *(Hüchtermann, Lenske)* werden den Unternehmen über ihre ökonomischen Funktionen (Wertschöpfung, Kapitalverzinsung) hinaus weitere gesellschaftsbezogene Funktionen zugemessen:
– die Beschäftigungsfunktion
– die Ertrags- und Einkommensfunktion für Arbeitnehmer und Staat
– die ökologischen und soziokulturellen Effekte

Letztere können und sollen durch das Konzept „Unternehmenskultur" zum Tragen kommen: „Unternehmenskultur ist ein System von verhaltensprägenden Werten und Normen, das die Effizienz und die Identität eines Unternehmens bestimmt." Kriterien für Unternehmenskultur sind in Bild 90 aufgeführt.

- Leitbildorientierte Technikgestaltung

Dierkes/Marz sehen im Zusammenhang mit Wissens- und Unternehmenskulturen Ansatzmöglichkeiten für eine leitbildorientierte Technikgestaltung. Danach stellt jede Unternehmenskultur eine besondere Art und Weise der Verbindung von Wissenskulturen dar: „Es ist diese spezifische Verbindung, in der das Expertenwissen der Spezialisten und das Erfahrungswissen der Mitarbeiter, die Fähigkeiten der Forscher und Entwickler und die Fertigkeiten der Facharbeiter, die Strategien der Manager und Routinen der Verwaltungsangestellten miteinander gekoppelt sind, die die Richtung und Stärke der speziellen Forschungs- und Entwicklungslinien eines Unternehmens kennzeichnen."

10.10 Organisations- bzw. Unternehmenskultur

Unterschiedliche Typen/Ausprägungen von Unternehmenskultur
(Hüchtermann/Lenske, S. 19 ff)

- Kommunikationsformen/Informationsstrategien (offene versus geschlossene)
- Führungsstile (autokratisch versus demokratisch)
- Konfliktfähigkeit, Konfliktstrategien (Vermeidung versus sachgemäße Lösung)
- Arbeitsstile (Teamarbeit versus "Einzelkämpfertum")
- Hierarchiestrukturen (statisch/formell versus dynamisch/informell)
- Personalförderung (transparent versus intransparent)
- Kommunikation und Umgang mit Kunden (starke versus schwache Kundenorientierung)
- konsistentes Erscheinungsbild (Widerspruchsfreiheit zwischen definiertem Ideal und gelebter Realität)
- Identifikationsgrad der Mitarbeiter mit Unternehmenskultur (gering versus groß)
- Dynamik des Kulturkonzeptes (kontinuierlicher Soll-Ist-Vergleich, Anpassungsfähigkeit und -bereitschaft an interne/externe Entwicklungen)
- Ebenen des Kulturkonzeptes (betriebsinterne Ausrichtung und externer Bezug wie beispielsweise gesellschaftspolitische, ökologische Elemente)

Bild 90

Zukünftige Elemente der Unternehmenskultur charakterisiert *Sommerlatte*:

„Unternehmen müssen zu ihrer Existenzerhaltung und -entfaltung
- ihre Technologieentwicklung wesentlich stärker in eine Technikfolgenabschätzung einbetten und nach Gesichtspunkten des Kundennutzens steuern
- die Anforderungen gesellschaftlicher Akzeptanz erkennen und in der Technologie- und Produktentwicklung vorausschauend berücksichtigen
- eine ganzheitliche Innovationsbewertung durchführen, d.h. nicht nur die technologische Innovation fördern, sondern sie in erforderlichem Maß mit Service- und Beratungsinnovationen, mit Entsorgungsinnovationen und mit Verhaltensinnovationen umgeben
- eine entsprechende Öffentlichkeitsarbeit betreiben, durch die das Umweltbewußtsein, die Nutzenorientierung und das kundenbezogene Verhalten verdeutlicht werden

• Zukünftige Elemente der Unternehmenskultur

– Technologie-, Produkt- und Leistungsentwicklung strategisch betreiben, d.h. durch Optimierung des Verhältnisses von Risiko und Attraktivität in einem Portfolio von Entwicklungsvorhaben"

Zusammenfassung von Kapitel 10:
Auch wenn das Konzept „Unternehmenskultur" keine scharfen Konturen hat *(Hüchtermann/Lenske, S. 6)* und kein beliebig herstellbares und exakt beschreibbares Konzept mit genauen Verhaltensanweisungen ist, hilft es bei der Analyse und zum Verständnis von Organisation und liefert Hinweise und Lösungsansätze für das immer komplizierter werdende, sich beständig verändernde Beziehungsgeflecht Unternehmen-Mitarbeiter-Umwelt.

Anmerkungen zu Kapitel 10

1 In den vom United Nations Centre on Transnational Corporations (UNCTC) herausgegebenen „Criteria for Sustainable Development Management", die man als Verhaltenskodex verstehen darf, wird Sustainability definiert als *„development that meets the needs of the present without compromising the ability of future generations to meet their own needs ... in essence ... a process of change in which the exploitation of resources, the direction of investment, the orientation of technological development, and institutional change are all in harmony and enhance both the current and future potential to meet human needs and aspirations".*
2 Nach *Busch-Lüty / Dürr / Langer* (S. 3)
3 In Anlehnung an *Dürr*
4 In Anlehnung an *Grossmann*
5 In Anlehnung an *Schmidheiny*
6 Zur Bewertungsproblematik siehe auch VDI 3780 und VDI-Report 15
7 Deutsche Magnet Bahn Initiative AG (Modellstrecken auf freiem Gelände ohne Bahnhöfe und Betriebsanlagen, darin enthalten Zuschläge von 15 % für Unvorhergesehenes und 7 % für Planungskosten)
8 Umweltbundesamt 1993: zitiert aus StromTHEMEN 4/94, Informationszentrale der Elektrizitätswirtschaft e.V.
9 *N. Luhmann* in anderem Zusammenhang: „... *es könnte doch ein Gewinn darin liegen, wenn man die ... Probleme nicht als Resultat von Fehlverhalten, von Machtmißbrauch oder von Unkenntnis begreift, sondern als Logik der Komplexität*" (FAZ 9.6.94)

10 Die gängigsten Begriffe in diesem Zusammenhang sind: Ausfallgefahrenanalyse, Bedienungsgefahrenanalyse, Fehleranalyse, Risikoanalyse, Schadensanalyse, Schwachstellenanalyse, Sicherheitsanalyse, Störfallanalyse, Unfallanalyse, Verfügbarkeitsanalyse, Zuverlässigkeitsanalyse, Risikobewertung, Fehlervermeidung, Schadensverhütung, Sicherheitstechnik, Störfallverhinderung, Unfallverhütung, Zuverlässigkeitstechnik, fehlerfreundliche bzw. fehlertolerante Technik
11 *Renn/Kals*, S. 65
12 *Renn/Kals*, S. 65
13 *Meyna*, S. 671 ff
14 *Renn/Kals*, S. 67 ff, siehe auch Abschnitt 7.3.5
15 Die Emissionen beim Fahrzeugbetrieb sollen alle übrigen Emissionen bei weitem überwiegen (siehe *H. Blümel*).
16 *Christ;* DECHEMA/GVC/SATW
17 *Kuhlmann*, 1981
18 *Allianz; Conrad; Franke/Führnohr; Gassen; Green; Hosemann; Kuhlmann; Peters/Meyna; Schüz; Utzelmann;* VDI Bericht 771
19 Siehe auch *E.U. von Weizsäcker*
20 *H.D. Utzelmann*

11 Ausblick: Von abstrakten Umweltleitsätzen über Umweltleitbilder zum Umweltmanagement

Ausgehend von den Menschheitsproblemen, insbesondere in den Industriegesellschaften, machten wir uns auf die Suche nach (ethischer) Orientierung. Wir fanden Komplexitäten, Mehrdeutigkeiten und Pluralismen. Philosophische Maximen, ethische Prinzipien, moralische Imperative, Verhaltenskodizes, Präferenzregeln und andere Leitsätze erwiesen sich als weniger konkret als erhofft; in den seltensten Fällen waren sie instruktiv.

Die Übergänge von gut zu böse, von richtig zu falsch sind gleitend; es gibt viele Grauzonen!

Bei ethisch schwierigen Entscheidungen sind wir fast immer auf (subjektive) Güterabwägung angewiesen. Viel häufiger als der Wertewandel führen neue Erkenntnisse über Wirkungszusammenhänge – gerade auch zwischen menschlichem Handeln und der Umwelt – zu neuen Verantwortlichkeiten (z.B. bei der Klimaproblematik). Auch sind es zunehmend Institutionen und Kollektive von Menschen, denen aus neuen Verantwortlichkeiten neue Aufgaben zuwachsen, auf die sie nicht vorbereitet sind und zu deren Bewältigung auch häufig der ordnungspolitische Rahmen fehlt.[1]

• Neue Erkenntnisse führen zu neuen Verantwortlichkeiten

Die Zehn Gebote und die Tugendethik verlieren damit nicht an Bedeutung und Wert. Ihre Verbote und Gebote müssen aber durch Verfahrensregeln und Verfahrensleitbilder ergänzt werden. Hierzu zählen neben bestimmten demokratischen Grundregeln auch Konzepte wie Risikoanalyse, Technikbewertung, Umweltverträglichkeitsprüfung, Ökobilanzierung usw. Mit Hilfe solcher Verfahren können und müssen (bei Meinungspluralismus) Entscheidungen vorbereitet und herbeigeführt werden – Entschei-

• Verfahrensregeln
• Verfahrensleitbilder

dungen, die allerdings revidierbar sein sollen, für den Fall, daß neue Erkenntnisse über Sachzusammenhänge die Güterabwägung beeinflussen.

Auch in demokratischen Gesellschaften knüpfen die Bürger ethische Forderungen weniger an Verfahren als an bestimmte Inhalte, z.B. den Wert „Persönlichkeitsentfaltung". Das Spannungsverhältnis zwischen dem Wunsch nach inhaltlicher Orientierung und fehlenden Eindeutigkeiten kann nur in Form von Leitbildern – manche sprechen auch von Visionen oder Paradigmen – aufgelöst bzw.

• Leitbilder geben eine grobe Ziel- oder Wegrichtung

gemildert werden. Leitbilder geben eine grobe Ziel- oder Wegrichtung (einen Korridor) vor, lassen aber eine laufende Feinabstimmung der Maßnahmen bzw. Spielräume bei der Ausgestaltung der Ziele im einzelnen offen.

Solche Leitbilder können für die in Unternehmen tätigen Manager und Ingenieure
– das Recyclinggerechte Konstruieren
– das Stoffrecycling
– der Integrierte Umweltschutz
– die Rationelle Energienutzung
– die Sicherheitstechnik und Fehlertoleranz und übergeordnet
– die Nachhaltige Entwicklung
sein.

Natürlich gelten diese Leitbilder zur ressourcenschonenden und umweltverträglichen Technikgestaltung nicht nur für Ingenieure und Manager, sondern im Sinne der in Abschn. 8.2 vorgestellten Stufenfolge der Technikgenese für alle am Technikgestaltungsprozeß Beteiligten, das sind vor allem Naturwissenschaftler, Juristen und Politiker.

• Verantwortung für die Technikanwendung

Hinzu kommt, daß die Verantwortungsfrage nicht bei der Technikgestaltung haltmacht. Im Zusammenhang mit der Umweltschonung ist die Verantwortung für die Technikanwendung mindestens genauso wichtig; diese liegt keinesfalls nur bei den Managern und Ingenieuren, sondern bei allen Gesellschaftsmitgliedern, entsprechend ihren Rollen bzw. Handlungen. Dem simplen Slogan „Wir lieben Eure Produkte, aber wir hassen die Art und Weise, wie Ihr sie herstellt" müßte jedenfalls entgegnet werden: „Wir stellen Euch gerne unser Know-how, unsere Dienste, unsere Verfahren, Methoden und Produkte zur Verfügung, aber wir sind häufig entsetzt über den Gebrauch, den Ihr davon macht".

Genau genommmen machen solche Konfrontationsformeln wenig Sinn, denn erstens sind wir nicht nur Ingenieure oder Politiker oder sonstige „Berufene", sondern gleichzeitig Familienmitglieder, Staatsbürger, Christen etc.; zweitens sitzen wir alle im selben „Raumschiff Erde".

Die Forderung, Mißbrauchsmöglichkeiten müßten bereits bei der Technikgestaltung ausgeschlossen werden, läßt sich nicht immer verwirklichen. Als Beispiel kann der „frei programmierbare" Mikrochip angeführt werden, dessen Anwendungen per Definition nicht vorherbestimmt sind.

Umwelt- und Ressourcenschonung ist also eine Aufgabe sowohl für die Technikgestaltung als auch für die Technikanwendung. Die Verantwortung für die Technikanwendung umfaßt auch unser aller Verhalten in der Familie und in der Freizeit. In Abschn. 8.1 war dies bei der Zurückverfolgung der tatsächlichen Umweltschädigung und potentiellen Umweltzerstörung auf ihre wichtigsten Ursachen bereits angeklungen. In Bild 66 waren Lösungs-, Milderungs- und Kompensationsmöglichkeiten, auch die nichttechnischen, aufgeführt worden.

• Leitbilder auch für den Alltag

Die bekanntesten nichttechnischen Konzepte sind
- Neuer Lebensstil
- Neue Bescheidenheit
- Neue Gemächlichkeit
- Sanfter Tourismus

Auch wenn die hinter diesen Schlagworten stehenden Konzepte umstritten sind und manchmal – z.B. in ihrer fundamentalistischen oder fanatischen Ausprägung – entarten, kann es wohl keinen Zweifel geben, daß sie von allen Ernst genommen werden müssen. Die Forderung „Ihr dürft nicht alles tun, was machbar ist!" wendet sich – sehen wir von ihrer Trivialität einmal ab – sowieso an alle Menschen und nicht nur an Ingenieure und Manager.

Ethisches Verhalten kann in der modernen Gesellschaft nicht allein durch freiwillige Selbstverpflichtung hergestellt werden. Sie muß auch gesellschaftlich organisiert werden, z.B. durch Ausgestaltung der Sozialen Markt-

• Ökologische Marktwirtschaft

wirtschaft zur Ökologischen Marktwirtschaft („Bedingungswandel", s. Fußnote 1).

- Internalisierung der externen Kosten

Ein wichtiges Leitbild hierfür ist die „Internalisierung der externen Kosten". Dieses Konzept ist seit Jahrzehnten bekannt und ist als „Prinzip" gar nicht mehr zu bestreiten. Schwierig und strittig ist allerdings seine konkrete Umsetzung.

Sollen wir
- Ökoabgaben
- Ökosteuern
- umweltorientierte Gewinnverteilung
- Umweltlizenzen oder
- Anreizsysteme (Steuerbefreiung oder Subvention)
oder alles gleichzeitig einführen?
Und wo, wie und in welcher Höhe?

- über 7.000 Vorschriften im deutschen Umweltrecht

Darüberhinaus wird der Gesetzgeber auch weiterhin mit Geboten und Verboten arbeiten. Zur Zeit gelten im deutschen Umweltrecht mehr als 7.000 Gesetze, Rechtsverordnungen und Verwaltungsvorschriften. Das wachsende Geflecht des Umweltrechtes ist bereits so engmaschig geworden, daß gefragt werden muß, ob es nicht wieder vereinfacht werden kann; dies gilt auch im Hinblick auf die Überwachungs- und Sanktionsprobleme.

Auf europäischer Ebene stellt sich die Frage der Harmonisierung immer dringender. Was nützt ein weiteres Prozent Verbesserung bei deutschen Kläranlagen, wenn in anderen Ländern der Europäischen Union ganze Millionenstädte ohne Kläranlage bleiben. Ganz zu schweigen von der Situation in den Entwicklungsländern. Man denke an die Vernichtung Tropischer Regenwälder.

Aber kehren wir lieber vor der eigenen Haustür. Wie kann die Verantwortung für den industriellen Fortschritt in unserer Gesellschaft konkretisiert werden?

Im ersten Schritt durch die Forderung nach einer umwelt-, sozial- und humanverträglichen Technikgestaltung.

Im zweiten Schritt durch konkrete Leitbilder, z.B. zur umweltverträglichen Technikgestaltung.

Im dritten Schritt durch Gebote, Verbote, Anreizsysteme und Verfahren zur Verwirklichung dieser Leitbilder.

Im vierten Schritt durch organisatorische Maßnahmen

z.B. in den Unternehmen, die man am ehesten unter der Überschrift Umweltmanagement zusammenfassen kann.

Elemente eines umfassenden Umweltmanagements sind:
1. ein Unternehmensleitbild zum Umweltschutz (Bild 91)
2. ein Umwelthandbuch
3. die Anpassung der Aufbau- und Ablauforganisation an die Umweltschutzgesetzgebung
4. die Ausarbeitung von Gefahrenabwehrplänen
5. die Schulung der Mitarbeiter bis hin zu konkreten Übungen
6. die Ausarbeitung und Veröffentlichung eines Umweltjahresberichtes

• Auf dem Weg zum Umweltmanagement

Zu 1: Unternehmensleitbild:

Das immer dichter werdende Netz des Umweltrechts und die laufende Verschärfung der Umwelt- und Produkthaftung führen zu zusätzlichen Risiken aus unternehmerischer Tätigkeit. Die Einhaltung technischer Vorschriften allein wird von den Behörden als nicht ausreichend angesehen. Neben den konkreten umweltrechtlichen Vorschriften werden von Gesetzgeber und Rechtsprechung auch eine Reihe unbestimmter Rechtsbegriffe verwendet, die es im Unternehmen bei der Leistungserstellung und bei der Zuteilung von Verantwortung zu berücksichtigen gilt; die wichtigsten unbestimmten Rechtsbegriffe sind:
– Organisationsverschulden (Anweisungs-, Auswahl- und Überwachungsverschulden)
– Stand von Wissenschaft und Technik
– Im Verkehr erforderliche Sorgfalt
– Kenntnisstand der Fachleute
– Kenntnisse ähnlicher Betriebe und Branchen

Im Schadens- bzw. Verfahrensfall wird von den Organen der Rechtsprechung darüberhinaus
– einer sorgfältigen Dokumentation der Pflichteneinhaltung und
– hierarchisch klar gegliederten Verantwortlichkeiten
ein hoher Stellenwert beigemessen.

• Unbestimmte Rechtsbegriffe

Zu 2: Umwelthandbuch

Um die komplexen Dimensionen der betrieblichen Umweltthematik in eine überschau- und handhabbare

• Umwelthandbuch

> **Beispiel für ein Unternehmensleitbild zum Umweltschutz**
>
> Sinn des Wirtschaftens allgemein, und damit auch in der industriellen Produktion ist die Wertschöpfung: Unsere Produkte und Dienstleistungen sollen – wenn nicht direkt, so doch mittelbar – zur Befriedigung menschlicher Bedürfnisse dienen.
>
> Bei den industriellen Prozessen werden Rohstoffe genutzt oder auch verbraucht, und es können schädliche Neben- und Nachwirkungen für die Umwelt eintreten. Letzeres kann auch bei der Anwendung unserer Produkte in der Wirtschaft, beim Staat, im Haushalt und in der Freizeit der Fall sein. Zu unseren Aufgaben gehört daher die ressourcen- und umweltschonende Gestaltung unserer Produkte und Prozesse.
>
> Bei den Produkten sind es neben der Einhaltung bereits bestehender rechtlicher Ge- und Verbote die Forderungen der Abnehmer und die Wünsche der Gesellschaft, die Maßstäbe für Forschung und Entwicklung setzen.
>
> Beim Ablauf der eingeführten betrieblichen Prozesse erfüllen wir alle einschlägigen Vorschriften und Auflagen. Darüber hinaus nehmen wir bei Investitionen weiterreichende Möglichkeiten des Umweltschutzes war. Diese Aufgaben können wir allerdings nicht ideal erfüllen, zum einen, weil die Nachwirkungen menschlicher Aktivitäten nicht in allen Verästelungen vorhersehbar sind, zum anderen, weil alle Pfade wirtschaftlichen Handelns mit Risiken, die nicht völlig ausgeschaltet werden können, verbunden sind.
>
> Bei der Auswahl geeigneter Prozesse nehmen wir daher eine Güterabwägung vor, in die Erkenntnisse der Politik, der Wissenschaft und nicht zuletzt der verantwortlichen Mitarbeiter in Führung und Planung einfließen.
>
> Die Ziele im Umweltschutz lassen sich nur durch entsprechendes Verhalten aller Mitarbeiter erreichen. Durch Ausbildung und Schulung wollen wir eine bestmögliche Identifikation mit den Umweltschutzzielen erreichen und langfristig sichern.

Bild 91

• Organisationshilfsmittel; Dokumentationssystem

Form zu bringen, sollten die Unternehmen ein Umwelthandbuch (UHB) erstellen, bestehend aus einem *allgemeinen Teil* (Leitbild, *gesetzliche und rechtliche Grundlagen*) *und einem unternehmens- bzw. werksspezifischen Teil* (Richtlinien, Organisation, Dokumentation). Im Rahmen des betrieblichen Umweltmanagements erfüllt das Umwelthandbuch die Funktion eines Organisationshilfsmittels und eines Dokumentationssystems; seine Aufgaben bestehen im wesentlichen darin:

- Anforderungen, die aus Rechtsvorschriften entstehen, aufzuzeigen (z.B. Meldepflicht aus § 52a BImSchG[2])
- Regeln, Richtlinien und Instrumente zur Erfüllung der Umweltschutzpflichten bereitzustellen und
- Mitarbeiter weiterzubilden.

Das Umwelthandbuch muß laufend aktualisiert werden.

Entsprechend seinem Charakter als Leitfaden sollte das Umwelthandbuch an alle leitenden Angestellten des Unternehmens verteilt werden; neben den unmittelbar mit Umweltaufgaben betrauten Abteilungen ergibt sich die weitere Verteilung auf die Fach- oder Funktionsebenen aus dem werksspezifischen Organigramm.

Zu 3: Anpassung der Aufbau- und Ablauforganisation an die Umweltschutzgesetzgebung

• Zuteilung von Umweltschutzaufgaben

Für die Eingliederung des Umweltmanagements in die Aufbauorganisation eines Unternehmens sind verschiedene Möglichkeiten denkbar:
- Zuteilung von Umweltschutzaufgaben an die bestehende Organisation:
  Jeder Produkt- oder Funktionsbereich (Produktion, F+E, Einkauf etc.) und alle Stäbe erhalten eine Teilaufgabe „Umweltschutz" zugeordnet.
- Eingliederung einer Stabsstelle für Umweltschutz:
  Eine zentrale Stelle wird direkt unterhalb der Unternehmensleitung eingerichtet und z.B. mit folgenden Funktionen betraut:
  • Koordination von operativen Umweltschutzaufgaben und von „Controlling"-Aufgaben
  • Einflußnahme auf Planungen bzw. Entscheidungen in
    - Unternehmens- und Organisationsplanung
    - Produktentwicklung
    - Investitionsplanung
    - Logistikkonzepten etc.
  • Aufbau eines Umwelt-Informationssystems, Erstellung des Umweltberichtes
  • Einflußnahme auf Öffentlichkeitsarbeit und Weiterbildung

• Stabsstelle für Umweltschutz

- Ernennung von Umweltkoordinatoren
- Einrichtung von Umweltausschüssen und/oder Projektteams:

• Umweltkoordinatoren

• Umweltausschüsse

Die Teilnehmer setzen sich z.B. aus Vertretern der obersten Leitungsebene, Produkt- oder Funktionsbereichsleitern, Umweltkoordinatoren (falls vorhanden), Betriebsbeauftragten für Umweltschutz und (eventuell) aus Vertretern des Betriebsrats zusammen.

Eine mögliche Kombination aus den drei vorgestellten Organisationskonzepten des Umweltmanagements ist in Bild 92 dargestellt.

• Sicherung der Pflichtenerfüllung

Von besonderer Bedeutung im Sinne der Umwelthaftung sind vorbeugende Maßnahmen, die sicherstellen, daß die aus konkreten gesetzlichen Anforderungen und unbestimmten Rechtsbegriffen resultierenden Pflichten erfüllt werden. Die Sicherung der Pflichtenerfüllung bezieht sich insbesondere auf folgende Bereiche:
– Organisation
  • Sorgfalt bei der Mitarbeiterauswahl
  • Anweisungspflichten

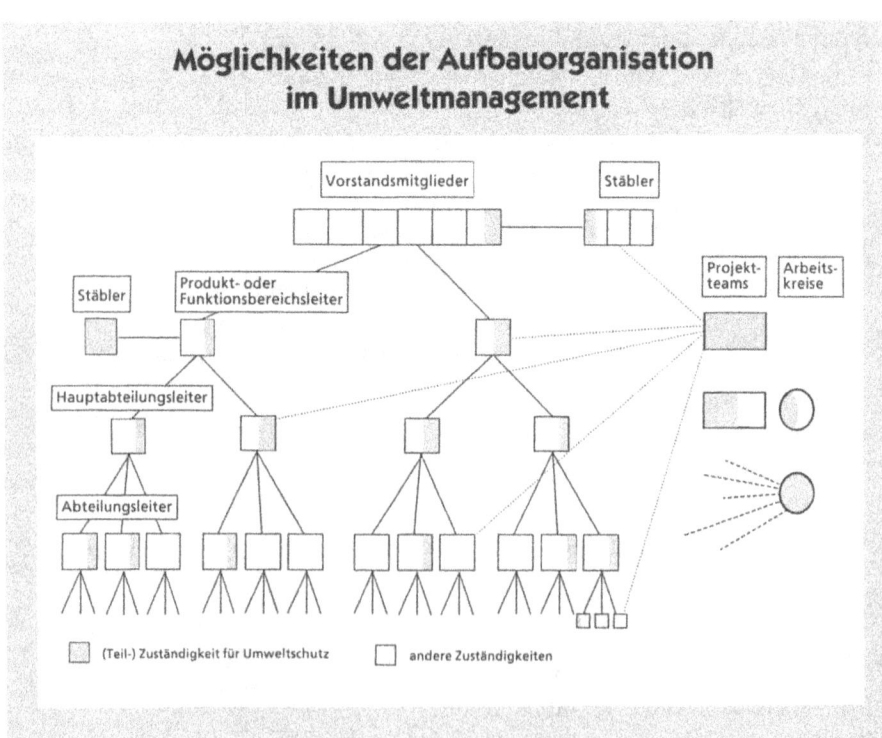

Bild 92

- Aufsichtspflichten
- Kontrollpflichten
- Information der Behörden
  - Offenlegung der Betriebsorganisation nach § 52a BImSchG
  - Meldepflicht bei „Störfällen"
- Dokumentation / Umwelthandbuch
  - Richtlinien
  - Anweisungen
  - Ablauforganisation
  - Nachweis des Normalbetriebes usw.

Zu 4 und 5: Ausarbeitung von Gefahrenabwehrplänen und Schulung von Mitarbeitern

• Gefahrenabwehrpläne

Risikovorsorge durch Erhöhung des betrieblichen Sicherheitsniveaus, insbesondere der Anlagensicherheit, läßt sich nicht vom betrieblichen Umweltschutz trennen. Da der Eintritt umweltrelevanter Schadensfälle, z.B. durch nicht bestimmungsgemäßen Betrieb, Störfall oder Unfall nicht vollständig auszuschließen ist, sollen im Rahmen des Umweltmanagements (dokumentiert im Umwelthandbuch) Stör-, Notfall- oder Gefahrenabwehrpläne erarbeitet werden.

Diese enthalten Maßnahmen, Verhaltensanweisungen und Informationsabläufe, insbesondere die zu informierenden Stellen im Unternehmen (auch Abteilung „Öffentlichkeitsarbeit") und die zu benachrichtigenden Behörden. Mit Hilfe von Notfallübungen soll die Wirksamkeit der erforderlichen Maßnahmen sichergestellt werden.

• Schulung von Mitarbeitern

Zu 6: Ausarbeitung und Veröffentlichung eines Umweltjahresberichtes

• Umweltjahresbericht

Die für das Umweltmanagement in den Unternehmen Zuständigen verfassen einen Umweltjahresbericht, der neben statistischen Angaben zu den einzelnen Umweltbereichen auch die auf der Produktionsseite durch Umweltschutzmaßnahmen verursachten Anlagen- und Betriebskosten enthält. Der Inhalt des Umweltberichtes kann sich zweckmäßigerweise an den vom Gesetz über Umweltstatistik vorgegebenen Gliederungspunkten orientieren.

Anmerkungen zu Kapitel 11

1 K. Homann: „*Kein einzelner – kein individueller Akteur, kein Unternehmer, kein Verband, kein Land – hat das Gesamtergebnis hervorgebracht. ... Daher ist auch kein einzelner Akteur für dieses Gesamtresultat verantwortlich (zu machen). Es stellt sich vielmehr ein als ungeplantes – auch unplanbares – Resultat unzähliger Handlungen von zahllosen Akteuren. ... In der modernen Gesellschaft liegt die Moral nicht länger in den Motiven der Akteure, sondern in den Regeln. Aus diesem Grund ist in der Moderne die Ordnungsethik dominant gegenüber der Handlungs- oder Tugendethik. ... Sanktionsbewehrte Gesetze, steuerliche oder sonstige Anreize, Gewinnaussichten, Drohung mit wirtschaftlichen Verlusten sind die bevorzugten Steuerungsinstrumente ... (mehr Bedingungs- als Gesinnungswandel)*".
2 Bundes-Immissionsschutzgesetz

12 Zusammenfassende Thesen

1 Die Technik hilft den Menschen bei der Existenzerhaltung und -entfaltung oder anders ausgedrückt, sie bietet unter Nutzung von Rohstoffen, Energie und Informationen Mittel und Wege zur Bedürfnisbefriedigung und/oder Werteverwirklichung. Diese Mittel und Wege sind Werkzeuge, Apparate, Geräte, Maschinen, Methoden und Verfahren sowie Systeme aus diesen Komponenten. Die Technik wirkt durch Organverstärkung, -entlastung und -ersatz (*Gehlen*); sie erweitert aber auch generell die Existenzgrundlagen der Menschen als Gattung, sie kann Intelligenz verstärken und die Evolution beschleunigen.

2 Die Technik wird nicht nur von den Ingenieuren „gemacht", sie entsteht vielmehr (*Mayntz*) in einem vielstufigen Selektionsprozeß, an dem Nachfrager bzw. Verbraucher, Politiker, Beamte, (Natur-)Wissenschaftler, Erfinder, Entwickler, Manager u. a. maßgeblichen Anteil haben. Die komplexen Zusammenhänge zwischen Technikentstehung, Technikanwendung und Technikwirkungen können in einer Systemtheorie der Technik analysiert werden.

3 Die Technik hilft dem Menschen auch durch Verringerung oder Beseitigung von Risiken. Dabei können aber auch neue Risiken entstehen. Der Risikobegriff enthält die Komponenten Schaden und Ungewißheit, die wiederum nach Schadenshöhe, örtliche und zeitliche Reichweite sowie Eintrittswahrscheinlichkeit und Risikostruktur weiter differenziert werden müssen. Für die fällige Güterabwägung zwischen Handlungsalternativen spielen die Risikowahrnehmung und -akzeptanz (Kriterien für die Zumutbarkeit von Risiken) eine Rolle.

4 Die Technik kann mißbraucht werden und ihre Anwendung hat häufig – auch bei der Verfolgung positiver Ziele – schädliche Neben- und Nachwirkungen, die die soziale und biologische Umwelt schädigen, ja zerstören können – bis hin zur Selbstvernichtung der Menschheit. Die Wirkungszusammenhänge bei der Umweltschädigung sind äußerst komplex. Besser als die Vorstellung, die Umwelt würde von einzelnen Verursachern unabhängig voneinander zu x% anteilig geschädigt, ist ein Modell, das als Einflußfaktoren mindestens die menschlichen Bedürfnisse, den technischen Fortschritt, die Bevölkerungsexplosion, das industrielle Wirtschaften sowie die Rückkoppelung dieser Faktoren einbezieht. Eine derartige Analyse der Wirkungszusammenhänge ermöglicht auch eine systematische Suche nach Ansatzpunkten zur Umweltschonung.

5 Bei komplizierten Systemzusammenhängen sind „Verursacher" bzw. „Verantwortliche" oft nicht eindeutig bestimmbar. Verantwortung für Probleme wie „Klimaänderung" und „Artenschwund" muß offensichtlich noch gesellschaftlich organisiert werden. Die Hauptfrage, die es zunächst zu klären gilt, ist: Wer ist wem wofür verantwortlich? Anders ausgedrückt geht es um die Verantwortungsträger, die Verantwortungsinstanzen und die Verantwortungsobjekte. Bei der Suche nach Verantwortungsträgern ist häufig die Unterscheidung mehrerer Verantwortungsebenen hilfreich, wobei versucht werden muß, einzelne Problemkomplexe einzelnen oder auch mehreren Verantwortungsebenen zuzuordnen.

6 Im allgemeinen können mindestens drei Verantwortungsebenen unterschieden werden:
Am bekanntesten ist die Ebene des *Individuums* in

seinen unterschiedlichen Rollen oder besser Teilidentitäten als Arbeitnehmer, Konsument, evtl. auch als Lieferant, Geldgeber, Manager, Ingenieur.
Auch die *Institutionen* werden als eigens zu behandelnde Verantwortungsebene wahrgenommen.
Die Ebene zwischen den Individuen und den Institutionen, nämlich *Gruppen, Teams* und *Kollektive,* wird meist nicht thematisiert. In Industrieunternehmen und in der Politik sind es aber fast immer Teams, die die Planung und Durchführung von Programmen und Projekten übernehmen.
Darüberhinaus sollte bei den Institutionen weiter differenziert werden, in Zusammenhang mit Wirtschaftsethik z.B. in Unternehmen und Verbände, Volkswirtschaften und Internationale Institutionen, die die Weltwirtschaft beeinflussen oder mitgestalten.

Wirtschaftsunternehmen müssen die Ansprüche der Kunden, Mitarbeiter, Geldgeber und auch der übrigen Mitglieder der Gesellschaft erfüllen. Die meisten dieser Ansprüche sind rechtlich abgesichert – man denke etwa an das Umweltrecht, das Mitbestimmungsrecht, das Wettbewerbsrecht, das Arbeitsrecht, die Produkthaftung, die Tarifverträge und last not least an die Myriaden von Verträgen zwischen den Marktteilnehmern. Mit der juristischen Seite der Ansprüche ist es aber nicht getan: An die Führungskräfte in der Wirtschaft werden parallel oder zusätzlich moralische Ansprüche in Form von Leitsätzen oder Leitbildern herangetragen, deren Erfüllung oder Nichterfüllung es ebenfalls zu „verantworten" gilt.

Zentral für das Verständnis von Wirtschaft, gerade auch im Blick auf den Dualismus von Volkswirtschaftslehre und Betriebswirtschaftslehre, ist der Begriff „Wertschöpfung". Er vermittelt besser als viele andere gängige Wirtschaftsbegriffe (wie Nutzen, Vermögen, Leistung, Ertrag, Gewinn etc.) die Bedingungen sinnvollen Wirtschaftens und hilft, übliche Mißverständnisse zu vermeiden:

Nicht jede Arbeit, jede Produktion oder Dienstleistung ist schon Wertschöpfung; sie wird es erst, wenn unserer Leistung von einem Kunden ein Wert zugemessen und ggfs. auch bezahlt wird – in Waren, Geld oder anderen „Werten".

Nicht der Aufwand und die Kosten sind maßgebend für die Wertschöpfung, sondern der Markt- oder Verkehrswert.

Vom Vermögen – z.B. dem Besitz an Grund und Boden oder von Kunstgegenständen oder von Gold und Geld – kann keine Volkswirtschaft, keine Institution, kein Mensch auf Dauer leben, wenn dieses Vermögen nicht zu irgendeiner *nachhaltigen* Wertschöpfung herangezogen wird.

Wenn die Nettowertschöpfung (Leistung – Materialkosten – Abschreibungen – sonstige Aufwendungen) niedriger wird als die Summe aus Personalkosten + Steuern + Fremdkapitalverzinsung, dann „lebt" das Unternehmen aus der Substanz: und diese geht wegen bestimmter Rückkoppelungseffekte (nicht mehr kreditwürdig, dauerhafter Service wird von Kunden bezweifelt, die Lieferanten verlangen Vorkasse etc.) schneller zu Ende, als man wahrhaben will.

Die Soziale Marktwirtschaft hat folgende Vorteile:
Sie nimmt den Menschen so, wie er ist (Selbstinteresse, Eigenfürsorge).
Sie ist die einzige Wirtschaftsordnung, die das Subsidiaritätsprinzip verwirklicht.
Sie läßt ein Höchstmaß individueller Freiheit bei gleichzeitiger Wahrung des sozialen Friedens zu.
Sie steigert die Wertschöpfung.
Sie verbindet zwei Prinzipien der zuteilenden Gerechtigkeit: „Jeder nach seinem Beitrag" (Leistungsprinzip) und „Jeder nach seinem Bedarf" (Transferleistungen).
In ihr kann der (mit keinem System ganz zu vermeidende) Wettbewerb fair geregelt werden.
Das Marktprinzip kann allerdings nicht alle Aufgaben in der Volkswirtschaft lösen; es „versagt" bei

folgenden Problemen:
Komplementaritäten, z.B. Erwerb bzw. Preis von Grundstücken, die man zur Realisierung eines Straßenbau-Projektes braucht;
Externen Effekte, z.B. Umweltschädigungen, Klimaveränderungen;
Befriedigung der Grundbedürfnisse aller, z.B. auch der Leistungsschwächeren und der Dritten Welt;
Berücksichtigung der Rechte, Werte, Bedürfnisse zukünftiger Generationen;
Errichtung und Pflege von Infrastrukturen;
Schaffung von Arbeitsplätzen für alle Erwerbsfähigen.

10 Weil der Markt nicht alles kann, bleibt er nicht alleiniges Ordnungsprinzip.
Zur Sozialen Marktwirtschaft gehören
eine Wettbewerbsordnung,
das soziale Netz,
der Umweltschutz,
der Persönlichkeits-, der Verbraucherschutz,
eine Geldverfassung,
eine Finanzverfassung,
eine Unternehmens- und Betriebsverfassung,
die Tarifautonomie und
ein immer wieder neu auszutarierendes Machtgleichgewicht der Verbände.
Neu hinzukommen müssen Anreiz-, Abgaben- oder Steuersysteme, die einen sparsamen Umgang mit Ressourcen sowie eine Minderung von Umweltschäden begünstigen.

11 Wer verantwortet den industriellen Fortschritt? Das war die Eingangsfrage.
Auch wenn die Antworten weniger eindeutig ausfielen, als wir erhofften, bleiben wir nicht orientierungslos: Der industrielle Fortschritt ist ambivalent; er muß daher gesellschaftlich „gesteuert" werden und zwar so, daß der Nutzen einer jeden Innovation den Schaden überwiegt. Dazu ist an vielen Stellen in der Gesellschaft und bei fast allen Entscheidungen

eine Güterabwägung notwendig. Leider fallen die Ergebnisse solcher Güterabwägungsprozesse nicht immer eindeutig aus. Die Systemanalyse liefert in solchen Fällen zwar keinen vollständigen Durchblick über alle Sachzusammenhänge, aber doch „aufschlußreiche" Überblicke, mit deren Hilfe Verantwortliche und deren Aufgaben gefunden werden können.

Bei der Verwirklichung der Aufgaben sind konkrete Leitbilder, die allerdings einer ständigen Revision unterworfen werden müssen, hilfreicher als abstrakte Leitsätze. Die Umsetzung der Leitbilder wiederum kann durch besondere Organisationsformen gefördert werden, im Unternehmen z.B. durch das sogenannte Umweltmanagement.

Was bleibt, ist ein Rest Unsicherheit über die wahren Systemzusammenhänge und der Meinungsstreit bei der ethischen Güterabwägung. Der Mensch lebt trotz allen wissenschaftlichen und technischen Fortschritts im Ungewissen, was seine Zukunft angeht. Gerade das muß für alle Individuen, Gruppen und Institutionen Anlaß und Ansporn sein, die Zukunft verantwortlich mitzugestalten.

Literaturverzeichnis

Aberle, G.; Engel, M.: Volkswirtschaftliche Beurteilung des Straßengüterfernverkehrs, Fachbeiträge in Internationales Verkehrswesen 46, 1994, S. 13-19

Ahbe, St.; Braunschweig, A.; Müller-Wenk, R.: Methodik für Ökobilanzen auf der Basis ökologischer Optimierung, Schriftreihe Umwelt Nr. 133, Bundesamt für Umwelt, Wald und Landschaft (BUWAL), Bern, 10/1990

Albach, H., Schade, D., Sinn, H. (Hrsg.): Technikfolgenforschung und Technikfolgenabschätzung – Tagung des Bundesministers für Forschung und Technologie 22. bis 24. Oktober 1990, Springer-Verlag Berlin, Heidelberg, New York 1991, 501 S.

Allianz Versicherungs AG (Hrsg.): Allianz-Handbuch der Schadensverhütung, 3. Auflage, Berlin und München, 1984, 856 S.

Beck, U.: Gegengifte. Die organisierte Unverantwortlichkeit, Frankfurt 1988, 324 S.

Beck, U.: Risikogesellschaft – Auf dem Weg in eine andere Moderne, Frankfurt a. M. 1986, 375 S.

Birnbacher, D. (Hrsg.): Ökologie und Ethik, Stuttgart 1980, 253 S., insbesondere sein eigener Beitrag „Sind wir für die Natur verantwortlich?", S. 103-139

Birnbacher, D.: Verantwortung für zukünftige Generationen, Stuttgart 1988

Blümel, H.: CO_2- und Schadstoffausstoß durch den Betrieb von Batterie-, Hybrid- und Verbrennungsmotor-Pkw im Vergleich – Methodik, Emissionen, Immissionsentlastung, Umweltbundesamt, Berlin 1991

Bundesminister für Umwelt, Naturschutz und Reaktorsicherheit (Hrsg.): Umweltpolitik – Zweiter Bericht der Bundesregierung an den Deutschen Bundestag über Maßnahmen zum Schutz der Ozonschicht, Drucksache 12/3846, Bonn 1992, 74 S.

Bungard, W., Lenk, H.: Technikbewertung – Philosophische und psychologische Perspektiven, Suhrkamp-Verlag, Frankfurt 1988, 383 S.

Bunge, M.: The Philosophical Richness of Technology, in Proceedings of the 1976 Bicenial Meeting of the Philosophy of Science Association, East Lansing, 1977, Vol. 2, S. 154; frei übersetzt aus F. Rapp 1982, S. 374

Busch-Lüty, Ch., Dürr, H.-P., Langer, H. (Hrsg.): Die Zukunft der Ökonomie: Nachhaltiges Wirtschaften, Politische Ökologie Sonderheft 1, Sept. 1990, 71 S.

Busch-Lüty, Ch.: „Ökonomie und Natur" – Beratungsrunde in Tutzing, ein zusammenfassender Bericht aus Veranstaltersicht, in Busch-Lüty/Dürr/Langer, S. 6-9

Christ, C.: Produktionsintegrierter Umweltschutz am Beispiel der chemischen Industrie, Nachdruck aus: VDI-Bericht 899: Integrierter Umweltschutz, Ingenieurkonzepte für eine umweltverträgliche Technikgestaltung, VDI-Verlag, Düsseldorf 1991, S. 79-106

Clemm, H.: Anfragen an Inhalte, Stil und Form kirchlichen Handelns aus der Perspektive von Führungskräften in der Wirtschaft, Forum Sozialethik Evang.-Luth. Prodekanat, München, Februar 1986

DECHEMA (Deutsche Gesellschaft für Chemisches Apparatewesen, Chemische Technik und Biotechnologie), GVC (VDI-Gesellschaft Verfahrenstechnik und Chemieingenieurwesen), SATW (Schweizerische Akademie der Technischen Wissenschaften): Produktionsintegrierter Umweltschutz in der chemischen Industrie, Frankfurt am Main 1990, 110 S.

Dessauer, F.: Der Streit um die Technik, Frankfurt a.M. 1956, hier zitiert nach F. Rapp 1978

Deutsche Magnet Bahn Initiative AG: Standort Deutschland, Essen 2.12.1993

Detzer, K. A.: Durch Technik Lebensraum bewahren, Sicherheit erhöhen, Geborgenheit schaffen in UMWELT, Nr. 5, Mai 1989, S. 63 – 68 und in Technik zum Schutz der Umwelt, Sonderteil der VDI-Nachrichten zum Deutschen Ingenieurtag 1989, Nr. 18, 5. Mai 1989, S. 74

Detzer, K. A.: Gedanken zur Ethik der Wirtschaftsordnung in Wirtschaft und Ethik – Ethik und Management, Bayerisches Staatsministerium für Wirtschaft und Verkehr, in Zusammenarbeit mit dem RKW Bayern, Juli 1990, S. 167-181

Detzer, K. A.: Hochschule und Beruf – diskutiert am Beispiel Ingenieurberufe – Thesen und Materialien zum Fachkongreß der SPD-Fraktion im Bayerischen Landtag „Die Zukunft der Hochschule" am 27. November 1989 in München, 1989, 50 S.

Detzer, K. A.: Technikkritik im Widerstreit – Gegen Vereinfachungen, Vorurteile und Ideologien, Reihe: Der Ingenieur in Beruf und Gesellschaft, VDI-Verlag, Düsseldorf 1987, 136 S.

Detzer, K. A.: Technischer Fortschritt und industrielle Verantwortung in Industrieforschung – Technikfolgenabschätzung, Bundesverband der Deutschen Industrie e.V., Februar 1989, S. 21-44

Dierkes, M., Marz, L.: Unternehmensverantwortung und leitbildorientierte Technikgestaltung, in: Zimmerli/Brennecke 1994

Dierkes, M.: Unternehmenskultur im Wandel: Lern- und Anpassungsprozesse in einer dynamischen Umwelt, in VDI-Hauptgruppe, Bereich Mensch und Technik (Hrsg.): Technikverantwortung in der Unternehmenskultur, Von theoretischen Konzepten zur praktischen Umsetzung, Kurzfassungen der VDI-Tagung am 30. und 31. Januar 1991 in Düsseldorf, 60 S.

Duden, Band 2: Stilwörterbuch der deutschen Sprache, Bibliographisches Institut & F.A. Brockhaus AG, Mannheim 1970, 846 S.

Dürr, H.-P.: Zur quantitativen Bewertung höherer Ordnungsstrukturen in Busch-Lüty/Dürr/Langer, S. 60-62

Enderle, G.: Wirtschaftsethik im Werden – Ansätze und Problembereich der Wirtschaftsethik, Akademie der Diözese Rottenburg-Stuttgart, Stuttgart 1988, 100 S.

Enderle, G.: Wirtschaftsethik in den USA: Bericht über eine Studienreise, Beiträge und Berichte der Forschungsstelle für Wirtschaftsethik an der Hochschule St. Gallen für Wirtschafts- und Sozialwissenschaften, Nr. 1, März 1983, 47 S.

Engels, W.: Den Staat erneuern – den Markt retten, Köln 1983, 228 S.

Engels, W.: Mehr Mut zum Markt, Zusammenfassung der Schriften des Kronberger Kreises, Band 1, Stuttgart 1984, 294 S.

Engels, W.: Über Freiheit, Gleichheit, Brüderlichkeit – Kritik des Wohlfahrtsstaates, Theorie der Sozialordnung und Utopie der sozialen Marktwirtschaft, Bad Homburg 1985, 159 S.

Enquete-Kommission „Chancen und Risiken der Gentechnologie" des Zehnten Deutschen Bundestages: Chancen und Risiken der Gentechnologie, Economica Verlag, Bonn 1987

Enquete-Kommission „Vorsorge zum Schutz der Erdatmosphäre" des Deutschen Bundestages (Hrsg.): Schutz der Erde, Eine Bestandsaufnahme mit Vorschlägen zu einer neuen Energiepolitik, Economica Verlag, Bonn 1990, 1010 S.

Forschungsstelle für Energiewirtschaft: Vergleich verschiedener Emissionsrechnungen für Otto-, Diesel- und Elektro-Pkw, Studie im Auftrag des Bayerischen Staatsministeriums für Landesentwicklung und Umweltfragen, Bearbeiter C. Hoffmann, München 1992

Franke, A. (Hrsg.): Risikomanagement von Projekten, Verlag TÜV Rheinland, Köln 1990, 155 S.

Fraser-Darling, F.: Die Verantwortung des Menschen für seine Umwelt, in Birnbacher, D.: Ökologie und Ethik, Stuttgart 1980, 253 S., S. 9-19

Fütterer, K.: Streit um die Arbeit, Stuttgart 1984, 156 S.

Gabele, E., Kretschmer, H.: Unternehmensgrundsätze – Empirische Erhebungen und praktische Erfahrungsberichte..., Frankfurt a.M. 1985, 303 S.

Gabele, E.: Unternehmensgrundsätze – Ein Spiegelbild innerbetrieblicher und gesellschaftlicher Entwicklungen, ZO, 1981 H. 5, S. 245 – 252

Gabele; Liebel; Oechsler: Führungsgrundsätze und Mitarbeiterführung – Führungsprobleme erkennen und lösen, Gabler Verlag, Wiesbaden 1992

Galbraith, J. K.: Die Entmythologisierung der Wirtschaft – Grundvoraussetzungen ökonomischen Denkens, Paul Zsolnay Verlag, Wien/Darmstadt 1988, 294 S.

Galtung, J.: The Basic Needs Approach, in Lederer, K. (Hrsg.): Human Needs – A Contribution to the Current Debate, Verlag Anton Hain, Bodenheim 1980, 361 S., S. 55-125

Gasiet, S.: Menschliche Bedürfnisse – Eine theoretische Synthese, Frankfurt/New York 1981, 335 S.

Gassen, H.G., Knoepfel P. (Hrsg.): Risiko und Risikomanagement, Helbing und Lichtenhahn, Basel 1988, 134 S.

Gehlen, A.: Der Mensch, Bonn 1955

Gerster, H.: Lange Wellen wirtschaftlicher Entwicklung: empirische Analyse langfristiger Zyklen für die USA, Großbritannien u. weitere 14 Industrieländer von 1800 bis 1980, Frankfurt am Main 1988, 175 S.

Glismann, H. H.: Lange Wellen wirtschaftlichen Wachstums, Institut für Weltwirtschaft, Kiel 1980, 38 S.

Green, A. E. (Hrsg.): High risk safety technology (A Wiley – Interscience publication), Chichester 1982, 654 S.

Greer-Wooten, B.: Context, Concept and Consequence in Risk Assessment Research, in Conrad, J. (Hrsg.), Gesellschaft, Technik und Risikopolitik, Springer-Verlag, Berlin, Heidelberg, New York 1983, S. 67-101

Grossmann, W.-D.: Nachhaltige Wirtschaftsweise und physische Ökonomie, in Busch-Lüty/Dürr/Langer, S. 28-29

Gründel, J.: Normen und Werte im gesellschaftlichen Wandel, Katholische Akademie Augsburg, 1978, S. 17

Hampden-Turner, Ch.: Modelle des Menschen – Ein Handbuch des menschlichen Bewußtseins, Psychologie Verlags Union, Weinheim 1982, 223 S.

Hanappi, G. : Die Entwicklung des Kapitalismus: Gibt es noch lange Wellen der Konjunktur?, Franfurt am Main u.a. 1989, 316 S.

Hartmann, H.: Vom Sollen zum Sein und retour – Über normative, positivistische, strukturgenetische und evolutionstheoretische Ansätze zur Bestimmung des moralischen Bewußtseins, in Blum, R., Steiner, M. (Hrsg.): Aktuelle Probleme der Marktwirtschaft, Berlin 1984, S. 137-167

Hastedt, H.: Aufklärung und Technik – Grundprobleme einer Ethik der Technik, Frankfurt a.M. 1991, 336 S.

Hassan, A.; Kostka, S.: Methodik des produktionsintegrierten Umweltschutzes in der chemischen Industrie, Chem.-Ing.-Tech. 65/1993, Nr. 4, S. 391-400

Hayek, F. A. v.: Über die Grenzen der individuellen Vernunft und die Macht und die Labilität der Moral, Orientierungen zur Wirtschafts- und Gesellschaftspolitik 20 (Ludwig Erhard-Stiftung 1984), H. 2, S. 2-6

Heinen, E.: Industriebetriebslehre – Entscheidungen im Industriebetrieb, Wiesbaden 1983, 7. Auflage, 1092 S.

Homann, K.; Blome-Drees, F.: Wirtschafts- und Unternehmensethik, Vandenhoeck & Ruprecht, Göttingen 1992, 207 S. (UTB für Wissenschaft: Uni-Taschenbücher 1721)

Horkheimer, M.: Zur Kritik der instrumentellen Vernunft; aus Vorträgen und Aufzeichnungen seit Kriegsende, hrsg. von Alfred Schmidt, Frankfurt a.M., 1967, hier zitiert nach van der Pot, S. 668

Hortleder, G.: Ingenieure in der Industriegesellschaft, Frankfurt a.M. 1973, hier zitiert nach van der Pot, S. 668

Hosemann, G.: Risiko in der Industriegesellschaft (Analysen, Vorsorge und Akzeptanz), Erlangen 1989, 204 S.

Hoyos, C. Graf: Psychologische Unfall- und Sicherheitsforschung, Verlag Kohlhammer, Stuttgart, Berlin, Köln, Mainz 1980, hier zitiert nach Utzelmann

Hubig, Ch. (Hrsg.): Ethik institutionellen Handelns, Frankfurt a.M. 1982, 280 S.

Hubig, Ch.: Technik- und Wissenschaftsethik – Ein Leitfaden, Berlin 1993, 192 S.

Hüchtermann, M., Lenske W.: Wettbewerbsfaktor Unternehmenskultur, Beiträge zur Gesellschafts- und Bildungspolitik, Institut der deutschen Wirtschaft Köln, Nr. 168, Deutscher Instituts-Verlag, Köln 1991, 48 S.

Informationszentrale der Elektrizitätswirtschaft e.V. (Hrsg.): StromTHEMEN 4/94, Frankfurt a.M.

Irrgang, B.: Hat die Natur ein Eigenrecht auf Existenz? Anmerkungen zur Umweltethik-Diskussion, Philosophisches Jahrbuch, 97. Jahrgang 1990

Jochem, E., Schaefer, H.: Emissionsminderung durch rationelle Energieverwendung, Sonderdruck aus Energiewirtschaftliche Tagesfragen, Heft 4/1991, S. 207-215

Jonas, H.: Das Prinzip Verantwortung – Versuch einer Ethik für die technologische Zivilisation, Frankfurt 1979, Suhrkamp Taschenbuch 1985, 426 S.

Kerber, W.: Unternehmerisches Handeln zwischen Sachzwängen und moralischem Anspruch in Held, M., Marquardt, A. (Hrsg.): Werte in der Welt der Wirtschaft – Reflexionen über ethische Maßstäbe für wirtschaftliches Handeln, Evangelische Akademie Tutzing und Bildungswerk der Bayerischen Wirtschaft e.V., Tutzing 1986, 46 S., S. 5-14

Kidder, R. M.: An Agenda for the 21st. Century, The MIT Press, Cambridge, Massachussetts, London, 1987, 205 S.

Kondratieff, N.D.: Die langen Wellen der Konjunktur, aus: Archiv für Sozialwissenschaft und Sozialpolitik, Bd. 56 / 1926 / S. 573-609, Tübingen 1926

Koslowski, P.: Prinzipien der ethischen Ökonomie – Grundlegung der Wirtschaftsethik und der auf der Ökonomie bezogenen Ethik, J. C. B. Mohr Verlag, Tübingen 1988, 339 S.

Krüger, H.: Internationale Verhaltenskodizes für mulitnationale Unternehmen, Mitteilung der Bundesstelle für Außenhandelsinformationen Mai 1985, 10 S.

Krupinski: Ethik und Wirtschaftspraxis, in: „technologie & management", Heft 3/91, S. 13-19

Kuhlmann, A.: Alptraum Technik? – Zur Bewertung der Technik unter humanitären und ökonomischen Gesichtspunkten, Verlag TÜV Rheinland, Köln 1977, 172 S.

Kuhlmann, A.: Einführung in die Sicherheitswissenschaft, Düsseldorf 1981, 480 S.; englische Ausgabe: Introduction to safety science, New York 1986, 458 S.

Kühne, Gabriel: Lange Wellen der wirtschaftlichen Entwicklung: Theoretische Erlärungsansätze und Verbindungslinien zur Geschichte der Wirtschaftstheorie und Wirtschaftspolitik, Göttingen 1991, 189 S.

Küng, H.: Projekt Weltethos, Piper Verlag, München 1990, S. 74/75

Lachmann, W.: „Ethik und Soziale Marktwirtschaft", Aus Politik und Zeitgeschichte, B. 17/1988a, S. 15-26

Lachmann, W.: „Ethik und Soziale Marktwirtschaft. Einige wirtschaftswissenschaftliche und biblisch-theologische Überlegungen", in Hesse, H. (Hrsg.): Wirtschaftswissenschaft und Ethik, Duncker & Humblot, Berlin 1988, S. 277-304

Lachmann, W.: „Grenzen und Chancen der Entwicklungshilfe", in Aus Politik und Zeitgeschichte – Beilage zur Wochenzeitung Das Parlament, Bundeszentrale für politische Bildung (Hrsg.), Bonn, 20.05.1994, B 20/94, S. 11-17

Lampert, H.: Die soziale Marktwirtschaft in der Bundesrepublik Deutschland – Ursprung, Konzeption, Entwicklung und Probleme, Aus Politik und Zeitgeschichte, B. 17/88, S. 3-14

Lay, R.: Die Macht der Moral, Unternehmenserfolg durch ethisches Management, Econ Verlag, Düsseldorf, Wien, New York 1990, 280 S.

Lay, R.: Ethik für Manager, Econ Verlag, Düsseldorf, Wien, New York 1989, 252 S.

Lay, R.: Ethik für Wirtschaft und Politik, München 1983, 362 S.

Lederer, K. (Hrsg.): Human Needs – A Contribution to the Current Debate, Königstein/Ts. 1980, 361 S.

Lefringhausen, K.: Thesen zur Entwicklungspolitik, in Held, M., Marquardt, A. (Hrsg.): Werte in der Welt der Wirtschaft – Reflexionen über ethische Maßstäbe für wirtschaftliches Handeln, Evangelische Akademie Tutzing und Bildungswerk der Bayerischen Wirtschaft e.V., Tutzing 1986, 46 S., S. 38-40

Lenk, H: Zu einer praxisnahen Ethik der Verantwortung in den Wissenschaften, in Lenk, H. (Hrsg.):Wissenschaft und Ethik, Reclam 1991, S. 54-74

Lenk, H., Ropohl, G.: Technik und Ethik, Philipp Reclam jun. Verlag Ditzingen, Stuttgart 1987, 333 S.

Lenk, H.: Über Verantwortungsbegriffe und das Verantwortungsproblem in der Technik, in Lenk, H., Ropohl, G. (Hrsg.): Technik und Ethik, Stuttgart 1987, 333 S., S. 112-148

Lenk, H.: Zwischen Duckmäuser- und Märtyrertum – Ein Berufskodex könnte den Ingenieur schützen, nicht aber seine Moral ersetzen, VDI-Nachrichten, 22.05.87, S. 38

Lübbe, H. in einem Vortrag zur Tagung „Wissenschaftlich-technischer Fortschritt als Aufgabe einer freiheitlichen Kultur", Symposium der Hanns Martin Schleyer-Stiftung im Dezember 1986

Lübbe, H.: Der Lebenssinn der Industriegesellschaft – Über die moralische Verfassung der wissenschaftlich-technischen Zivilisation, Berlin, Heidelberg, NewYork 1990, 224 S.

Lübbe, H.: Technik und Gesellschaft – Zur Metakritik der Kritik an der technischen Intelligenz, VDI-Z Band 116 (1974), Nr. 2, S. 93 – 98

Markl, H.: Natur als Kulturaufgabe – Über die Beziehung des Menschen zur lebendigen Natur, Stuttgart 1986, 391 S.

Maslow A. H.: Motivation and Personality, New York 1954, hier zitiert nach Heinen S. 635 ff

Mayntz, R.: Politische Steuerung und Eigengesetzlichkeiten technischer Entwicklung – zu den Wirkungen von Technikfolgenabschätzung, in Albach, H., Schade, D., Sinn, H. (Hrsg.), Technikfolgenforschung und Technikfolgenabschätzung, Springer-Verlag, Berlin, Heidelberg, New York 1991, S. 45-61

Meadows, D.: Die Grenzen des Wachstums, Bericht des Club of Rome zur Lage der Menschheit, Deutsche Verlags-Anstalt, Stuttgart 1972, 183 S.

Meadows, D.:Beyond the Limits: confronting global collapse envisioning a sustainable future, Chalsea Green Vermont 1992, 300 S. (Deutsche Ausgabe: Die neuen Grenzen des Wachstums)

Menschikow, S.: Lange Wellen in der Wirtschaft (Internationale marxistische Diskussion), Frankfurt am Main 1989, 147 S.

Meyer-Abich, K. M.: Wege zum Frieden mit der Natur – Praktische Naturphilosophie für die Umweltpolitik, München 1986, 322 S.

Meyer-Abich, K. M.: Wie ist die Zulassung von Risiken für die Allgemeinheit zu rechtfertigen?, in Schüz, M. (Hrsg.), Risiko und Wagnis – Die Herausforderung der industriellen Welt, Band 2, Gerling Akademie für Risikoforschung AG Zürich, Verlag Günther Neske, c/o Klett-Cotta, Pfullingen 1990, 384 S., S. 172-191

Meyna, A.: Grundlagen von Sicherheitsanalyseverfahren, in Peters/Meyna, Band 1, S. 621-683

Moser, S., Hunning, H. u.a.: Werte und Wertordnungen in Technik und Gesellschaft, VDI-Verlag Düsseldorf, 1975, 212 S.

Mumford, L.: Mythos der Maschine – Kultur, Technik und Macht, Fischer Taschenbuch Verlag Frankfurt am Main 1981, 856 S.

Nash, L.: Ethics without the sermon, Harvard Business Review, Nov./Dez. 1981, S.79-90

Obermeier, O. P.: Eine Synopse, in Schüz, Band 1, S. 296 – 333; Band 2, S. 306-350

Peters, O. H., Meyna, A. (Hrsg.): Handbuch der Sicherheitstechnik, Band 1 , Carl Hanser Verlag, München 1985, 878 S., Band 2, Hanser Verlag, München 1986, 632 S.

Pieper, J.: Über die Gerechtigkeit, Kösel-Verlag, München, 4. Auflage 1965

Pinkau, K.: Technologiefolgenabschätzung – Auftrag und Probleme, SIEMENS-Zeitschrift 5/87, S. 4-9

Planco Consulting GmbH (Hrsg.): Externe Kosten des Verkehrs; Schiene, Straße, Binnenschiffahrt, Gutachten im Auftrag der Deutschen Bundesbahn, Essen 1990

Plesser, E. H.: Leben zwischen Wille und Wirklichkeit – Unternehmer im Spannungsfeld von Gewissen und Ethik, Econ Verlag, Düsseldorf und Wien 1977

Pot, J.H.J. van der: Die Bewertung des technischen Fortschritts – Eine systematische Übersicht der Theorien, Band 1 und Band 2, Van Gorcum, Assen, Niederlande 1985, 1429 S.

Rapp, F.: Analytische Technikphilosophie, Freiburg/München 1978, 225 S.

Rapp, F.: Ideal und Wirklichkeit der Techniksteuerung, VDI-Verlag Düsseldorf 1982 a, 196 S.

Rapp, F.: Philosophy of technology, in Contemporary Philosophy. A New Survey, The Hague/Boston/London 1982, Vol. 2, S. 361 – 412

Rasmussen et. al.: Reactor Safety Study ... 1975, hier zitiert nach Meyna, S. 683
Rawls, J.: Eine Theorie der Gerechtigkeit, Frankfurt 1979
Renn, O. und Kals, J.: Technische Risikoanalyse und unternehmerisches Handeln, in Schüz, M. (Hrsg.), Risiko und Wagnis – Die Herausforderung der industriellen Welt, Gerling Akademie für Risikoforschung AG Zürich, Verlag Günther Neske, c/o Klett-Cotta, Pfullingen 1990, Band 2, 384 S., S. 60-80
Reuter, E.: Über Macht und Ohnmacht des Geistes – Reflexionen zur Unternehmensführung, Vortrag vor der Universität Hohenheim am 18.1.1985
Roos, L.: Methodologie des Prinzips „Arbeit vor Kapital", Jahrbuch für christliche Gesellschaftswissenschaften, 1988
Ropella, W.: Synergie als strategisches Ziel der Unternehmung, de Gruyter Verlag, Berlin u.a. 1989, 333 S.
Röpke, W.: Jenseits von Angebot und Nachfrage, 5. Auflage, Bern und Stuttgart 1979, S. 185 ff.
Ropohl, G., Schuchardt, W., Lauruschkat, H.: Technische Regeln und Lebensqualität, Düsseldorf 1984, 189 S.
Ropohl, G.: Eine Systemtheorie der Technik – Zur Grundlegung der Allgemeinen Technologie, Carl Hanser Verlag, München 1979, 336 S.
Ropohl, G.: Maßstäbe der Technikbewertung, VDI Düsseldorf 1978, 201 S. und
Ropohl, G.: Technische Regeln und Lebensqualität, VDI Düsseldorf 1984, 189 S.
Ropohl, G.: Die unvollkommene Technik, Frankfurt/M. 1985, 269 S.
Ropohl, G.: Technologische Aufklärung – Beiträge zur Technikphilosophie, Frankfurt a.M. 1991, 260 S.
Rowe, W. D.: Risk Assessment Aproaches and Methods, in Conrad, J. (Hrsg.): Society, technology and risk assessment, London 1980, 303 S., Deutsche Ausgabe: Gesellschaft, Technik und Risikopolitik, Springer-Verlag, Berlin, Heidelberg, New York 1983, 266 S., S. 3-30
Sachsse, H. (Hrsg.): Technik und Gesellschaft, 3 Bd., Verlag Dokumentation Pullach bei München 1974/76, Bd. 1 Literaturführer, 1974, 309 S.; Bd. 2 Technik in der Literatur, 1976, 260 S.; Bd. 3 Selbstzeugnisse der Techniker, Philosophie der Technik, 1976, 260 S.
Sachsse, H.: Anthropologie der Technik, Braunschweig 1978, 291 S.
Schaefer, H.: Technische Kriterien und Grenzen rationeller Energienutzung, VDI-Berichte 857, 1990, S. 11 – 34
Schelsky, H.: Die Arbeit tun die anderen, Westdeutscher Verlag, Opladen, 1975
Schlecht, O.: Ethik der Marktwirtschaft: Freiheit und Bindung, FAZ, 2.1.88, S. 13
Schmidheiny, S.: Kurswechsel – Globale unternehmerische Perspektiven für Entwicklung und Umwelt, Artemis und Winkler Verlag, München 1992, 448 S., hier zitiert nach Blick durch die Wirtschaft 3.7.1992
Schönwiese; Diekmann: Der Treibhauseffekt, Deutsche Verlags-Anstalt, Stuttgart 1987

Schreiber, M.: Der Markt ist Kultur – Zur Vorgeschichte der Warenverachtung: Es geht um mehr als „Konsum", Frankfurter Allgemeine Zeitung, Nr. 167, 21.07.1990

Schreyögg, G.: Implementation einer Unternehmensethik in Planungs- und Entscheidungsprozessen, in Steinmann, H., Löhr, A. (Hrsg.): Unternehmensethik, Schäffer-Poeschel Verlag, Stuttgart 1989, 482 S.

Schumacher, E. F.: Die Rückkehr zum menschlichen Maß – Alternativen für Wirtschaft und Technik, Reinbek 1977

Schüz, U. (Hrsg.): Risiko und Wagnis – Die Herausforderung der industriellen Welt, Band 2, Gerling Akademie für Risikoforschung AG Zürich, Verlag Günther Neske, c/o Klett-Cotta, Pfullingen 1990, 384 S.

Sik, O.: „Humane Wirtschaftsdemokratie – Ein dritter Weg", Albrecht Knaus, Hamburg 1979, 808 S.

Sommerlatte, T.: Corporate Identity und Technologie-Management-Konzepte der Technologieentwicklung im Rahmen einer zukunftsbezogenen Unternehmenskultur, in: Zimmerli/Brennecke 1994, S. 43-54

Spaemann, R.: Technische Eingriffe in die Natur als Problem der politischen Ethik, in Birnbacher, D.: Ökologie und Ethik, Stuttgart 1980, 253 S., S. 180-206

Stephan, C.: Der Betroffenheitskult – Eine politische Sittengeschichte, Verlag Rowohlt, Berlin 1993

Steinmann, H., Löhr, A. (Hrsg.): Unternehmensethik, C. E. Poeschel Verlag, Stuttgart 1989, 482 S., (in 2. Auflage 1991 erschienen, 538 S.)

Stockhausen, von, J.: „Entwicklungshilfe im Spannungsfeld von politischen Interessen und sozialer Gerechtigkeit", in Aus Politik und Zeitgeschichte – Beilage zur Wochenzeitung Das Parlament, Bundeszentrale für politische Bildung (Hrsg.), Bonn, 20.05.1994, B 20/94, S. 3-10

Stork, H.: Einführung in die Philosophie der Technik, Darmstadt 1977, 189 S.

Tammelo, I.: Gestaltung der Arbeit im Sinne der Gerechtigkeit, in „Auf der Suche nach einer neuen Vollbeschäftigung", Herder Freiburg 1979, 191 S., S. 147-156

Ulrich, P.: Die neue Sachlichkeit oder: Wie kann die Unternehmensethik betriebswirtschaftlich zur Sache kommen?, Beiträge und Berichte der Forschungsstelle für Wirtschaftsethik an der Hochschule St. Gallen für Wirtschafts- und Sozialwissenschaften, Nr. 18, Oktober 1987a, 25 S.

Ulrich, P.: Unternehmensethik – Führungsethik oder Grundlagenreflexion, in Unternehmensethik, hrsg. von Horst Steinmann und Albert Löhr, C.E. Poeschel Verlag, Stuttgart 1989, S. 179-200

Ulrich, P.: Wirtschaftsethik und ökonomische Rationalität – Zur Grundlegung einer Vernunftethik des Wirtschaftens, Beiträge und Berichte der Forschungsstelle für Wirtschaftsethik an der Hochschule St. Gallen für Wirtschafts- und Sozialwissenschaften, Nr. 19, November 1987, 45 S.

Umweltbundesamt: Texte 38/82, Ökobilanzen für Produkte, Bedeutung – Sachstand – Perspektiven 8/92, Berlin, 07/1992

Unger, St.: Controlling Technology: Ethics and the Responsible Engineer, New York 1982

United Nations Centre on Transnational Corporations (UNCTC): Criteria for Sustainable Development Management, New York 1990

Utzelmann, H. D.: Sicherheit beim Umgang mit der Technik: Wege zur Verringerung menschlichen Fehlverhaltens (Reihe Sicherheitswissenschaft), Verlag TÜV Rheinland GmbH, Wiesbaden 1987, 119 S.

Verkehrswissenschaftliches Institut der Rhein.-Westf. Technischen Hochschule Aachen, Prof. Dr.-Ing. W. Schwanhäusser: Spezifischer Energieeinsatz im Verkehr – Ermittlung und Vergleich der spezifischen Energieverbräuche im Auftrag des Bundesministers für Verkehr, Forschungsbericht FE Nr. 90247/88, 1990

VDI-Dokumentation zu Tschernobyl, Beilage der VDI-Nachrichten, Jg. 40, Nr. 46, VDI-Verlag, Düsseldorf 14.11.1986

VDI-Gemeinschaftsausschuß Industrielle Systemtechnik: Zuverlässigkeit von Komponenten technischer Systeme, Analyse und Nachweisführung, VDI-Berichte 771, VDI-Verlag, Düsseldorf 1989, 436 S.

VDI-Gesellschaft Energietechnik:
VDI-Berichte 703: Klimabeeinflussung durch den Menschen, VDI-Verlag, Düsseldorf 1988,
VDI-Berichte 809: Klimabeeinflussung durch den Menschen II, Aktueller Wissensstand, Denkbare Energietechniken und -Strategien, VDI-Verlag, Düsseld. 1990, 323 S.
VDI-Berichte 822: Perspektiven der Kernenergie und CO_2-Minderung, VDI-Verlag, Düsseldorf 1990
VDI-Berichte 1016: Klimabeeinflussung durch den Menschen III, Sachstand, energietechnische Konzepte, Umsetzung, VDI-Verlag, Düsseldorf 1992

VDI-Gesellschaft Fahrzeugtechnik:
VDI-Berichte 915: Mobilität und Verkehr. Reichen die heutigen Konzepte aus?, VDI-Verlag, Düsseldorf 1991, S. 127

VDI-Hauptgruppe Der Ingenieur in Beruf und Gesellschaft: Technikbewertung – Begriffe und Grundlagen, Erläuterungen und Hinweise zur VDI-Richtlinie 3780, VDI-Report 15, Düsseldorf 1991, 95 S.

VDI-Hauptgruppe, Bereich Technikbewertung, VDI-Koordinierungsstelle Umwelttechnik: Integrierter Umweltschutz, Ingenieurkonzepte für eine umweltverträgliche Technikgestaltung, VDI-Berichte 899, VDI-Verlag, Düsseldorf 1991, 166 S.

VDI-Richtlinie 2243: Konstruieren recyclinggerechter technischer Produkte, Beuth Verlag, Berlin 1993

VDI-Richtlinie 3780: Technikbewertung – Begriffe und Grundlagen, Beuth Verlag, Berlin 1991

Vester, F.: Ausfahrt Zukunft – Strategien für den Verkehr von morgen, eine Systemuntersuchung, Wilhelm Heyne Verlag, 4. Auflage, München 1990

Weizsäcker, E. U. von: Geringere Risiken durch fehlerfreundliche Systeme, in Schüz, S. 107-118

Welsch, W.: Unsere postmoderne Moderne, Weinheim 1987, 344 S.

Willeke, R.: Rechnungen voller Lücken und Schwachstellen – Die Debatte um externe Kosten und Nutzen des Straßenverkehrs wird von Vorurteilen bestimmt, Blick durch die Wirtschaft 11.01.1994

Wissenschaftlicher Beirat beim Bundesminister für Verkehr: Die Magnetschnellbahn ist noch nicht marktreif, in Internationales Verkehrswesen, Heft 7/8, 1992 und Anmerkungen zum Betreiber- und Finanzierungskonzept der Magnetbahn Transrapid, in Internationales Verkehrswesen, Heft 3, 1994, Deutscher Verkehrs-Verlag Hamburg

Ziegler, A.: Unternehmensethik – Schöne Worte oder dringende Notwendigkeit?, Beiträge und Berichte der Forschungsstelle für Wirtschaftsethik an der Hochschule St. Gallen für Wirtschafts- und Sozialwissenschaften, Nr. 17, Juli 1987, 41 S.

Zimmer, D.: Die Vernunft der Gefühle – Ursprung, Natur und Sinn der menschlichen Emotion, München 1981, 272 S.

Zimmerli, W.Ch., Brennecke, V.M.: Technikverantwortung in der Unternehmenskultur, Schäffer-Poeschel Verlag, Stuttgart 1994

Zimmerli, W.Ch.: Gesellschaftliches System und Wandel ethischer Normenbegründung – Grenzen der systemtheoretischen Betrachtungsweise bei der aktuellen Suche nach einer Ethik der Technik, in Kruedener, J. v., Schubert, K. v. (Hrsg.): Technikfolgen und sozialer Wandel, Köln 1981, 252 S., S. 181-204

Zimmerli, W.Ch.: Wandelt sich die Verantwortung mit dem technischen Wandel?, in Lenk, H., Ropohl, G. (Hrsg.): Technik und Ethik, Stuttgart 1987, 333 S., S. 92-111

Bildernachweis

Der Autor dankt folgenden Verlagen für die kostenlose Überlassung der Abdruckrechte:

Bild 2: Verschiedene Systemkonzepte
   Ropohl, G.: Eine Systemtheorie der Technik – Zur Grundlegung der Allgemeinen Technologie, *Carl Hanser Verlag*, München 1979
Bild 3: Weltmodell von Meadows
   Meadows, D.: Die Grenzen des Wachstums, Bericht des Club of Rome zur Lage der Menschheit, *Deutsche Verlags–Anstalt*, Stuttgart 1972
Bild 4: O_2- und CO_2-Anteil der Erdatmosphäre
   VDI–Berichte 822: Perspektiven der Kernenergie und CO_2–Minderung, *VDI–Verlag*, Düsseldorf 1990
Bild 5: O_2- und CO_2-Anteil der Atmosphäre während der letzten 5 Mio Jahre
   VDI–Berichte 822: Perspektiven der Kernenergie und CO_2–Minderung, *VDI–Verlag*, Düsseldorf 1990
Bild 6: O_2- und CO_2-Anteil der Atmosphäre während der letzten 12000 Jahre
   VDI–Berichte 822: Perspektiven der Kernenergie und CO_2–Minderung, *VDI–Verlag*, Düsseldorf 1990
Bild 7: CO_2-Konzentration der Atmosphäre
   Schönwiese; Diekmann: Der Treibhauseffekt, *Deutsche Verlags-Anstalt*, Stuttgart 1987
Bild 8: Charakteristika einiger Treibhausgase
   Schönwiese; Diekmann: Der Treibhauseffekt, *Deutsche Verlags-Anstalt*, Stuttgart 1987
Bild 9: Anteile der Verursacherbereiche am zusätzlichen Treibhauseffekt
   Enquete–Kommission „Vorsorge zum Schutz der Erdatmosphäre" des Deutschen Bundestages (Hrsg.): Schutz der Erde, Eine Bestandsaufnahme mit Vorschlägen zu einer neuen Energiepolitik, *Economica Verlag*, Bonn 1990
Bild 10: Schematische Darstellung des Klimasystems
   VDI–Berichte 703: Klimabeeinflussung durch den Menschen, *VDI–Verlag*, Düsseldorf 1988

Bild 11: Hierarchie der Klimamodelle
Schönwiese; Diekmann: Der Treibhauseffekt, *Deutsche Verlags-Anstalt*, Stuttgart 1987

Bild 13: FCKW-Ersatzstoffe und -technologien
Bundesminister für Umwelt, Naturschutz und Reaktorsicherheit (Hrsg.): Umweltpolitik - Zweiter Bericht der Bundesregierung an den Deutschen Bundestag über Maßnahmen zum Schutz der Ozonschicht, Drucksache 12/3846, Bonn 1992

Bild 14: Treibhaus- und Ozonabbaupotential einiger FCKW und Halone
VDI–Berichte 809: Klimabeeinflussung durch den Menschen II, Aktueller Wissensstand, Denkbare Energietechniken und – Strategien, *VDI–Verlag*, Düsseldorf 1990

Bild 16: Die Begriffe „verantworten" und „verantwortlich" im allgemeinen Sprachgebrauch
Duden, Band 2: Stilwörterbuch der deutschen Sprache, *Bibliographisches Institut & F.A. Brockhaus AG*, Mannheim 1970

Bild 19: Werte im technischen Handeln
VDI–Richtlinie 3780: Technikbewertung – Begriffe und Grundlagen, *VDI Abteilung VDI-Richtlinien*, Düsseldorf 1991

Bild 20: Werte im technischen Handeln
VDI–Richtlinie 3780: Technikbewertung – Begriffe und Grundlagen, *VDI Abteilung VDI-Richtlinien*, Düsseldorf 1991

Bild 22: Die Stufen moralischer Entwicklung nach Kohlberg
Hampden–Turner, Ch.: Modelle des Menschen – Ein Handbuch des menschlichen Bewußtseins, *Psychologie Verlags Union*, Weinheim 1982

Bild 29: Über die Gerechtigkeit
Pieper, J.: Über die Gerechtigkeit, *Kösel-Verlag*, München, 4. Auflage 1965

Bild 36: Vor- und Nachteile einiger Verkehrsmittel
VDI–Berichte 915: Mobilität und Verkehr – Reichen die heutigen Konzepte aus ?, *VDI-Verlag*, Düsseldorf 1991

Bild 39: Dimensionen und Erkenntnisperspektiven der Technik
Ropohl, G.: Eine Systemtheorie der Technik – Zur Grundlegung der Allgemeinen Technologie, *Carl Hanser Verlag*, München 1979

Bild 43: Typologie menschlicher Grundbedürfnisse
zusammengestellt nach
Galtung, J.: The Basic Needs Approach, in Lederer, K. (Hrsg.): Human Needs – A Contribution to the Current Debate, *Verlag Anton Hain*, Bodenheim 1980

Bild 45: Energiefluß der Bundesrepublik Deutschland, 1987
RWE Energie, Bereich Anwendungstechnik

Bild 46: Blockschema eines Handlungssystems
   Ropohl, G.: Eine Systemtheorie der Technik – Zur Grundlegung der Allgemeinen Technologie, *Carl Hanser Verlag*, München 1979
Bild 47: Ablaufstruktur der Sachsystemverwendung
   Ropohl, G.: Eine Systemtheorie der Technik – Zur Grundlegung der Allgemeinen Technologie, *Carl Hanser Verlag*, München 1979
Bild 48: Periodisierung der technischen Phylogenese
   Ropohl, G.: Eine Systemtheorie der Technik – Zur Grundlegung der Allgemeinen Technologie, *Carl Hanser Verlag*, München 1979
Bild 49: Historische Stufen des technischen Fortschritts
   zusammengestellt nach
   Zimmerli, W.Ch.: Wandelt sich die Verantwortung mit dem technischen Wandel?, in Lenk, H., Ropohl, G. (Hrsg.): Technik und Ethik, *Philipp Reclam jun. Verlag*, Stuttgart 1987
Bild 54: Konventionen bei der Risikoerfassung
   zusammengestellt nach
   Renn, O. und Kals, J.: Technische Risikoanalyse und unternehmerisches Handeln, in Schüz, M. (Hrsg.), Risiko und Wagnis – Die Herausforderung der industriellen Welt, Band 2, *Gerling Akademie für Risikoforschung AG* Zürich, *Verlag Günther Neske, c/o Klett-Cotta*, Pfullingen 1990
Bild 55: Kriterien für die Zumutbarkeit von Risiken
   Meyer-Abich, K. M.: Wie ist die Zulassung von Risiken für die Allgemeinheit zu rechtfertigen?, in Schüz, M. (Hrsg.), Risiko und Wagnis – Die Herausforderung der industriellen Welt, Band 2, *Gerling Akademie für Risikoforschung AG* Zürich, *Verlag Günther Neske, c/o Klett-Cotta*, Pfullingen 1990
Bild 58: Technikentwicklung als mehrstufiger Selektionsprozeß
   Mayntz, R.: Politische Steuerung und Eigengesetzlichkeiten technischer Entwicklung – zu den Wirkungen von Technikfolgenabschätzung, in Albach, H., Schade, D., Sinn, H. (Hrsg.), Technikfolgenforschung und Technikfolgenabschätzung, *Springer-Verlag*, Berlin, Heidelberg, New York 1991
Bild 62: Ethische Beziehungsfelder des Unternehmens
   zusammengestellt nach
   Enderle, G.: Wirtschaftsethik in den USA: Bericht über eine Studienreise, Beiträge und Berichte der *Forschungsstelle für Wirtschaftsethik an der Hochschule St. Gallen für Wirtschafts- und Sozialwissenschaften*, Nr. 1, März 1983
Bild 63: Philosophie der Strategischen Unternehmensplanung
   in Anlehnung an
   Ropella, W.: Synergie als strategisches Ziel der Unternehmung, *de Gruyter Verlag*, Berlin u.a. 1989

Bild 64: Unternehmensethik im Planungsprozeß
zusammengestellt nach
Schreyögg, G.: Implementation einer Unternehmensethik in Planungs- und Entscheidungsprozessen, in Steinmann, H., Löhr, A. (Hrsg.): Unternehmensethik, *Schäffer-Poeschel Verlag*, Stuttgart 1989

Bild 69: Potentielle Anwendungsbereiche der Gentechnologie
zusammengestellt nach
Enquete–Kommission „Chancen und Risiken der Gentechnologie" des Zehnten Deutschen Bundestages: Chancen und Risiken der Gentechnologie, *Economica Verlag*, Bonn 1987

Bild 72: Wichtige Risikoanalyseverfahren und ihre Anwendungsgebiete
Meyna, A.: Grundlagen von Sicherheitsanalyseverfahren in
Peters/Meyna (Hrsg.): Handbuch der Sicherheitstechnik, Band 1, *Carl Hanser Verlag*, München 1985

Bild 73: Beispiel einer Störfallablaufanalyse
Kuhlmann, A.: Alptraum Technik? - Zur Bewertung der Technik unter humanitären und ökonomischen Gesichtspunkten, *Verlag TÜV Rheinland*, Köln 1977

Bild 74: Aufbau von Risikoanalysen
Rowe, W. D.: Risk Assessment Aproaches and Methods, in Conrad, J. (Hrsg.): Society, technology and risk assessment, London 1980, Deutsche Ausgabe: Gesellschaft, Technik und Risikopolitik, *Springer-Verlag*, Berlin, Heidelberg, New York 1983

Bild 75: Ablauf von Risikoanalysen
Greer–Wooten, B.: Context, Concept and Consequence in Risk Assessment Research, in Conrad, J. (Hrsg.), Gesellschaft, Technik und Risikopolitik, *Springer-Verlag*, Berlin, Heidelberg, New York 1983

Bild 82: Herstellung von „Etinol"
DECHEMA (Deutsche Gesellschaft für Chemisches Apparatewesen, Chemische Technik und Biotechnologie), *GVC* (VDI–Gesellschaft Verfahrenstechnik und Chemieingenieurwesen), *SATW* (Schweizerische Akademie der Technischen Wissenschaften): Produktionsintegrierter Umweltschutz in der chemischen Industrie, Frankfurt a. M. 1990

Bild 83: Technische Potentiale rationeller Energienutzung in Westdeutschland
Enquete–Kommission „Vorsorge zum Schutz der Erdatmosphäre" des Deutschen Bundestages (Hrsg.): Schutz der Erde, Eine Bestandsaufnahme mit Vorschlägen zu einer neuen Energiepolitik, *Economica Verlag*, Bonn 1990

Bild 84: Beispiele für energiebewußtes Verhalten
Enquete–Kommission „Vorsorge zum Schutz der Erdatmosphäre" des Deutschen Bundestages (Hrsg.): Schutz der Erde, Eine Bestandsaufnahme mit Vorschlägen zu einer neuen Energiepolitik, *Economica Verlag*, Bonn 1990

Bild 85: Technisches Potential erneuerbarer Energiequellen
Enquete-Kommission „Vorsorge zum Schutz der Erdatmosphäre" des Deutschen Bundestages (Hrsg.): Schutz der Erde, Eine Bestandsaufnahme mit Vorschlägen zu einer neuen Energiepolitik, *Economica Verlag*, Bonn 1990

Bild 87: Modell des Verhaltens in gefährlichen Situationen
von Wilde zitiert aus
Hoyos, C. Graf: Psychologische Unfall- und Sicherheitsforschung, *Verlag Kohlhammer*, Stuttgart, Berlin, Köln, Mainz 1980

Bild 88: Kritische Fehlerbedingungen in Mensch-Maschine-Umwelt-Systemen
von Steiniger, hier zitiert aus
Utzelmann, H. D.: Sicherheit beim Umgang mit der Technik: Wege zur Verringerung menschlichen Fehlverhaltens (Reihe Sicherheitswissenschaft), *Verlag TÜV Rheinland*, Wiesbaden 1987

Bild 89: Die acht Grundregeln der Biokybernetik
Vester, F.: Ausfahrt Zukunft – Strategien für den Verkehr von morgen, eine Systemuntersuchung, *Wilhelm Heyne Verlag*, 4. Auflage, München 1990

Bild 90: Unterschiedliche Typen/Ausprägungen von Unternehmenskultur
Hüchtermann, M., Lenske, W.: Wettbewerbsfaktor Unternehmenskultur, Beiträge zur Gesellschafts- und Bildungspolitik, Institut der deutschen Wirtschaft Köln, Nr. 168, *Deutscher Instituts-Verlag*, Köln 1991

Sachverzeichnis

Abfall 85; 165
Abwasser 85
Abwehrrechte 53
allgemeine Prinzipien 49–53
Ambivalenz 71
angepaßte Technologien 228–231
Anspruchsinflation 137
Anspruchsrechte 53
Arbeitssicherheit 105; 165; 169
Artenschutz 64–65
Artensterben 4
Artenvielfalt 23; 61; 85

Basistechnologie 126–127
Bedürfnis 41; 109; 111
Bedürfnisbefriedigung 108–112; 143; 168; 247
Berufsethik 45
Betriebssicherheit 105
Bevölkerungsexplosion 61; 85; 137; 248
Beweislastregel 92
Beweislastumkehr 37
Bewertung
– Bewertungskriterien 80
– Bewertungspluralismus 61
– Bewertungsverfahren 78–82
Biokybernetik 6; 177; 228–231
biologische Umwelt 85
Bionik 177; 228–231
Biospezies-Holocaust 64; 187
Biosphäre; Biosystem 18; 23; 50
Bodenerosion 85
business ethics 157

Chancengleichheit 68
Chaosforschung; Chaostheorie 6; 9
checks and balances 150

Datenschutz 165
deliktische Haftung 36

Demokratie 42; 48; 150–151
Determinismus-Theorie 138
Dringlichkeitsregel 92
Durchschnittsnutzen-Utilitarismus 56

Eigengesetzlichkeit 99–100
Energie
– Energiebilanzmodelle 19
– Energieeinsparung 219–223
– Energiefluß 115
– Energieverschwendung 85
Entscheidungskorridore 100; 160
Entwicklungsländer 68; 168–173
Entwicklungsteams 89
Erdatmosphäre 11–15
Ereignisbaumanalyse 198
Erkenntnis 4
erneuerbare Energiequellen 220–223
Ersatzstoffe 28; 29
Ethik 42; 45–46
– Ethik der Wirtschaftsordnung 153–155
– ethische Modelle 45–46;
– ethische Normen 41–46; 83–84
– ethische Prinzipien 41
– ethischer Fundamentalismus 75
– ethischer Rigorismus 74
– ethische Verantwortung 35
Ethos 42
Existenzentfaltung; Existenzerhaltung 143; 247
Expertokratie 102
externe Effekte 154; 251
externe Kosten 65; 78–81
externer Nutzen 78–81

Fehlerbaumanalyse 198
Fehlertoleranz 223–228; 238
Folgenabschätzung 75
Folgenethik 74

Fortschritt; Fortschrittskonzepte 118; 120
Freiheitsbedürfnisse 109
Freizeitkult 85
Führungsethik 162–164

ganzheitliches Denken (Holismus) 6
Gefährdungshaftung 37
Gefahrenabwehrpläne 245
Gemeinschaftsorientierung 166
Gemeinwohlregel 92
Gentechnik 185
Gerechtigkeit 53
– Gerechtigkeitskriterien 55–56
– Gerechtigkeitsprinzipien 57–58
– Gerechtigkeitstheorie 57
gesamtschuldnerische Haftung 38
Gesellschaftsordnung 147–153
Gesellschaftsqualität 44
Gesetze 48
Gesinnungsethik 42; 74
Gesundheit 44
– Gesundheitsgefährdungen 23
– Gesundheitsrisiken 61
– Gesundheitsvorsorge 105
Gewaltenteilung 150; 166
Gewissen 46; 76
Goldene Regel 50
Grenzmoral 163–164
Grundbedürfnisse 108–109; 111
Grundrechte 51–52; 149; 151
Grundwerte 42; 48–53; 149
Gruppe 249
Gruppenverantwortung 87
Güterabwägung 46; 51; 62; 74–75; 90; 95; 101; 103; 163; 167; 202; 225; 237; 248; 252
Güterverkehr 78; 81

Haltungstugend 53
Handlungsalternativen 41
Handlungsanweisungen 46
Handlungsorientierung 81
Handlungssystem 114; 116
holistisches Prinzip 113
Horizontalanalyse 204

Immissionsschutz 165
Imperative 49–53
Individualethik 45
Individualwerte 52
industrielle Revolution 71
industrieller Fortschritt 175–234

Innovationszyklen 120–122
Institutionen 249
integrierter Umweltschutz 177; 215–218; 238
interdisziplinäres Denken 6
Internalisierung der externen Kosten 240

Klima 11–24
– Klimaänderung 22–24; 27–28
– Klimaforschung 184–185
– Klimamodell 11; 18–22
– Klimaproblem 4; 11–24; 85
Kodizes 69; 83–93
Koevolutionslehre 6
Kognitionslehre 5
Kollektiv 249
Kollektivrisiken 75
Konfliktfälle 75
Konfliktlösung 41
Konformismus 48
Konvektionsmodelle 19
Konventionen 48
kosmische Ethik 45
Kryosphäre 18
Kultur 45–49
künstliche Intelligenz 6
Kybernetik 6

Lange Wellen 120–122
Lärmminderung 165
Lebensstile 177
legale Gerechtigkeit 56
legale Verantwortung 35
Legalität 50
Leitbilder 175–234; 238–241; 249; 252
Leitlinien 168–170
Leitsätze 58–65; 74; 83; 249; 252

Machtgleichgewicht 150
Magnetschwebe-Bahn 191–197
Management-Leitlinien 68
Marktprinzip 153–154; 165–167
Maxime 49–53
Mehrheitsprinzip 151
Meinungspluralismus 42; 90; 138–139
Menschenbild 5; 147; 149
Menschenrechte 51–52; 151
Menschheitsprobleme 1; 84–85
Methodeninnovation 122; 124
Mißbrauchskritik 104–106
Mitgefühlsethik 50

mittlere Technologien 228–231
Mitverantwortung 87; 188
Moral 42
– moralische Entwicklung 47
– moralische Verantwortung 35; 147
– Moralphilosophie 42
– Moralpsychologie 42
multinationale Unternehmen 67–71; 168–170

nachhaltige Entwicklung 178–180; 238
nachhaltiges Wirtschaften 177
Nachhaltigkeit 179
Naturethik 45; 50
Naturgeschichte 106–108
Nebenfolgenethik 50
Nebenfolgenkritik 104–106
neue Bescheidenheit 239
neue Gemächlichkeit 239
neue Weltwirtschaftsordnung 170
neuer Lebensstil 239
Neutralitäts-Illusion 100
nukleare Bedrohung 4
Nutzenkriterien 76–77
Nutzensummen-Utilitarismus 56

Ökologie
– Ökoabgaben 240
– Ökobilanzen 177
– Ökobilanzierung 203–210
– Ökofaktoren 206
– ökologische Marktwirtschaft 150; 239–240
– Ökoregel 92
– Ökosozialprodukt 180
– Ökosteuern 240
– Ökosystem 23
Ontogenese 5; 48
Organersatz 96–97; 126; 247
Organisationskultur 231–234
Organisationspflichten 36
Organverstärkung 96–97; 126; 247
Orientierungshilfen 46
Ozonloch 4; 11; 85

Personalisierungs-Theorem 100
Personenverkehr 80
Persönlichkeitsentfaltung 44; 238
Photosynthese 15
Phylogenese 5; 48
PKW-Antriebssysteme 207
Präferenzregeln 90–92

Pragmatismusmerkmal 113
Primärenergiebedarf 78
Primitivismus 102
probleminduzierte Technikbewertung 183
Problemlösungsregel 92
Produktfolgenabschätzung 188–190
Produkthaftung 35–40; 145; 249
produktionsintegrierter Umweltschutz 215–216
Produktlebenszyklus 211–213
Prozeßinnovation 122; 124
prozeßintegrierter Umweltschutz 215–216

Querschnittstechnologie 121–123

Rad/Schiene-Bahn 191–197
rationelle Energienutzung 177; 218–223; 238
Rechtfertigungspflicht 63
Rechtsordnung 150
Recycling 32; 212
recyclinggerechtes Konstruieren 177; 210–215; 238
Resilienz-Konzept 179
Ressourcen-Raubbau 61
Ressourcenschonung 159; 218
Reststoffe 216
Reversibilitätsregel 92
Risiko 126–132; 167
– Risikoabschätzung 75
– Risikoakzeptanz 130
– Risikoanalysen 177; 197–203
– Risikobegriff 128–132; 247
– Risikobewertung 167; 201–203
– Risikoerfassung 129
– Risikogesellschaft 130; 224
– Risikowahrnehmung 126–132
– Risikozumutbarkeit 126–132
risk assessment 201–203
Rollenkonflikte 90
Rückkoppelungseffekte 85; 137

Sachbeschädigung 39
Sachbilanz 204
Sachsystem 114
sanfter Tourismus 239
Schaden
– Schadensersatz 36
– Schadensersatzansprüche 38
– Schadensforschung 223
– Schadenshaftung 35–40
– Schadensverhütung 198

– Schadensvermeidung 80
Schlüsseltechnologie 121
Schutz vor gefährlichen Stoffen 165
Schutzbedürfnisse 109
Selbstentfaltung 109
Selbstverwirklichung 53; 109; 143; 166
selektive Wahrnehmung 130
Sensibilitätsanalyse 6
Sicherheit 44
– Sicherheitsforschung 223
– Sicherheitsprinzipien 224
– Sicherheitsregeln 92
– Sicherheitstechnik 198; 223–228; 238
Sittengesetz 48
sittliche Bewertung 41–42
sittliches Bewußtsein 42
Soziale Marktwirtschaft 150; 154–155; 239–240; 250–251
Sozialgesetzgebung 57
Sozialordnung 54; 150
Sozialwerte 52
soziotechnisches System 115
Standesethik 45; 73
Stoffrecycling 210–215; 238
Störfallablaufanalyse 200
Strahlenschutz 165
Straßengütertransporte 81
Sustainable Development 86; 178–180
System
– Systemanalyse 6–9; 89; 116; 124; 252
– Systemdynamik 6–9
– Systemkonzepte 7
– Systemstrukturen 87
– Systemtheorie 5–9
– Systemtheorie der Technik 100; 112; 247

Tauschgerechtigkeit 56
Team 249
– Teamarbeit 87–90
– Teamverantwortung 87
Technik 95–99; 112
– Technikanwendung 135–141
– Technikbegriff 98–99
– Technikbewertung 11; 42; 101; 103; 105; 177; 181–197
– Technikdiskussion 99–101
– Technikentstehung 247
– Technikfolgenabschätzung 105; 181–197
– Technikgenese 71; 96; 137–139
– Technikgestaltung 50; 135–141
– Technikkritik 99–108

– Technikmißbrauch 75; 103–106
– Technikphilosophie 71
– Techniksteuerung 105
– Technikwirkungen 247
– technische Elemente 112–117
– technische Systeme 112–117
– technischer Fortschritt 102; 108–137; 248
– technisches Wissen 125
Technokratie-Vorwurf 101
technology assessment 59
Theologie 42
Tierschutz 59
Transrapid 191–197
Treibhauseffekt 4; 11–25; 28; 85
– Treibhauseffekt (natürlicher) 16
– Treibhausgase 17; 26
– Treibhauspotential 31
Tugenden 53–54; 74; 84; 160

Umwelt
– Umweltausschüsse 243
– Umweltethik 45; 138–139
– umweltethische Forderungen 73
– Umweltgesetzgebung 105
– Umwelthaftung 35–40
– Umwelthaftungsgesetz 38
– Umwelthandbuch 241
– Umweltjahresbericht 245
– Umweltkoordinatoren 243
– Umweltleitbilder; Umweltleitsätze 237–245
– Umweltlizenzen 240
– Umweltmanagement 237–245; 252
– Umweltproblematik 3–4
– Umweltqualität 44
– Umweltrecht 159; 240; 249
– Umweltschädigung 135–137; 176; 248
– Umweltschonung 159; 248
– Umweltschutz 169; 243
– Umweltschutzleitlinien 60
– Umweltverschmutzung 65
– umweltverträgliche Technikgestaltung 175–234
– Umweltzerstörung 136
– Umweltzertifikate 159
Unternehmen
– Unternehmensethik 152–162
– Unternehmensgrundsätze 69
– Unternehmenskultur 177; 231–234
– Unternehmensleitbild 241
– Unternehmensplanung 161

Untugenden 55
Unvorhersehrbarkeits-Dilemma 101
Utilitarismus 45

Verantwortung 25–40; 42; 87; 238
- Verantwortungsbegriff 25–40
- Verantwortungsebenen 147–148; 248
- Verantwortungsethik 42; 48
- Verantwortungsgrenzen 35; 87
- Verantwortungsinstanz 34–35; 248
- Verantwortungskonflikte 90
- Verantwortungskriterien 35; 41–66
- Verantwortungsobjekt 33–34; 248
- Verantwortungsprinzip 89
- Verantwortungssubjekt 33–34; 95–134
- Verantwortungsträger 25–32; 146–147; 248
Verbote 84; 168
Verbraucherschutz 37; 169
Verdachtshaftung 39
Verfahrens-Leitbilder 177; 237
Verfahrensethik 95
Verfahrensnormen; Verfahrensregeln 87–90; 237
Verfassungsgericht 48
Verfügungsordnung 149
Verhalten
- Verhalten gegenüber Einzelpersonen 71
- Verhaltensforschung 148
- Verhaltenskodizes 48; 60; 67–83; 87; 162–163; 168–170
- Verhaltenskodizes für Ingenieure 71–73; 75
- Verhaltenskodizes für Manager 67–71
- Verhaltenskodizes für Unternehmen 67–71
Verkehr
- Verkehrsexplosion 85

- Verkehrsmittel 79
- Verkehrssicherungspflichten 36
- Verkehrssysteme 77
- Verkehrsträger 80
vernetztes Denken 6
Vorzugsregeln 92

Waldschäden 187
Waldsterben 85
Weltbevölkerung 17
Weltbild 5; 147; 149
Weltcharta für die Natur 63
Weltmodell 6–9
Werkethik 74
Werte 42–44
- Wertebegriff 111
- Werteinstellungen 42
- Werteverwirklichung 108–112; 247
- Wertorientierung 166
Wertschöpfung 135; 143–145; 156; 165–168; 249
Wettbewerb 165–167
Wirkungsbilanz 204
Wirtschaft 143–145
- Wirtschaftlichkeit 44
- Wirtschaftsethik 145–147; 168–173; 249
- Wirtschaftsordnung 54; 147–153; 155
Wohlstand 44
Wohlstandsexplosion 137

Zehn Gebote 50; 74; 237
Zirkulationsmodelle 20–21
zivilrechtliche Haftung 35–40
zivilrechtliche Verantwortung 147
Zukunftsethik 50
Zuverlässigkeitsanalyse 197–198

Springer-Verlag und Umwelt

Als internationaler wissenschaftlicher Verlag sind wir uns unserer besonderen Verpflichtung der Umwelt gegenüber bewußt und beziehen umweltorientierte Grundsätze in Unternehmensentscheidungen mit ein.

Von unseren Geschäftspartnern (Druckereien, Papierfabriken, Verpackungsherstellern usw.) verlangen wir, daß sie sowohl beim Herstellungsprozeß selbst als auch beim Einsatz der zur Verwendung kommenden Materialien ökologische Gesichtspunkte berücksichtigen.

Das für dieses Buch verwendete Papier ist aus chlorfrei bzw. chlorarm hergestelltem Zellstoff gefertigt und im pH-Wert neutral.

GPSR Compliance

The European Union's (EU) General Product Safety Regulation (GPSR) is a set of rules that requires consumer products to be safe and our obligations to ensure this.

If you have any concerns about our products, you can contact us on

ProductSafety@springernature.com

In case Publisher is established outside the EU, the EU authorized representative is:

Springer Nature Customer Service Center GmbH
Europaplatz 3
69115 Heidelberg, Germany

www.ingramcontent.com/pod-product-compliance
Lightning Source LLC
LaVergne TN
LVHW010338260326
834688LV00036B/764